ENSEIGNEMENT PRIMAIRE SUPÉRIEUR, 1re ANNÉE (FILLES)

PHYSIQUE ET CHIMIE

Par M. et Mme H. GRANDMONTAGNE

LAVOISIER ET SA FEMME. Bas-relief de F. BARRIAS.

Paris — Librairie Larousse

Cours expérimental

DE PHYSIQUE

ET DE CHIMIE

DEUXIÈME ÉDITION

COURS EXPÉRIMENTAL DE PHYSIQUE ET DE CHIMIE, PAR M. ET M^{mc} H. GRANDMONTAGNE

Enseignement primaire supérieur : garçons.

Première année. 225 gravures. Cartonné...................... 1 fr. 80
Deuxième année. 237 gravures. Cartonné...................... 2 fr. 50
Troisième année. 282 gravures. Cartonné...................... 2 fr. 80

Enseignement primaire supérieur : filles.

Première année. 219 gravures. Cartonné...................... 1 fr. 80
Deuxième année. 150 gravures. Cartonné...................... 1 fr. 80
Troisième année. 188 gravures. Cartonné...................... 1 fr. 75

Brevet et écoles normales.

Physique. 330 gravures. Cartonné............................ 2 fr. 25
Chimie. 140 gravures. Cartonné.............................. 2 fr. 25

Cours expérimental
DE PHYSIQUE ET DE CHIMIE

(Filles)

à l'usage des écoles primaires supérieures, des cours complémentaires, des candidats au brevet élémentaire et aux écoles normales,

PAR

M. et Mme H. GRANDMONTAGNE

PROFESSEURS AUX ÉCOLES NORMALES DE BLOIS.

PREMIÈRE ANNÉE

PARIS. — LIBRAIRIE LAROUSSE

RUE MONTPARNASSE, 13-17. — SUCC^{le} : RUE DES ÉCOLES, 58 (SORBONNE)

AVANT-PROPOS

Ce cours est une adaptation aux programmes des écoles primaires supérieures de jeunes filles de l'ouvrage publié antérieurement pour les écoles primaires supérieures de garçons.

Par sa simplicité, son caractère pratique, il convient aussi aux cours complémentaires, aux candidats au brevet élémentaire et aux écoles normales primaires (garçons et filles).

Comme dans le cours des écoles primaires supérieures de garçons, nous avons utilisé un matériel simple, peu coûteux, facile à monter; nous avons supprimé les appareils classiques, les préparations compliquées, sans intérêt pour nos élèves. Ainsi, les élèves retrouveront dans leur livre les appareils mêmes que le professeur a utilisés au cours de la leçon; les expériences deviendront plus intéressantes, plus probantes aussi, et l'élève les retiendra plus facilement.

A chaque leçon nous avons fait correspondre une série de questions dans le genre de celles qui sont posées aux examens du brevet élémentaire ou au concours d'entrée aux écoles normales, pour que les candidats puissent se livrer à une préparation intelligente des interroga'ions orales qu'ils auront à subir.

Par l'examen des programmes de physique et de chimie, et des instructions générales qui accompagnent ces programmes, on se rendra compte que notre cours répond à la lettre comme à l'esprit de l'enseignement scientifique dans les écoles primaires supérieures de jeunes filles.

Nous espérons que ce modeste ouvrage trouvera auprès du personnel enseignant le même accueil bienveillant que ses aînés.

Les auteurs.

ENSEIGNEMENT PRIMAIRE SUPÉRIEUR DE JEUNES FILLES

Programme de première année.

Physique (1 h. par semaine).

Exercices d'observation sur quelques faits de la vie ordinaire qu'on reproduira devant les élèves, pour servir d'introduction à l'enseignement de la physique.

Chaleur. — Dilatation des corps par la chaleur : le phénomène sera mis en évidence par quelques expériences simples. Applications au thermomètre : usage de cet instrument pour la mesure des températures ordinaires : explication et comparaison des degrés centigrades et Fahrenheit.

Changement d'état physique par la chaleur : fusion et vaporisation ; passage inverse : liquéfaction et solidification. Expériences permettant de voir et d'expliquer les phénomènes qui accompagnent ces changements d'état pour l'eau. Constance de la température pendant la fusion et pendant l'ébullition.

Distillation de l'eau. Expansion de l'eau lorsqu'elle gèle ; effets sur les pierres gélives, sur les plantes, etc.

Dissolution de quelques solides dans l'eau, cristallisation.

Emploi de la vapeur d'eau comme force motrice; expériences montrant la force élastique de cette vapeur ; idée des machines à vapeur.

Différence de conductibilité des corps pour la chaleur ; expériences simples qui permettent de constater cette différence. Applications aux cas les plus usuels ; poignées ou manches d'outils ; toile métallique des lampes de mineurs ; doubles-fenêtres et doubles portes, marmite automatique ; étoffes feutrées ou pelucheuses, édredons, etc.

Sources de chaleur ; principaux modes de chauffage dans l'économie domestique et dans l'industrie.

Chimie (1 h. par semaine).

Exemples simples de combinaisons et de décompositions chimiques. Distinction entre le mélange et la combinaison.

Eau naturelle. — Sous l'action de la chaleur, dégagement de gaz dissous, vaporisation de l'eau, production d'un résidu solide.

Eau pure. — Électrolyse (caractères des gaz obtenus). Synthèse. Composition en poids (simple énoncé) : première idée de la loi de Lavoisier. — Composition en volume (simple énoncé) : première idée de la loi de Gay-Lussac. Propriétés les plus importantes.

Principales propriétés de l'*hydrogène*. Procédé habituel de préparation.

Préparation de l'*oxygène*. Principales propriétés.

Combustions dans l'oxygène. Anhydrides. Oxydes basiques. Acides, bases, corps neutres définis par les réactifs colorés. Métalloïdes, métaux, sels.

Air atmosphérique. — Expérience de Lavoisier faisant apparaître un gaz nouveau, l'azote. Autres modes *simples* d'analyse. Gaz carbonique et vapeur d'eau dans l'air. Combustions et respiration.

Propriétés de l'*azote* ; en particulier, notions sur la formation de l'acide azotique par la combinaison de l'azote avec l'oxygène et la vapeur d'eau sous l'influence de l'arc électrique. — Présence de l'azote dans les tissus des animaux et des végétaux ; formation de produits ammoniacaux par l'action des microbes sur les matières organiques azotées.

Extraction du *gaz ammoniac* des sels ammoniacaux. Solution ammoniacale ; ses principales propriétés.

Soufre à l'état natif ; son extraction, ses principales propriétés. — Combustion du soufre dans l'oxygène ; propriétés usuelles de l'*anhydride sulfureux* ; sa préparation par le grillage des pyrites. — Transformation de l'anhydride sulfureux en *acide sulfurique* en présence de l'eau au moyen des oxydes de l'azote ; propriétés de l'acide sulfurique. — Action de l'acide sulfurique sur le sulfure de fer artificiel ; principales propriétés de l'*acide sulfhydrique* ; son action physiologique.

Chlorure de sodium naturel : propriétés usuelles ; action de l'acide sulfurique : propriétés les plus importantes de l'*acide chlorhydrique*. — Action des corps oxydants sur l'acide chlorhydrique : *chlore*. Propriétés principales du chlore. Électrolyse du chlorure de sodium dissous ; propriétés de la *soude*. Un mot sur les *chlorures décolorants*.

Azotate de sodium naturel ; action de l'acide sulfurique ; propriétés de l'*acide azotique*. Salpêtre.

Phosphate de calcium naturel ; action de l'acide sulfurique étendu et concentré ; *superphosphate* et *acide phosphorique*. Action du charbon sur l'acide phosphorique au rouge blanc ; principales propriétés du *phosphore*.

Carbone, différentes variétés des charbons naturels et artificiels. Action de l'oxygène, du soufre, de la vapeur d'eau (gaz à l'eau), action sur les oxydes métalliques. — *Carbonate de calcium* naturel, sa calcination ; *anhydride carbonique*, sa production naturelle, sa préparation et ses propriétés usuelles. Formation accidentelle de l'*oxyde de carbone*, action de ces deux derniers gaz sur l'économie.

Silice naturelle ; ses principales propriétés. Notions sur les principaux silicates.

Dès qu'il l'aura jugé opportun, le professeur aura introduit l'usage des symboles et des formules pour désigner les corps simples et les corps composés. Les élèves seront exercés à se servir du tableau des poids atomiques, sans se préoccuper des conventions qui ont permis de dresser ce tableau : il suffira qu'ils puissent appliquer aux formules les recherches numériques sur les poids et les volumes, que comporte leur emploi.

Directions générales (extraits).

Les programmes doivent être considérés comme des tables de matières à enseigner dans les différentes classes ; toute latitude est laissée au professeur pour adopter tel ordre qui lui conviendra, pour employer les méthodes qui lui paraîtront le plus profitables aux élèves qu'il dirige.

Le professeur ne devra pas perdre de vue le caractère de l'enseignement primaire supérieur, l'âge et la destination des élèves. Les exercices pratiques devront être multipliés et porter sur des données réelles et non factices : les théories seront réduites à des explications portant le plus souvent sur des exemples concrets. Ce qu'il convient surtout d'assurer, c'est la précision dans les connaissances acquises.

Le professeur fera fréquemment appel à l'emploi de *graphiques.*

Il importe de familiariser les élèves avec un mode de représentation très général et de plus en plus répandu de deux grandeurs qui sont « fonction » l'une de l'autre.

PHYSIQUE.

Dans toutes les années, le cours devra rester très élémentaire et d'un caractère pratique. Il sera toujours fondé sur l'expérience.

Le professeur s'attachera à multiplier les expériences et à les réaliser avec des objets usuels, évitant autant que possible l'emploi d'appareils compliqués. Il usera fréquemment de représentations graphiques et précisera son enseignement par des applications numériques toujours empruntées à la réalité.

Enfin, il ne perdra pas de vue qu'il n'a pas à faire des cours scientifiques complets. Il n'abordera que les points indiqués et se gardera d'un étalage d'érudition, le plus souvent sans aucun profit réel pour l'élève.

CHIMIE.

Les leçons de chimie s'appuieront, comme celles de physique, sur des expériences nombreuses dont la simplicité sera la qualité première ; le professeur s'attachera surtout à développer l'esprit d'observation des élèves en leur faisant constater des faits bien choisis, mis sous leurs yeux, en les leur faisant décrire et en les amenant aux déductions principales.

Les phénomènes dont nous sommes journellement les témoins inattentifs ou inconscients seront rappelés à propos et, en les rapprochant des expériences réalisées en classe, en établissant des comparaisons judicieuses, on dirigera l'enseignement élémentaire dont il s'agit vers les applications pratiques.

Le programme de chimie a été plus détaillé que les autres programmes ; pour quelques-uns, il facilitera leur tâche, en la délimitant mieux ; pour tous, il marquera nettement le caractère expérimental et pratique que doit conserver l'enseignement, qu'il s'agisse de l'étude d'un corps déterminé, ou de l'ordre dans lequel seront exposées les notions très simples dont le cours sera constitué.

C'est toujours d'un produit naturel, c'est toujours de faits connus ou constatés des élèves que le maître partira pour aboutir, par l'expérience ou l'observation, aux connaissances indiquées au programme.

L'ordre proposé n'est point rigoureusement imposé au professeur. Mais il importe qu'il se borne strictement aux questions explicitement énoncées. Il restera juge de l'importance des développements que comportera tel ou tel point en raison des circonstances particulières à l'école ou à la région.

(Extrait du *Bulletin administratif du Ministère de l'Instruction publique* du 28 août 1909.)

I. PHYSIQUE

1ʳᵉ LEÇON

INTRODUCTION A L'ÉTUDE DE LA PHYSIQUE

Matériel : Morceau de craie. — Bouchon. — Balle de liège. — Balle de plomb. — Morceau de sucre. — Eau. — Allumettes. — Marteau. — Couteau. — Fil à plomb. — Assiette avec eau colorée. — Équerre. — Feuille de papier ordinaire et feuille de papier d'étain. — Pièce de monnaie (de 5 francs en argent de préférence) et roudel e de papier de diamètre un peu plus faible que la pièce de monnaie. Tube de Newton et machine pneumatique si on possède ces appareils. — Brins de duvet et morceaux de papier de soie.

1. Ce qu'on appelle phénomène. — Expériences. I. Abandonner un morceau de craie, un bouchon, une balle de plomb, une pièce de monnaie, une feuille de papier ordinaire, une feuille de papier d'étain qu'on tient à la main.

Tous ces corps se dirigent vers le sol : on dit qu'ils *tombent*. La chute des corps est un fait que nous constatons journellement. — En donner des exemples. — La chute a modifié la position du corps dans l'espace : c'est un *phénomène*.

Dans le langage vulgaire, le terme « phénomène » éveille l'idée de quelque chose d'extraordinaire, de contraire à ce que nous avons l'habitude d'observer. Dans les études qui vont nous occuper, au contraire, le mot phénomène s'applique à tout changement survenu dans la position, la forme ou les dimensions, l'état ou la nature d'un corps.

II. Je mets un morceau de sucre dans l'eau, le sucre semble disparaître : c'est là un phénomène appelé *dissolution*.

Je chauffe dans une cuiller en fer un morceau d'étain ; le métal passe à l'état liquide : c'est là encore un phénomène appelé *fusion*.

J'allume une allumette : le phosphore, puis le soufre, puis le bois disparaissent, ne laissant qu'un peu de cendres, mais il y a eu production de chaleur, production de lumière et formation de plusieurs corps nouveaux. L'un au moins de ces corps nous a révélé son existence : c'est celui qui est la cause des picotements que nous éprouvons aux yeux, au nez ; ce corps a été produit par le soufre qui brûle. Nous apprendrons plus tard à connaître les autres corps formés.

Ainsi ce fait banal : la combustion d'une allumette met en jeu un nombre assez considérable de phénomènes que nous étudierons en détail et séparément. Il en est de même de la plupart des faits qui nous sont familiers.

2. *Phénomènes physiques et phénomènes chimiques.* — Quand je laisse tomber une balle de plomb, il y a seulement changement de position du morceau de métal, la nature du corps n'est pas changée : après comme avant la chute, j'ai toujours du plomb.

Si je frappe sur cette balle de plomb avec un marteau, je change la forme du morceau de métal, je n'altère pas sa nature. Je fais fondre cette même balle de plomb dans une cuiller en fer placée dans un feu bien ardent ; j'ai changé l'état du corps : le plomb est passé à l'état liquide. J'ai aussi changé la forme du morceau de métal. Mais, en se refroidissant, le corps reprendra l'état solide : ce sera toujours du plomb.

J'ai jeté tout à l'heure un morceau de sucre dans l'eau ; le sucre semble avoir disparu. Cependant, si je fais évaporer l'eau, je recueille un résidu solide : c'est le sucre qui avait été dissous.

Les phénomènes précédents altèrent donc seulement la forme, la position, l'état d'un corps ; ils sont sans effets sur la nature de ce corps. Ces phénomènes sont dits *phénomènes physiques*.

Quand j'allume une allumette, le phosphore, le soufre, le bois semblent disparaître et donnent naissance à des corps nouveaux. Ces corps n'ont plus les propriétés du phosphore, du soufre, du bois. La nature des corps a été altérée, modifiée, transformée. Les phénomènes tels que les précédents, qui altèrent la nature des corps, sont dits *phénomènes chimiques*.

On a l'habitude de séparer ces deux ordres de phénomènes pour en rendre l'étude plus facile : d'où deux sciences : la *Physique* et la *Chimie*. Ces deux sciences présentent dans nos cours un caractère assez nettement tranché, cependant elles ne sont pas indépendantes l'une de l'autre. Il est de nombreux phénomènes qu'on peut à volonté ranger dans la physique ou dans la chimie. De plus, tel phénomène physique peut être accompagné de faits chimiques et réciproquement.

3. *Caractères d'un fait scientifique.* — Reprenons l'exemple de la pierre qui tombe quand elle n'est pas soutenue. Voilà un fait qui peut être observé par chacun de nous. Prenons dix, cent personnes qui observent ce fait, elles font la même constatation. Le résultat de l'observation ne dépend donc pas de la personne qui observe. C'est là le caractère essentiel d'un fait scientifique.

Mettez cent personnes en face d'un tableau, d'un paysage, vous n'en aurez peut-être pas deux sur lesquelles l'impression produite sera la même. Vous n'avez aucun moyen de comparer ces impressions. Vous ne pouvez pas non plus comparer la douleur causée à *différentes* personnes par l'annonce d'un malheur ou la joie éprouvée en apprenant un événement heureux. Lorsque plusieurs personnes différentes ne peuvent faire des constatations identiques au sujet d'un même fait, ce fait n'est pas un fait scientifique.

Expérience. Suspendons une masse de plomb à un fil et attachons le fil à un support, de façon que la masse de plomb affleure la surface de l'eau en équilibre dans un vase. Quiconque examinera ce système pourra constater :

1° Qu'on peut placer l'arête d'une équerre de façon à raser la surface du liquide, l'autre côté de l'angle droit étant parallèle au fil;

2° Que l'image du fil dans l'eau est dans le prolongement de celui-ci.

Ces deux constatations, indépendantes de l'observateur, sont encore indépendantes du moment, ainsi que du lieu où se fait l'opération.

Nous verrons plus tard qu'on appelle *fil à plomb* l'appareil précédent.

4. *Notion de principe ou de loi*. — L'expérience précédente nous amène à formuler la conclusion que voici : *Le fil à plomb est perpendiculaire à la surface des eaux tranquilles.*

Cette conclusion est un *principe* ou une *loi*.

Nous l'avons vérifiée dans un certain nombre de cas, nous constatons qu'elle subsiste quand nous remplaçons la masse de plomb par un certain nombre de masses pesantes, et de ces observations, nous concluons qu'elle se vérifiera pour toutes les masses pesantes, pour tous les lieux et dans tous les temps.

Pour établir une loi physique, nous faisons une opération appelée *généralisation*.

Une loi physique est une relation constante entre deux phénomènes.

Ainsi, dans l'énoncé de la loi précédente, nous trouvons deux faits :

1° La direction du fil à plomb, c'est-à-dire d'un fil flexible auquel est suspendu un corps pesant;

2° La surface des eaux tranquilles.

Entre ces deux faits, il existe une relation définie géométriquement : la direction du fil est perpendiculaire (on dit encore normale) à la surface du liquide.

Chaque fois que dans le cours nous énoncerons un principe, une loi, les élèves devront chercher à reconnaître nettement les deux phénomènes physiques qui figurent dans l'énoncé de cette loi, ainsi que la relation qui les lie.

5. *Utilité des expériences*. — Produire, répéter un phénomène en vue de l'étudier, c'est faire une *expérience*. L'expérience nous permet de produire un phénomène dans des conditions variées, ou de séparer plusieurs phénomènes qui ne sont pas toujours suffisamment distincts pour qu'on puisse les étudier séparément. C'est ce que vont nous montrer les faits suivants.

Expériences. 1. Je prends à la main une pierre, une balle de plomb, un morceau de craie, un clou, et j'abandonne ces objets en même temps. Ils tombent et atteignent le sol sensiblement au même moment.

J'ai fait une expérience, de laquelle j'ai le droit de tirer la loi suivante : *Les corps qui tombent parcourent des espaces égaux dans le même temps;* ou encore : *Les corps tombent également vite.*

II. Je prends maintenant un morceau de plomb, une feuille de papier, quelques brins de duvet et j'abandonne ces corps au même moment et de la même hauteur : le plomb arrive à terre avant le papier, celui-ci avant le duvet. La loi précédente semble en défaut.

III. Je coupe en deux parties ma feuille de papier : de l'une des parties, je fais une boulette serrée en la roulant entre les doigts, et cette fois je laisse tomber de la même hauteur la balle de plomb, la boulette et la feuille de papier. La boulette arrive en même temps que le plomb, mais avant la feuille de large surface. Je recommence avec du papier d'étain, après avoir coupé une feuille en deux parties égales et roulé en boulette l'une des parties. La boulette arrive sur le sol en même temps qu'une balle de plomb, qu'un caillou, un morceau d'étain massif lâchés au même moment, mais la feuille de papier d'étain atteint le sol bien après les corps précédents.

Ces expériences que je puis répéter autant de fois que je le voudrai me prouvent ceci : si les différents corps ne tombent pas également vite, ce n'est pas parce qu'ils sont de nature différente, mais parce que la même masse de matière présente une surface plus considérable. Or nous savons que l'air nous oppose une certaine résistance quand nous voulons déplacer une large feuille de papier, de carton, dans une direction perpendiculaire à sa surface. Nous sommes donc amenés à penser que la différence de vitesse de chute pour les divers corps est due à la résistance que l'air oppose à la chute. Si notre conclusion est vraie, les corps tomberont également vite lorsque nous supprimerons l'action de l'air : nous allons imaginer des expériences pour supprimer cette action.

IV. Un premier moyen de supprimer l'action de l'air consiste à faire

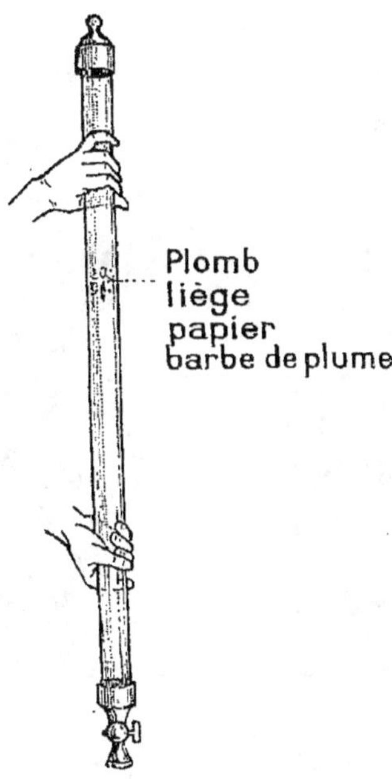

Fig. 1. — Tube de Newton.

tomber les corps différents dans un long tube d'où l'on a enlevé l'air.

Cette expérience est due à Newton ; c'est pourquoi le tube représenté par la figure 1 porte le nom de *tube de Newton*. On met dans ce tube des morceaux de papier, du duvet, du plomb, du liège. On enlève l'air du tube au moyen d'une machine que nous étudierons plus tard. Le tube étant placé alors verticalement, on le retourne brusquement.

Si l'on n'a pas de tube de Newton ni de machine à enlever l'air, on peut supprimer l'action de l'air par le moyen simple que voici :

V. On prend une pièce d'argent de 5 francs et on découpe une rondelle de papier de diamètre un peu inférieur à celui de la pièce de monnaie (*fig.* 2). On laisse tomber séparément la pièce d'argent et la rondelle, mais en les abandonnant au même moment et de la même hauteur ; la rondelle arrive au sol bien après la pièce de monnaie. On place ensuite la rondelle au-dessus de la pièce et on laisse tomber celle-ci, qu'on tenait bien à plat entre les doigts. La rondelle de papier accompagne la pièce dans sa chute. Elle n'est cependant pas collée au métal, mais la pièce de monnaie a soustrait la rondelle à l'action de l'air et le papier est tombé aussi vite que l'argent, tout comme si la chute avait eu lieu dans le vide.

Ces expériences nous permettent donc de rectifier la loi énoncée précédemment, et nous disons : *Tous les corps tombent également vite dans le vide.*

L'expérience nous a servi à séparer deux phénomènes qui n'étaient pas primitivement distincts :

Fig. 2. — La résistance de l'air retarde inégalement la chute des corps. — 1. La pièce et la rondelle de papier qu'elle protège tombent avec la même vitesse ; 2. La rondelle, isolée, est retardée par la résistance de l'air.

1° L'action de la pesanteur sur les corps ;

2° La résistance de l'air au mouvement des corps qui tombent.

Le rôle de l'expérience apparaîtra de mieux en mieux, à mesure que nous avancerons dans le cours.

Aussi souvent que cela nous sera possible, les propriétés des corps, les lois et les principes physiques seront établis ou vérifiés par quelques expériences simples que nous ferons ensemble. Vous aurez à bien examiner les appareils, les dispositifs que nous utiliserons, à suivre attentivement les différentes phases de l'expérience, à vous demander les conclusions qu'on peut tirer des faits dont vous avez été témoins.

Quand les expériences nécessiteront des appareils trop compliqués, trop coûteux, nous ne pourrons pas les réaliser devant vous, mais nous vous donnerons tout au moins le principe des appareils employés et un dessin simplifié (schéma) de ces appareils. Nous vous ferons connaître aussi chemin faisant le nom des grands savants qui ont contribué par leurs travaux aux progrès de la science.

Nous pensons ainsi vous intéresser aux sciences physiques, vous initier à leurs méthodes de raisonnement, vous habituer à la réflexion, tout en vous faisant connaître les applications de la physique et de la chimie dans tous les domaines de l'activité contemporaine.

Ce modeste cours ne vous donnera pas le *pourquoi* des choses, il vous fera connaître *comment* se passent la plupart des phénomènes que vous aurez sous les yeux. Nous laissons de côté à dessein les grandes hypothèses scientifiques sur la nature des phénomènes. Ces hypothèses, pour être bien comprises, exigent des connaissances qui vous font défaut. Et nous serons heureux si cette semence jetée dans votre esprit fructifie, si ces simples notions donnent à quelques-uns d'entre vous l'idée de se livrer à des études scientifiques plus approfondies.

RÉSUMÉ

1. Nous appelons *phénomène* tout fait qui apporte une modification dans l'état, la forme, les dimensions, la position ou la nature des corps qui nous entourent.

Les phénomènes *physiques* n'altèrent pas la nature des corps; les phénomènes *chimiques* altèrent la nature des corps. Il n'y a pas de distinction absolue entre ces deux ordres de phénomènes.

2. Un fait *scientifique* doit être indépendant de la personne qui l'observe, ainsi que du lieu ou du moment où se fait l'observation.

3. Une *loi* ou un *principe* scientifique est l'affirmation d'une relation constante entre deux phénomènes.

Les *expériences* ont pour but de produire ou de répéter à volonté des phénomènes déterminés, en vue de les étudier et de dégager les lois auxquelles ils obéissent.

EXERCICES

Qu'est-ce qu'un phénomène? — Citez des phénomènes que vous avez observés. — Quelle différence faites-vous entre un phénomène physique et un phénomène chimique? — Donnez des exemples de ces deux sortes de phénomènes. — Citez des faits non scientifiques, des phénomènes scientifiques. — Quelle distinction faites-vous entre ces deux sortes de phénomènes? — Si je dis : Il fait plus chaud à midi qu'à dix heures du matin, cet énoncé est-il une loi scientifique? Même question pour les énoncés suivants : Le Louvre est le plus beau monument de Paris. Au mois de juin, il fait plus chaud qu'au mois de décembre. — Justifiez votre manière de voir et dites ce qui caractérise une loi scientifique. — Avez-vous déjà fait des expériences? — Citez quelques expériences que vous avez faites, et dites dans quel but vous les avez réalisées.

2ᵉ LEÇON

NOTIONS PRÉLIMINAIRES

MATÉRIEL : Corps solides divers : morceau de craie, tige de bois, lame de plomb, caillou. — Marteau. — Couteau. — Divers liquides : eau, huile, pétrole, mercure. — Vases de formes différentes : verres, flacons, tubes à essais. — Pompe à bicyclette. — Appareils (*fig.* 7 à 10). — Glace : en préparer en plongeant un tube à essais rempli à moitié d'eau dans un mélange réfrigérant (eau 100 grammes, azotate d'ammonium 100 grammes; faire évaporer ensuite la solution pour récupérer le sel, qui peut ainsi servir indéfiniment).

Les trois états des corps.

6. *État solide*. — Voici une pierre (*fig.* 3), une lame de plomb, une règle, un morceau de craie.

Ces corps ont une forme déterminée; cette forme ne variera pas si aucune cause extérieure ne vient agir. Pour changer cette forme, nous devons exercer un certain effort : nous pouvons briser la pierre d'un coup de marteau, casser la règle, le morceau de craie en pliant ces corps avec les doigts; nous pouvons plier, tordre la lame de plomb, la couper avec un couteau, etc...

Les corps précédents peuvent être tenus à la main; il suffit de saisir l'un d'eux par une portion limitée, de le fixer par un point même, pour entraîner le corps tout entier.

On appelle *corps solides* les corps qui possèdent comme les précédents une forme déterminée et invariable. Un corps solide occupe une certaine portion de l'espace qu'on appelle *volume* de ce corps.

Fig. 3. — Corps solide
(pierre).

Nous verrons qu'on peut faire varier le volume d'un corps sous l'action de pressions mécaniques, ou sous l'action de la chaleur.

Le volume des corps solides varie peu sous ces deux causes. Ainsi, prenons une tige de fer de 10 centimètres de longueur, pour faire varier sa longueur de $\frac{1}{10}$ de millimètre, il faudrait exercer sur l'extrémité de cette tige une pression d'environ 2000 kilogrammes par centimètre carré de surface. C'est pourquoi on dit que les solides sont pratiquement *incompressibles*.

Prenons la même tige de fer à la température ordinaire, plongeons-la dans l'eau bouillante : son volume augmentera de $\frac{3}{1000}$ environ.

7. État liquide. — Voici un verre dans lequel il y a de l'eau ordinaire. Le corps qui remplit le verre peut être versé dans un flacon,

Fig. 4. — Corps liquide (eau).

dans un autre vase, et toujours il prend la forme du vase qui le contient (*fig.* 4). L'eau n'a donc pas une forme déterminée.

On ne peut saisir à la main l'eau contenue dans un vase. On peut déformer ce corps sans effort. L'eau est un *corps liquide*. On dit encore que c'est un *fluide*.

Il en est de même de l'huile, du pétrole, du mercure, du lait, etc.

Le volume d'un liquide est peu variable sous les actions mécaniques. Supposons un litre d'eau enfermé dans un vase cylindrique; au moyen d'un piston nous pouvons exercer une pression à la surface du liquide. Pour faire varier de 1 centimètre cube le volume du liquide, il faut exercer une pression de 25 kilogrammes par centimètre carré du piston. Avec le mercure, pour obtenir le même résultat, il faudrait une pression 10 fois plus considérable.

On dit que les liquides sont pratiquement *incompressibles*.

1 litre d'eau, pris à la température ordinaire et porté à la température d'ébullition, augmente de volume : cette augmentation est de 40 centimètres cubes environ, soit $\frac{40}{1000}$. On voit que la variation de volume sous l'action de la chaleur est plus considérable pour les liquides que pour les solides.

8. État gazeux. — EXPÉRIENCES. I. Voici un verre vide. Je le retourne et je le plonge dans l'eau, en mettant l'orifice en bas (*fig.* 5). L'eau ne remplit pas le verre. Il y a donc dans le verre quelque chose qui s'oppose à l'entrée de l'eau.

Fig. 5. — Corps gazeux. (Le verre qui nous semble vide est rempli par de l'air.)

Je penche légèrement le verre. On voit des bulles qui s'échappent du verre, traversent le liquide et disparaissent à la surface. Ces bulles sont formées par ce « quelque chose » qui se trouvait dans le verre. On ne peut pas non plus saisir ce quelque chose : c'est un *fluide*. On l'appelle l'*air*; c'est un *gaz* ou un corps *gazeux*.

II. Je reprends le verre de tout à l'heure et je le plonge dans l'eau, l'orifice en bas (*fig.* 6). D'autre part, j'ai rempli d'eau un petit flacon que je retourne dans le liquide. Je soulève ce flacon, l'orifice plongeant toujours dans le liquide. Je place l'orifice du verre sous l'orifice du flacon et je penche lentement le verre. Comme tout à l'heure, des bulles d'air s'échappent du verre, mais elles montent dans le flacon, qui se trouve bientôt rempli. On a *transvasé* le gaz. Nous voyons ainsi que le gaz prend comme un liquide la forme des vases qui le renferment.

III. Faire décrire l'appareil représenté par la figure 7 et expliquer ce qui se passe.

C'est là un autre moyen de transvaser un gaz.

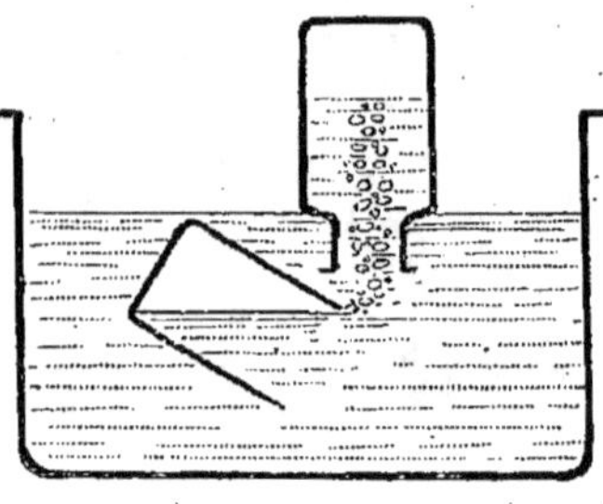

Fig. 6. — Moyen simple de transvaser un gaz.

Nous aurons maintes fois, dans la suite du cours, à réaliser des expériences analogues à celles-ci. Nous aurons à étudier nombre de gaz dont les élèves ont déjà entendu parler à l'école primaire. — En faire citer.

Ainsi, un gaz se rapproche d'un liquide par le fait qu'il n'a pas de forme déterminée et qu'on ne peut le saisir. Il en diffère par des propriétés importantes que nous allons mettre en évidence.

IV. Je prends une pompe à bicyclette (*fig.* 8), dont je ferme l'orifice de dégagement, puis je presse sur le piston. Le volume du gaz diminue de façon appréciable. Il suffit d'une pression de 1 kilogramme par centimètre carré du piston pour faire diminuer le volume du gaz de moitié.

Ainsi, contrairement aux solides et aux liquides, les gaz sont

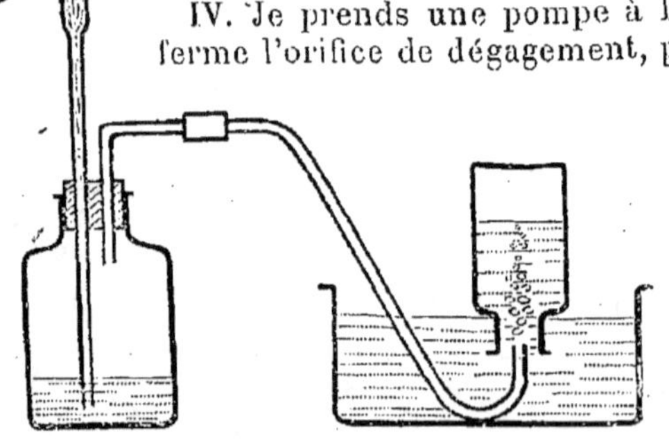

Fig. 7. — Autre moyen de transvaser un gaz.

compressibles. Quand la pression cesse, le piston remonte et le gaz reprend son volume primitif : on dit que les gaz sont *élastiques*.

V. On sait, par exemple, par le gonflement d'un ballon de caoutchouc, par le gonflement des chambres à air des bicyclettes, etc., que les gaz exercent une certaine force, une pression sur les parois des vases qui les renferment.

Nous aurons plus tard à préciser ce qu'on entend par cette pression, appelée encore *force élastique* ou *tension* du gaz. L'expérience suivante va nous montrer comment il est possible de mesurer cette pression.

Décrire les appareils que représentent les figures 9 et 10. — Figure 10, quand on donne un coup de piston, on envoie dans le flacon l'air qui remplissait la pompe. Un plus grand volume d'air occupe alors un espace moindre ; aussi le gaz comprimé exerce sur la paroi du vase une pression plus forte que l'air ordinaire ; il presse sur le mercure et soulève une colonne de liquide. Nous apprendrons que l'augmentation de pression sur 1 centimètre carré de la surface des parois du vase est précisément égale au poids d'une colonne de mercure de 1 centimètre carré de base et dont la hauteur serait celle de la colonne soulevée.

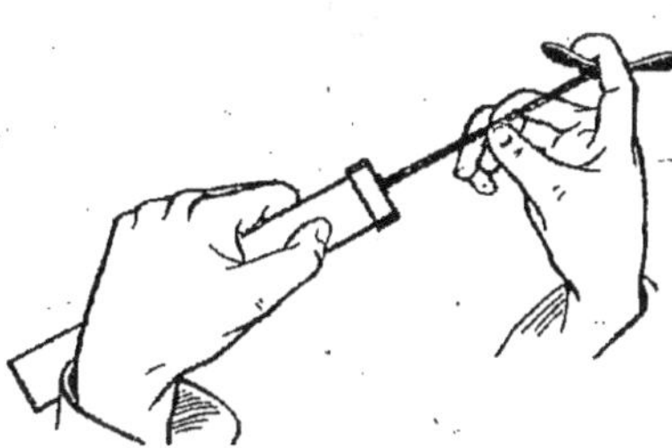

Fig. 8. — Quand on presse sur le piston, le volume de l'air diminue.

D'autre part, vous avez déjà appris que l'air presse sur tous les corps et que la pression atmosphérique se mesure au moyen du baromètre. Dire que cette pression est de 75 centimètres de mercure, signifie : l'air exerce sur une surface de 1 centimètre carré une pression égale au poids d'une colonne de mercure de 1 centimètre carré de base et

Fig. 9. — Quand on souffle dans le flacon, l'air comprimé augmente de pression et chasse le liquide par le tube effilé.

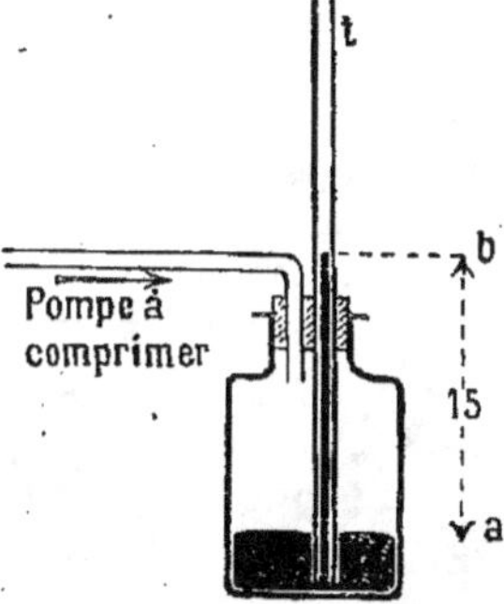

Fig. 10. — Quand on a comprimé l'air dans le flacon, le poids de la colonne liquide *a b* mesure l'augmentation de pression du gaz sur une surface de 1 cm².

de 75 centimètres de hauteur. Vous savez aussi qu'on appelle *pression normale* la pression moyenne au bord de la mer. Elle est de 76 centimètres de mercure.

9. *Variation de pression d'un gaz sous l'action de la chaleur.* — EXPÉ-
RIENCE. Décrire l'appareil représenté par la figure 11 et expliquer ce
qui se passe.

Contentons-nous ici de donner le résultat suivant : 1 litre d'air pris
à la température ordinaire, étant porté
dans l'eau qui bout, subira un accroissement de volume de 300 centimètres
cubes environ.

L'énorme variation de volume que
subit un gaz sous l'action des pressions
mécaniques ou de la chaleur sera pour
nous la propriété caractéristique qui
nous permettra pour le moment de
définir l'état gazeux et de le différen-
cier de l'état liquide.

Changements d'état.

10. *L'eau existe sous les trois états.*
— Nous voyons le plus habituellement
l'eau sous l'état liquide. Mais nous savons qu'en hiver elle passe à l'état
solide : c'est alors la neige ou la
glace (*fig.* 12).

EXPÉRIENCES. I. Dans un tube fermé
d'un bout (tube à essais), j'ai placé
quelques centimètres cubes d'eau. Je
plonge le tube dans un vase où j'ai fait
un *mélange réfrigérant*. Au bout de
quelque temps, l'eau est passée à l'état

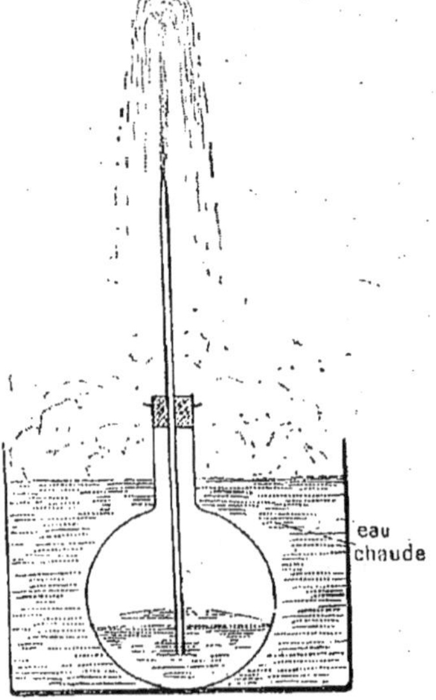

Fig. 11. — Quand on plonge le ballon dans l'eau chaude, le gaz
augmente de pression et chasse
le liquide par le tube effilé.

solide, à l'état de glace. Ainsi, un liquide suffisamment refroidi passe à
l'état solide. Inversement, la glace chauffée passe à l'état liquide (*fig.* 13).

Fig. 12. — La glace est
de l'eau à l'état solide.

Fig. 13. — La glace chauffée
donne de l'eau liquide.

Fig. 14. — L'eau liquide chauffée se transforme en vapeur,
corps gazeux.

Nous savons par l'expérience journalière que le beurre, la graisse, le plomb, l'étain, le zinc solides, peuvent passer à l'état liquide quand on les chauffe suffisamment.

II. Chauffer de l'eau liquide dans une casserole : elle passe à l'état gazeux, à l'état de *vapeur* (*fig.* 14). Les liquides chauffés peuvent ainsi se transformer en vapeurs.

Inversement, au-dessus d'un ballon où l'eau bout, plaçons une assiette froide ou un verre froid. La vapeur se refroidit sur le corps froid et repasse à l'état liquide ; on dit qu'elle se *condense*.

Les corps gazeux peuvent ainsi, par un refroidissement suffisant, être amenés à l'état liquide.

Nous ne faisons pas ici une étude complète des faits que nous examinons : cette étude sera reprise plus tard.

RÉSUMÉ

1. Les corps se présentent à nous sous l'état *solide*, sous l'état *liquide* ou sous l'état *gazeux*.

2. Un *corps solide* a une forme déterminée ; sa déformation exige un certain effort.

Il peut être saisi ou entraîné tout entier si on agit sur un seul de ses points.

Il est pratiquement incompressible et varie peu de volume sous l'action de la chaleur.

3. Un *corps liquide* prend la forme du vase qui le renferme ; il se déforme et se divise sous le moindre effort ; il ne peut être entraîné tout entier en agissant sur un de ses points ; on ne peut le saisir à la main, il coule : c'est un *fluide*.

Il est comme un solide pratiquement incompressible. Sa variation de volume sous l'action de la chaleur est encore faible.

4. Un *corps gazeux* prend comme un liquide la forme du vase qui le contient ; il ne peut être saisi à la main : c'est un *fluide*.

Mais son volume subit des variations considérables sous les actions mécaniques : il est *compressible*.

Il exerce sur les parois du vase qui le contient un certain effort. Cet effort sur une surface de 1 centimètre carré s'appelle *pression, force élastique, tension* du gaz. On l'évalue généralement en donnant la hauteur d'une colonne de mercure de 1 centimètre carré de base et dont le poids est égal à la pression du gaz considéré.

On sait que la pression atmosphérique moyenne au bord de la mer est mesurée par le poids d'une colonne de mercure de 76 centimètres de hauteur et de 1 centimètre carré de base.

5. Un même corps peut prendre les trois états : il suffit pour obtenir ce résultat de le chauffer ou de le refroidir suffisamment.

Exemple : l'eau (liquide) passe à l'état de glace (solide) par refroidissement; elle passe à l'état de vapeur (gaz) sous l'action de la chaleur.

EXERCICES

Citez des corps solides. — Quels caractères présentent les corps solides? — Comment peut-on modifier la forme d'un corps solide? Exemples. — Citez des corps liquides. — Ces corps ont-ils une forme? — Peut-on les saisir à la main? — Quelles causes sont susceptibles de faire varier le volume d'un corps liquide? — Comparez avec l'action des mêmes causes sur les corps solides. — Citez des corps gazeux. — Montrez qu'un verre dit « vide » est en réalité plein de gaz. — Comment peut-on transvaser un gaz? Faites l'expérience et dessinez le dispositif. — Comment peut-on faire varier le volume d'un gaz? — Comparez à ce point de vue les gaz avec les liquides et avec les solides. — Peut-on faire passer un solide à l'état liquide? — Comment? — Exemples. — Peut-on faire l'inverse? — Comment fait-on passer un liquide à l'état gazeux? — Exemples. — Exemples du phénomène inverse.

3ᵉ LEÇON

NOTION DE TEMPÉRATURE. — THERMOMÈTRE A MERCURE

MATÉRIEL : 3 vases en fer-blanc de 1 litre environ : l'un, A, renfermant de l'eau froide; un 2ᵉ, C, renfermant de l'eau chaude; un 3ᵉ, B, contenant un mélange des deux liquides. — 1 tube de thermomètre à mercure, *non gradué.* — 1 thermomètre à mercure, gradué sur tige, si possible. — 1 ballon de 250 grammes avec eau bouillante, 1 ballon de 250 grammes avec eau salée (20 °/₀ environ) bouillante. — Glace, si l'on peut s'en procurer. On peut obtenir une quantité de glace suffisante en mettant de l'eau dans un tube à essais (1/3 du tube environ) et en plongeant le tube dans un mélange réfrigérant. (Voir *1ʳᵉ Leçon*).

Notion de température.

11. *La notion de température nous est donnée par le sens du toucher.* — Nous disons que certains corps sont chauds, que d'autres sont froids. La *chaleur* est l'agent qui produit sur le sens du toucher des sensations de chaud et de froid.

Nous ignorons la nature de cet agent, mais nous savons en apprécier les effets, et c'est la connaissance de ces effets qui nous est utile dans les applications.

Lorsqu'un corps nous paraît chaud, nous disons que sa *température* est plus élevée que celle de notre propre corps; c'est le contraire lorsqu'il nous paraît froid.

Nous pouvons aussi reconnaître qu'un corps A est plus chaud ou plus froid qu'un corps B; ce que nous traduisons en disant : Le corps A est à une température plus ou moins élevée que le corps B.

Ainsi, la température nous apparaît comme une certaine qualité de la chaleur, qualité qui nous est révélée par le sens du toucher.

Comparaison des températures.

12. Expérience. Prenons 3 vases (*fig.* 15) : l'un, A, renferme de l'eau froide ; un deuxième, C, renferme de l'eau chaude ; le troisième, B, un mélange des deux liquides précédents à peu près par parties égales. Plongeons la main dans les trois vases. Le toucher nous donne des *sensations différentes :* nous disons que B est plus chaud que

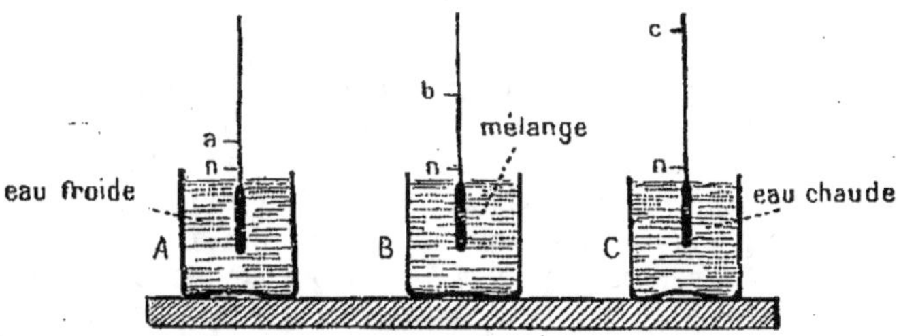

Fig. 15. — Le niveau *b* du liquide dans B est plus élevé que dans A, moins élevé que dans C.

A, moins chaud que C. Nous traduisons encore les sensations que nous donne le toucher en disant que la *température* de B est supérieure à celle de A, inférieure à celle de C. Ainsi, le sens du toucher nous permet déjà de comparer les températures.

Mais les renseignements donnés par le toucher sont bien insuffisants ; il nous est d'ailleurs impossible d'en conserver la trace précise.

Exemple : Fait-il plus chaud aujourd'hui que le même jour et à pareille heure de la semaine dernière, du mois dernier, de l'année dernière ?

De plus, rien ne nous prouve qu'une autre personne, comparant les mêmes températures, obtienne exactement les mêmes résultats que nous. Enfin, le sens du toucher peut nous induire en erreur. Ainsi, une cave paraît fraîche en été, chaude en hiver ; il en est de même de l'eau d'une fontaine. — Placer la main sur le bois de la porte et sur le fer de la serrure : le fer paraît plus froid que le bois. Or nous verrons plus tard que ces deux corps sont à la même température.

Pour comparer les températures, le sens du toucher étant insuffisant, nous nous adresserons à un effet de la chaleur, effet que nous saurons mesurer. C'est ce phénomène que nous allons étudier.

13. *Équilibre de température.* — Apportons sur la table un vase renfermant de l'eau chaude. Nous savons que cette eau se refroidit; elle cède de la chaleur à l'air environnant, aux corps avec lesquels elle est en contact jusqu'à ce que tous les corps en contact aient la même température.

Mettons sur la table un vase renfermant de l'eau froide, de la glace, le contraire se produit : l'air, les corps environnants plus chauds cèdent de la chaleur au corps froid, jusqu'à ce que tous aient la même température.

Nous verrons comment se fait cet échange de chaleur. Contentons-nous, aujourd'hui, de constater le résultat, que nous pouvons énoncer ainsi : *Quand des corps en contact ne sont pas à la même température, il y a échange de chaleur entre ces corps jusqu'à ce qu'ils aient acquis la même température.*

14. *Thermomètre.* — Expérience. Prenons un appareil formé d'une petite ampoule de verre prolongée par un tube de faible diamètre intérieur (tube capillaire). Le réservoir et une partie du tube renferment du mercure. Le niveau du liquide dans le tube est en n (*fig.* 15). Plongeons cet appareil successivement dans les vases A, B, C, et notons les niveaux a, b, c, atteints par le mercure dans le tube. L'appareil a pris, dans chaque cas, la même température que le liquide avec lequel il a été mis en contact.

Le classement des températures opéré au

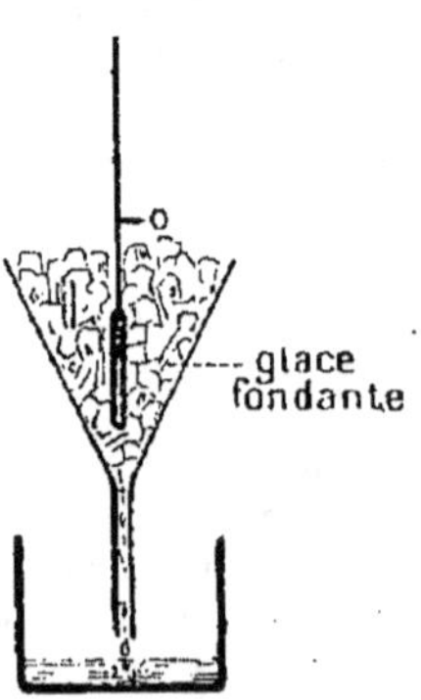

Fig. 16.
Détermination du
zéro.

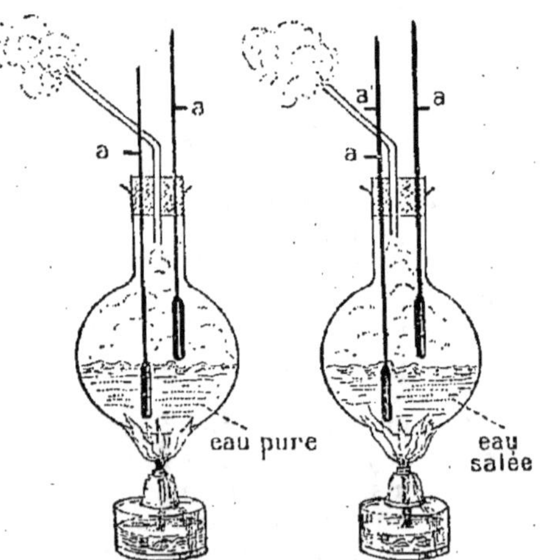

Fig. 17. — Quand la pression reste constante,
la température de la vapeur d'eau est la même
pour l'eau salée et pour l'eau pure.

moyen de l'appareil précédent sera le même que celui obtenu par le toucher, si nous convenons que le niveau le plus élevé correspond à la température la plus haute. Cet appareil, qui nous permet de classer les températures, est un *thermomètre.*

Ce thermomètre, mis au contact d'un certain corps, prendra la température de ce dernier ; cette température sera caractérisée par le niveau du mercure dans le tube.

Mettons le thermomètre au contact d'un deuxième corps ; si le niveau du mercure est le même que dans le premier cas, nous disons que les corps sont à la même température. Si le niveau du mercure est plus élevé, le deuxième corps est à une température supérieure à celle du premier, et inversement. Il suffit de mettre sur la tige du thermomètre une graduation quelconque pour pouvoir conserver l'indication des températures.

15. *Point zéro.* — EXPÉRIENCE. Mettre le thermomètre dans de la glace qui fond (*fig.* 16) : le niveau du mercure s'arrête en un certain

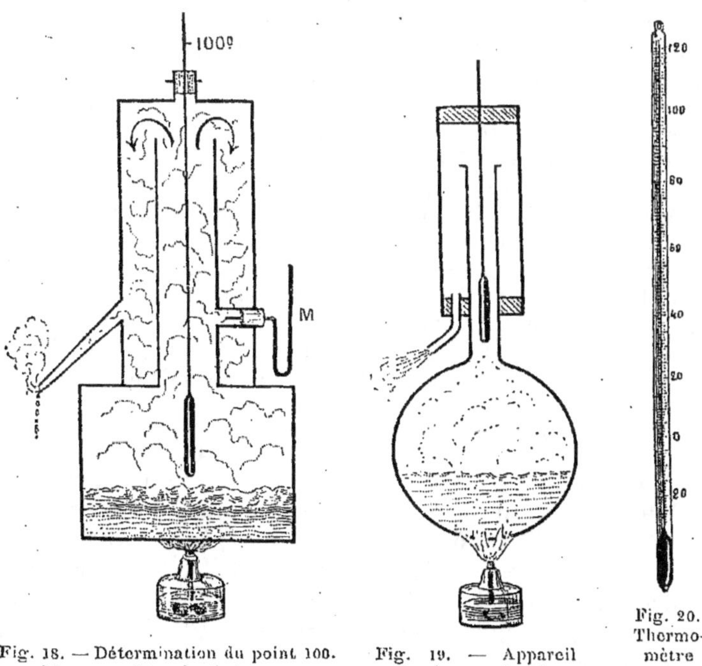

Fig. 18. — Détermination du point 100.
— M, manomètre destiné à mesurer
la pression de la vapeur.

Fig. 19. — Appareil
simple pour la déter-
mination du point 100.

Fig. 20.
Thermo-
mètre
à
mercure.

point, et tant qu'il reste de la glace à fondre, le niveau ne varie pas. Chaque fois qu'on recommence l'expérience, le niveau du mercure revient au même point. *On dit que la température de la glace qui fond est fixe.* Cette température, facile à retrouver, a été prise pour point de départ dans la graduation. Elle est indiquée par le chiffre 0 (zéro).

16. *Point cent.* — EXPÉRIENCE. Mettre le thermomètre dans l'eau bouillante, puis dans sa vapeur; dans l'eau salée bouillante, puis dans sa vapeur. — Les résultats sont indiqués dans la figure 17.

Ainsi, la température de la *vapeur d'eau* bouillante est *constante* pendant toute la durée de l'ébullition, à condition que la pression extérieure ne change pas. Si la pression varie, la température de la vapeur varie aussi.

On a choisi comme second point, pour graduer le thermomètre, *la température de la vapeur d'eau bouillante quand la pression extérieure est de 76 centimètres de mercure.* Cette température est indiquée par le nombre 100 (cent) [*fig.* 18 et 19].

17. *Degré centigrade.* — Ainsi, la différence entre la température de la glace fondante et celle de la vapeur d'eau bouillante va nous servir à comparer les températures. On a divisé cette différence en 100 parties égales, et chaque partie s'appelle un *degré centigrade.* On a divisé sur la tige du thermomètre l'intervalle entre le point 0 et le point 100 en 100 parties égales et *on est convenu* de dire : Quand le mercure monte d'une division dans le tube, cela signifie que la température de l'appareil s'élève d'un degré.

Il ne faut donc pas dire qu'un degré est une division du thermomètre, mais il faut se rappeler qu'une variation de niveau du mercure égale à 1, 2, 3... divisions correspond à une variation de température de 1, 2, 3... degrés centigrades.

On a prolongé les divisions au-dessus du point 100 et au-dessous du point zéro (*fig.* 20). Ces dernières températures s'énoncent en faisant précéder le numéro de la graduation du mot *moins.* De même, elles s'écrivent en plaçant devant le numéro de la graduation le signe (—). Exemple : 11 degrés au-dessous de zéro s'énonce *moins* 11° et s'écrit — 11°.

RÉSUMÉ

1. La notion de *température* nous est donnée par le sens du toucher; quand un corps nous paraît plus chaud qu'un autre, nous disons qu'il est à une température plus élevée.

2. Cette notion est insuffisante, et le toucher peut nous induire en erreur. D'où la nécessité d'appareils qui servent à comparer les températures avec précision. Ces appareils sont des *thermomètres.*

3. Le thermomètre à mercure se compose d'un réservoir en verre surmonté d'un tube fin et bien calibré. Dans le réservoir et une partie du tube, il y a du mercure.

4. Pour graduer le thermomètre, on le plonge d'abord dans la *glace fondante*, on marque 0 au point où le mercure s'arrête; on le plonge ensuite dans la *vapeur d'eau bouillante sous la pression de 76 centimètres de mercure.* On marque 100 au point où

s'arrête le mercure. On divise l'intervalle en 100 parties égales ; on prolonge les divisions au-dessus de 100 et au-dessous de 0.

5. Quand le niveau du mercure varie d'une division dans le tube, on dit que la température s'élève d'un degré centigrade, et inversement.

6. *Un degré centigrade est la centième partie de la différence entre la température de la glace fondante et celle de la vapeur d'eau bouillante sous la pression de 76 centimètres de mercure.*

EXERCICES

I. Avez-vous vu un thermomètre ? — Décrivez cet appareil. — A quoi sert-il ? — Pouvez-vous apprécier les températures autrement qu'avec un thermomètre ? — Citez des exemples montrant que le sens du toucher est insuffisant pour comparer avec précision les températures. — Quel est dans le thermomètre le phénomène visible qu'on a choisi pour la comparaison des températures ? — Quand dit-on que la température d'un corps ou d'un milieu est constante, que la température s'élève, que la température s'abaisse ? — Quand dit-on qu'un corps A est à une température plus élevée qu'un autre corps B ? — Que signifie cette expression : la température de la glace fondante est constante ? — Dans quelles conditions la température de la vapeur d'eau bouillante est-elle constante ? — Pourrait-on dire que la température de l'eau bouillante est constante ? — Comment fait-on pour graduer le thermomètre à mercure ? — Qu'appelle-t-on un degré centigrade ? — Pourquoi ne doit-on pas dire : Un degré centigrade est une division de la tige du thermomètre ?

II. Un corps est à la température de 15 degrés, un autre est à la température de 30 degrés. Que signifient exactement ces expressions ? Peut-on dire que la température du second est double de celle du premier ?

III. On dit qu'un thermomètre est *sensible* quand, à une faible variation de température, correspond une variation appréciable du niveau à mercure. Comment peut-on augmenter la sensibilité du thermomètre à mercure ?

4ᵉ LEÇON

THERMOMÈTRE A ALCOOL. — USAGES DU THERMOMÈTRE

MATÉRIEL : Thermomètre à alcool. — Thermomètre à maxima et à minima (on décrira celui que l'on possède et on en montrera le fonctionnement). — Thermomètre médical.

Thermomètre à alcool.

18. *Description et graduation.* — Le mercure bout à 357°. Le thermomètre à mercure peut donc servir à mesurer des températures assez élevées. Mais ce métal se solidifie à — 40°. Or, actuellement, on obtient des températures bien inférieures au point de solidification du mercure ; on atteint 250° au-dessous de zéro.

Pour évaluer les basses températures, il faut d'autres appareils que le thermomètre à mercure. Jusqu'à 100° au-dessous de zéro environ, on peut utiliser le thermomètre à alcool (l'alcool ne se congèle que vers — 130°). Il est pareil au thermomètre à mercure, mais le diamètre du tube est plus grand. Dans le réservoir, on met généralement de l'alcool coloré. On détermine le point zéro comme pour le thermomètre à mercure, mais on ne peut pas déterminer directement le point 100, car l'alcool bout à 78°.

Pour graduer l'instrument, on le plonge avec un thermomètre à mercure dans un vase renfermant de l'eau à une température de 40 à 50°. On note le niveau de l'alcool dans le tube. Si le thermomètre à mercure indique 47° par exemple, on marque 47 au point où l'alcool s'est arrêté. On divise l'intervalle des deux points 0 et 47 en 47 parties égales et on prolonge les divisions.

Usages du thermomètre.

19. *Détermination de la température de l'air.* — Il est très utile de connaître la température de l'air. Il suffit de placer un thermomètre à une certaine distance du sol, des murs, des abris qui pourraient renvoyer la chaleur du soleil. L'instrument doit être également protégé contre les rayons directs du soleil. En négligeant ces précautions, on obtient des indications supérieures de plusieurs degrés à la température vraie du milieu.

20. *Thermomètre à maxima et à minima.* — Il est intéressant de connaître la température la plus élevée et la plus basse de la journée. Dans ce but, on a construit des thermomètres qui donnent cette indication. Il y en a divers modèles. Nous ne décrirons que celui de Six et Bellani, qui donne à la fois le *maxima* et le *minima* (*fig.* 21).

Le réservoir A d'un thermomètre à alcool est surmonté d'un tube recourbé, comme l'indique la figure 21. La colonne d'alcool dans la branche de gauche est continuée par une colonne de mercure. Dans la branche de droite, la colonne de mercure est surmontée aussi d'une colonne d'alcool. Au-dessus du mercure, dans chaque branche, se trouvent deux petits index *a* et *b* en fer qui s'appuient légèrement au moyen d'un ressort sur la paroi du tube. Ces index peuvent être déplacés facilement dans le tube au moyen d'un aimant. Supposons l'appareil dans la glace fondante et les deux index ramenés au niveau du mercure. Si la température s'élève, le mercure pousse devant lui l'index de droite, mais l'alcool passe autour de l'index de gauche sans le déplacer. Au point le plus élevé atteint à

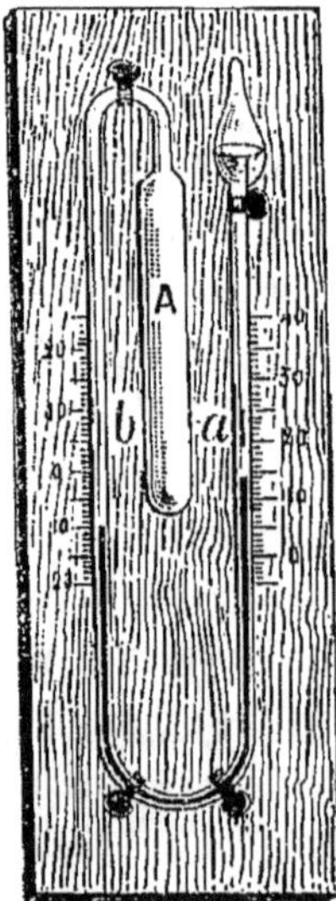

Fig. 21. — Thermomètre à *maxima* et à *minima* de Six et Bellani.

droite par la colonne de mercure, l'index s'arrête. Quand la température s'abaisse, le mercure pousse devant lui l'index de gauche et le laisse en un point qui indique la température la plus basse. On lit le numéro de la graduation placé en face de la partie *inférieure* de l'index, l'appareil étant vertical.

Si on a 6° pour température minima, 24° pour température maxima, en ajoutant ces deux nombres et en divisant par 2 le résultat, on a la *température moyenne de la journée.* Dans ce cas, la température moyenne serait 15°.

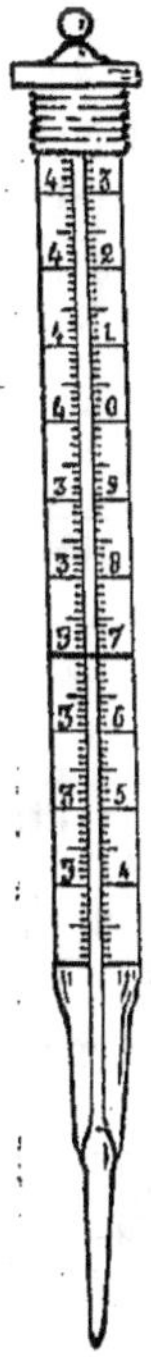

En prenant chaque jour la température moyenne en un lieu, en ajoutant les résultats et en divisant le nombre obtenu par 365, nombre de jours de l'année, on a la *température moyenne de l'année.*

Pour un même lieu, la moyenne annuelle est peu variable; la moyenne d'un certain nombre d'années est la température moyenne du lieu. A Paris, la température moyenne est voisine de 10° C.

21. Le thermomètre en agriculture et dans l'industrie. — On doit maintenir entre 15 et 20° la température des étables. — Pour l'écrémage au moyen de l'écrémeuse centrifuge, la température de 30 à 32° est la plus favorable. Dans la fabrication du fromage, il est nécessaire de maintenir à température constante les caves dans lesquelles s'opère la fermentation. Cette température varie d'ailleurs avec la nature du produit. Dans les serres, il faut aussi maintenir une température variant suivant les plantes qu'on y conserve, etc.

Dans l'industrie, nous aurons de fréquents exemples de l'emploi du thermomètre. Ainsi, les fermentations ne s'accomplissent bien qu'à une température donnée. De même, dans la distillation des liquides alcooliques, des pétroles, des goudrons, la nature des produits recueillis varie avec la température. Pour évaluer les températures très élevées, l'industrie emploie des appareils spéciaux, dont nous dirons un mot lorsque nous étudierons les principes sur lesquels ils reposent.

Fig. 22.
Thermo-
mètre
médical.

22. Le thermomètre en hygiène et en médecine. — Expérience. Mettre quelques minutes dans la bouche le réservoir d'un bon thermomètre à mercure. Il indique une température de 37°. C'est là la température habituelle du corps humain, quand on est en bonne santé. En cas de maladie, la température s'élève en général : il y a *fièvre.* L'étude de la température est pour le médecin une indication précieuse qui lui permet de suivre la marche de la maladie. On a construit, à l'usage des médecins, des thermomètres dits *médicaux (fig.* 22), indiquant les températures de 33° à 43° seulement; ces appareils donnent le 1/10 de degré. Il faut évidemment que la graduation en ait été faite avec précision.

Dans les pièces que nous habitons, nous nous trouvons mal à l'aise quand la température est trop basse ou trop élevée. Pour les chambres à coucher, il suffit de 12°. Dans les cabinets de travail, les pièces où nous séjournons, on supporte bien de 14° à 16°; il ne faut pas dépasser 18°. Pour les bains chauds, on porte l'eau à une température de 35° à 40°.

23. *Manière de prendre la température du corps.* — Dans tout ménage on devrait posséder un thermomètre médical et toute per-

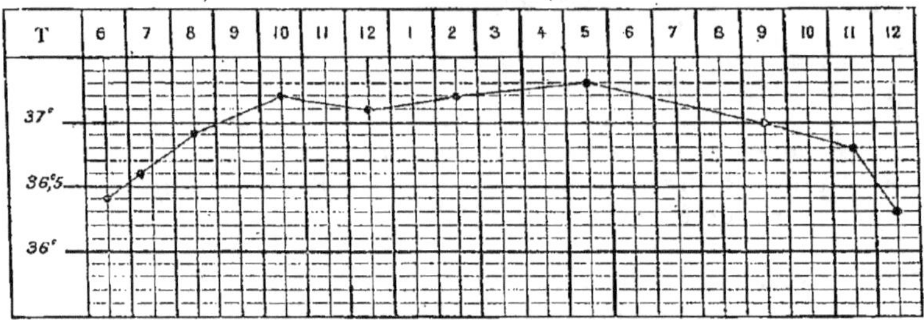

Fig. 23. — Courbe de la température normale du corps.

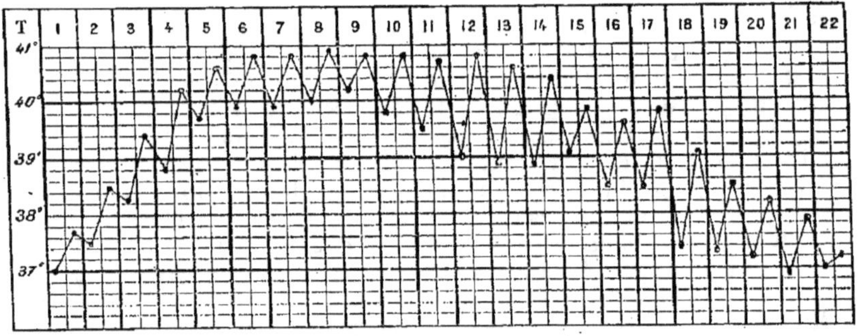

Fig. 24. — Courbe de la température du corps pendant la fièvre typhoïde
(Évolution : 22 jours).

sonne devrait aussi savoir prendre la température du corps. Sauf indications contraires, on prend la température sous l'aisselle.

Les thermomètres médicaux sont à *maxima*; ils donnent la température la plus élevée à laquelle ils ont été portés. Avant de s'en servir, il faut faire descendre la colonne de mercure au-dessous de 35°. On y arrive en saisissant le thermomètre de la main droite et en exécutant un énergique mouvement de rotation.

On écarte ensuite les vêtements du malade et on essuie le dessous du bras, dans l'angle que fait ce membre avec le tronc. On enlève ainsi la sueur qui en s'évaporant pourrait faire baisser le thermomètre. On place alors le thermomètre, *le réservoir au contact direct de la peau et complètement caché dans le creux de l'aisselle.* Le malade applique le bras contre le thorax avec précaution pour ne pas casser l'appareil. On attend *dix minutes au moins* et on lit la température.

En prenant la température, il faut éviter au malade les refroidissements; il y aura lieu de placer un châle, une couverture, sur les parties du corps découvertes.

Il est indispensable que les thermomètres médicaux soient précis. Aussi, depuis quelques années, il existe au Conservatoire national des Arts et Métiers un service de contrôle des thermomètres médicaux. Quand on achète un thermomètre médical, il faut prendre un thermomètre contrôlé et exiger le certificat de contrôle.

Quand il s'agit d'une maladie longue, l'étude régulière de la température du malade peut être précieuse pour le médecin. Pour conserver la trace des indications obtenues, on établit une feuille de température. Les figures 23 et 24 indiquent la manière de procéder.

Disons encore que seul le médecin peut interpréter les indications de la feuille de température et en tirer des conclusions. Certaines maladies bénignes s'accompagnent d'une fièvre intense; d'autres, au contraire, très graves, ne modifient pas beaucoup la température.

24. Thermomètre Fahrenheit. — En Angleterre et dans divers autres pays, on utilise un thermomètre dont la graduation a été établie par l'Anglais Fahrenheit. Ce thermomètre marque 32° dans la glace fondante, 212° dans la vapeur d'eau bouillante sous la pression normale (*fig.* 25).

Ainsi 212 — 32 ou 180° Fahrenheit correspondent à 100° centigrades; donc 1° Fahrenheit est les $\frac{100}{180}$ ou $\frac{5}{9}$ de 1° centigrade.

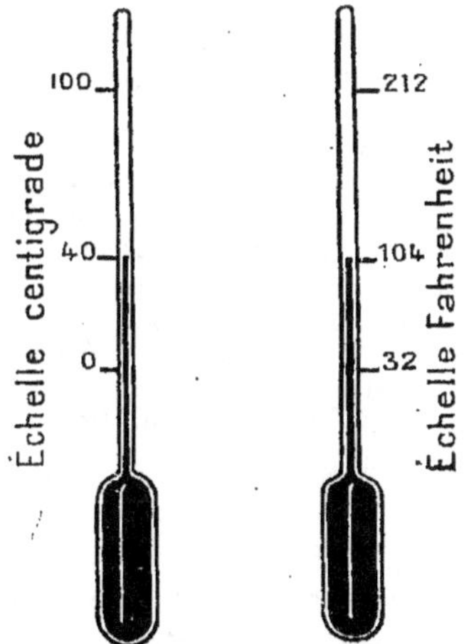

Fig. 25. — Comparaison des échelles centigrade et Fahrenheit.

Inversement, 1° centigrade est les $\frac{9}{5}$ de 1° Fahrenheit.

Soit à trouver la température donnée par le thermomètre Fahrenheit et correspondant à 40° C.

40° C correspondent à $40 \times \frac{9}{5}$ ou 72° F. Mais le 0° C correspond à + 32 F. Donc, quand le thermomètre centigrade indique 40°, le thermomètre Fahrenheit indique 32 + 72 = 104°.

Inversement, étant donnée la température 104° F, pour trouver la température indiquée par un thermomètre centigrade, on commence par retrancher 32° et on multiplie la différence par $\frac{5}{9}$.

Premières notions sur les grandeurs mesurables.

25. Pour mesurer une longueur, on porte sur celle-ci une autre longueur prise pour unité. On sait définir :

1º Deux longueurs égales ;

2º Une longueur qui est la somme de deux autres.

On appelle *grandeur* tout ce qui peut être comparé à quelque chose de même espèce. Il faut d'ailleurs que le résultat de cette comparaison soit indépendant de la personne qui la fait ; autrement dit, plusieurs personnes différentes effectuant la même comparaison doivent arriver au même résultat.

Il ne faut donc pas dire : Une grandeur est tout ce qui est susceptible d'augmenter ou de diminuer, car un mal de dents, l'amitié, la haine, en un mot toute sensation physique, tout sentiment est susceptible de croître en intensité ou de diminuer, mais il n'est pas possible de comparer de façon précise deux sensations de même espèce, même éprouvées par le même individu ; cette comparaison est totalement impossible quand ces sensations sont éprouvées par deux individus différents.

Nous avons pu définir des températures égales, et cette définition est indépendante de la personne qui observe, puisqu'il suffit de constater l'égalité des niveaux dans un thermomètre pour en conclure l'égalité des températures.

La température est donc une grandeur. Mais aucun fait physique ne nous permet d'ajouter la température de deux corps. Nous ne pouvons donc pas réellement mesurer les températures : nous ne faisons que les classer.

Ce que nous pouvons mesurer, ce sont les différences de température. En application de la convention que nous avons admise pour la graduation, les variations de température sont proportionnelles aux variations du niveau du liquide dans le thermomètre. Il importe de remarquer que cette convention est absolument arbitraire ; c'est la plus simple que nous puissions adopter.

Les différences de température entre deux corps sont la cause des échanges de chaleur entre ces corps, tout comme nous savons que la différence de niveau entre les liquides de deux réservoirs est la cause de l'écoulement du liquide du réservoir où le niveau est le plus élevé vers l'autre.

RÉSUMÉ

1. Le thermomètre à alcool ressemble au thermomètre à mercure. On détermine le point zéro dans la glace fondante ; par comparaison avec un thermomètre à mercure, on détermine un autre point de la graduation.

2. Pour prendre la température de l'air, il faut que le thermomètre ne reçoive ni les rayons directs du soleil, ni la chaleur réfléchie par des murs, des obstacles voisins.

3. On construit des thermomètres qui donnent les températures *maxima* et *minima* auxquelles ils ont été portés. En faisant la somme des deux indications, et en divisant cette somme par 2, on a la *température moyenne* de la journée. On peut ainsi, en un lieu, déterminer la température moyenne du mois, de l'année.

4. Le thermomètre est un appareil très utile, aussi bien en agriculture que dans l'industrie. Un certain nombre d'opérations ne réussissent que si elles ont lieu à une température déterminée.

5. Le thermomètre est indispensable au médecin. Les variations de température du corps d'un malade le renseignent sur la marche de la maladie.

A tous, le thermomètre est utile pour nous permettre de maintenir à une température convenable les pièces que nous habitons.

EXERCICES

I. Dans une journée, un thermomètre maxima indique 8°, le thermomètre minima — 4°. Quelle est la température moyenne de la journée?

II. Un thermomètre médical est gradué entre 33° et 43° C. Quelles seront les limites correspondantes de la graduation F? A quelle température F correspond la température du corps humain, soit 37° C?

III. Avez-vous vu un thermomètre à alcool? — Quelles étaient les limites de la graduation? — Aurait-on pu pousser la graduation au-dessus, au-dessous de celles qui y figuraient? — Comment gradue-t-on un thermomètre à alcool? — Quelles précautions faut-il prendre quand on détermine la température de l'air? — Doit-on placer le thermomètre au soleil, dans le voisinage du sol, d'un mur frappé par le soleil? — Comment prend-on la température d'un malade? — Précautions indispensables. — Comment établir une feuille de température? — Où est utilisé le thermomètre Fahrenheit? — Comment est-il gradué? — Quelle relation y a-t-il entre un degré centigrade et un degré Fahrenheit?

5° LEÇON

DILATATION DES SOLIDES. — APPLICATIONS DIVERSES

MATÉRIEL : Appareil représenté par la figure 26. Pour chauffer le fil métallique rapidement dans toute sa longueur, on l'entoure d'un fil de coton imbibé d'alcool ou d'essence. On allume ensuite ce fil. — Appareil représenté par la figure 24 : anneau en fil de fer ou de laiton dans lequel passe exactement à froid une pièce de 0 fr. 10.

Dilatation en longueur.

26. *Les corps solides se dilatent en longueur.* — EXPÉRIENCE. L'appareil est représenté par la figure 26, et les résultats de l'expérience sont indiqués sous la figure.

Ainsi, les corps solides s'allongent quand on les chauffe. On dit qu'ils se *dilatent* sous l'action de la chaleur. La dilatation en longueur s'appelle *dilatation linéaire.* On a déterminé la dilatation linéaire de différents corps par des méthodes que nous ne pouvons exposer ici. Voici quelques-uns des résultats :

Une barre de fer de 1 mètre de longueur à 0° s'allonge de $1^{mm},2$

quand on la porte à 100°. Dans les mêmes conditions, une barre de laiton s'allonge de $1^{mm},9$, une barre de platine, de $0^{mm},9$. Ainsi, les différents solides se dilatent inégalement. On a obtenu un acier dans lequel on a incorporé du nickel et dont la dilatation est pratiquement nulle (métal *invar*).

APPLICATION NUMÉRIQUE. Un rail de chemin de fer a une longueur de 4 mètres. Les températures extrêmes qu'il subit sont — 30° et + 50°. Quelle variation de longueur maxima présente ce rail?

Solution : La variation maxima de température est de 80°. Or, pour une longueur de 1 mètre et pour 100°, la dilatation du fer est $1^{mm},2$. Pour 4 mètres et pour 80°, la variation de longueur sera :

$$1^{mm},2 \times 4 \times \frac{80}{100} \text{ ou } 3^{mm},8.$$

27. *Valeur des efforts développés par la dilatation.* — Une barre de fer de 1 mètre de long et de 1 centimètre carré de section s'allonge de $1^{mm},2$ quand sa température s'élève de 100°. A ce moment, fixons solidement ses deux extrémités et laissons-la refroidir. Elle tirera sur les supports et tendra à les rapprocher. L'effort exercé sera égal à celui qui est nécessaire pour allonger de $1^{mm},2$ cette barre de métal. L'expérience montre que cet effort est voisin de 2 500 kilogrammes. Si au contraire, à froid, on a bloqué la barre entre deux supports et qu'on la chauffe, elle tendra à déplacer ces supports ou à les briser. Ces efforts considérables ont été appliqués vers le milieu du siècle dernier pour redresser un mur du Conservatoire des Arts et Métiers.

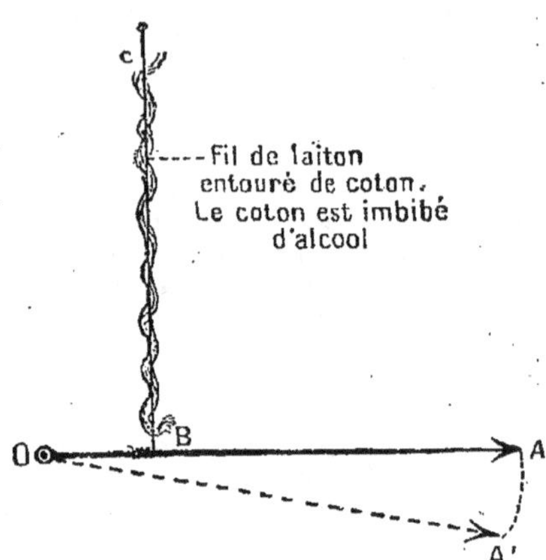

Fig. 26. — Quand on allume le coton, l'extrémité de l'aiguille descend de A en A' ; quand le fil se refroidit, l'aiguille revient en A.

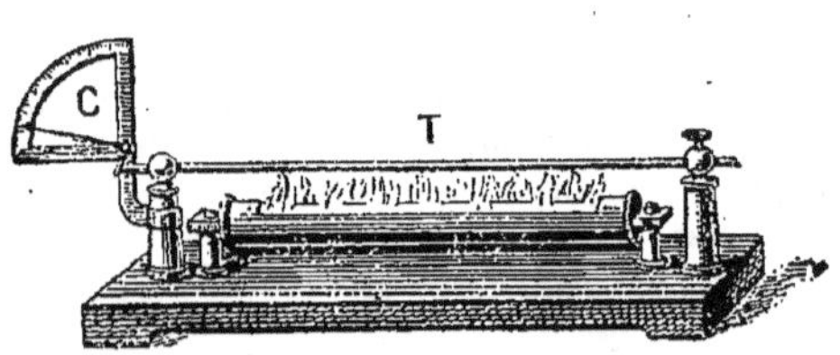

Fig. 27. — Pyromètre à cadran. — Quand la tige métallique T s'échauffe, elle se dilate et fait mouvoir une aiguille sur un cadran C. C'est l'appareil précédent perfectionné.

Dilatation en volume.

28. *Les solides se dilatent en volume.* — EXPÉRIENCE. On fabrique en fil de fer ou de laiton un anneau dans lequel passe exactement à froid soit une boule de laiton, soit une pièce de 5 centimes (*fig.* 28). On chauffe la boule, elle ne passe plus dans l'anneau; on la laisse refroidir, elle passe à nouveau. Ainsi, la dilatation se produit dans toutes les directions, et un corps creux se dilate absolument comme s'il était plein.

Nous avons vu plus haut que pour une barre de fer l'allongement est $\dfrac{1,2}{1\,000}$ de sa longueur quand la température s'accroît de 100°. L'expérience et le calcul montrent que l'augmentation de volume est 3 fois plus considérable. Cette augmentation serait donc pour le fer de $\dfrac{3,6}{1\,000}$ quand la température croît de 100°.

APPLICATION. Un décimètre cube de fer à 0° pèse 7 kg. 8. Quel sera le poids de 1 décimètre cube de ce métal à la température de 500°? — *Solution :* 7 kg. 8 de fer, qui occupent à 0° un volume de 1 décimètre cube, occupent à 500° un volume de $1^{dm3} + \dfrac{3,6}{1\,000} \times \dfrac{500}{100}$ décimètre cube ou $1^{dm3},018$.

Le poids du décimètre cube à 500° sera donc : $\dfrac{7^{kg},8}{1,018} = 7^{kg},66$.

Le poids d'un décimètre cube d'un corps solide s'appelle *poids spécifique*, ou encore *densité* de ce corps. Quand on donne la densité d'un corps, il faut préciser la température. Généralement, on détermine la densité à 0°.

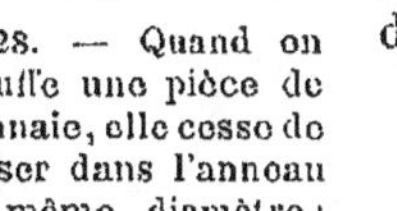

Fig. 28. — Quand on chauffe une pièce de monnaie, elle cesse de passer dans l'anneau de même diamètre ; elle y passe à nouveau en se refroidissant.

Applications des dilatations.

29. *Constructions métalliques.* — Il faut tenir compte des dilatations dans les constructions où entrent des pièces métalliques. Ainsi, les tabliers des ponts sont libres à une extrémité (*fig.* 29), les rails de chemin de fer ne sont pas placés bout à bout (*fig.* 30). Les pièces de zinc ou de tôle qu'on utilise pour les toitures ne sont fixées qu'à un bout. Les roues des locomotives et des wagons sont en fonte, entourées d'un bandage en acier. Ce bandage est un peu plus étroit que la roue. On le chauffe au rouge, et la roue peut y pénétrer. Par refroidissement, il serre énergiquement les jantes. C'est ainsi que les charrons placent les bandages des roues de voitures (*fig.* 31). Quand on assemble par des rivets deux pièces de tôle, on peut porter au préalable les rivets au rouge.

Voici quelques exemples curieux des effets de la dilatation sur les constructions métalliques modernes :

1° En 1909, on jeta sur la Sioule, entre Clermont-Ferrand et Mont-

luçon, un viaduc métallique de 376 mètres de long (viaduc de Fades).
Le viaduc avait été poussé à partir des deux extrémités; l'assemblage devait se faire sur le milieu. Or, au moment d'assembler les

deux demi-ponts, la partie exposée à l'ombre s'assemblait exactement, la partie exposée au soleil présentait une discordance de 9 millimètres. Cette discordance s'annula dans la soirée quand les deux côtés eurent pris une température uniforme;

2° Dans la construction de la Tour Eiffel (*fig.* 32), on a dû se préoccuper des effets de la dilatation.

Des mesures rigoureuses ont montré les résultats suivants :

Les variations de température se traduisent par des variations de hauteur de la Tour, variations qui atteignent 10 centimètres.

Les parties exposées au soleil se dilatant plus que les parties opposées, le sommet de la Tour s'infléchit légèrement du côté opposé au soleil; il semble fuir le soleil. La plus grande amplitude de cette inflexion atteint 24 centimètres au 3e étage.

30. *Différence de dilatation.* — Quand deux corps, dont les dilatations sont différentes, se trouvent associés, les variations de température peuvent amener la rupture de l'un d'eux. — Exemples : L'émail qui recouvre les poteries se fendille, celui qui recouvre la tôle s'enlève en éclats. Quand on chauffe brusquement une plaque de verre, elle se brise, car le verre, étant peu conducteur de la chaleur, la partie

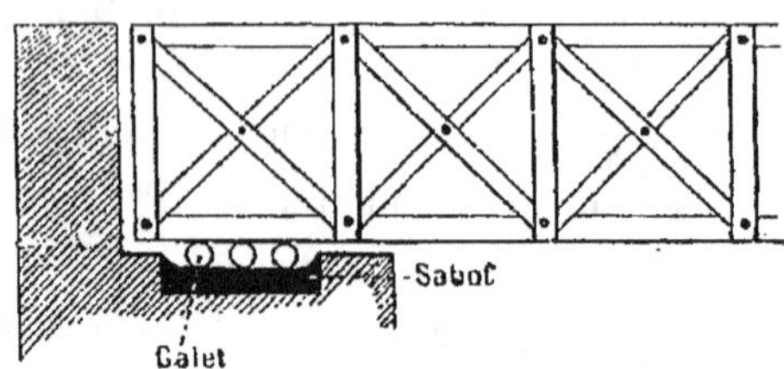

Fig. 29. — Les tabliers des ponts métalliques ont une extrémité non fixée, pour permettre la dilatation du métal.

Fig. 30. — Les rails de chemin de fer ne sont pas placés bout à bout. Entre deux rails consécutifs est ménagé un petit intervalle pour permettre la dilatation.

Fig. 31. — Pour cercler les roues de voitures, on chauffe le cercle au rouge (1); le cercle est ensuite mis en place, puis refroidi brusquement (2).

Fig. 32. — La Tour Eiffel et l'Exposition de 1889.

chauffée se dilate seule, elle écarte les parties voisines et en provoque la rupture.

31. Pendule compensé. — Dans les horloges, un balancier ou *pendule*, formé d'une lourde masse de plomb fixée à une tige d'acier, oscille, et la durée des oscillations varie avec la longueur de la tige. Quand la tige s'allonge, les oscillations ont une durée plus grande et l'horloge retarde pendant l'été. Le contraire a lieu pendant l'hiver. Pour régulariser le mouvement du pendule, on a imaginé un système de tringles représenté par la figure 33. Les tiges impaires sont en acier; celle du milieu, 3, traverse le support transversal inférieur et porte la lentille : elle peut donc se dilater librement vers le bas. Quand la température s'élève, les tiges impaires fixées en haut se dilatent de haut en bas. Soit l l'allongement commun des tiges 1 et 5. Si les tiges de laiton 2 et 4 conservaient une longueur invariable, la tringle qui les réunit en haut s'abaisserait de la longueur l, et en appelant l' l'allongement de la tige 3, la lentille s'abaisserait de $l + l'$. Mais les tiges de laiton, fixées en bas, se dilatent vers le haut, et relèvent la tringle qui supporte la lentille. Leur longueur est précisément calculée pour que leur dilatation compense celle des tiges d'acier.

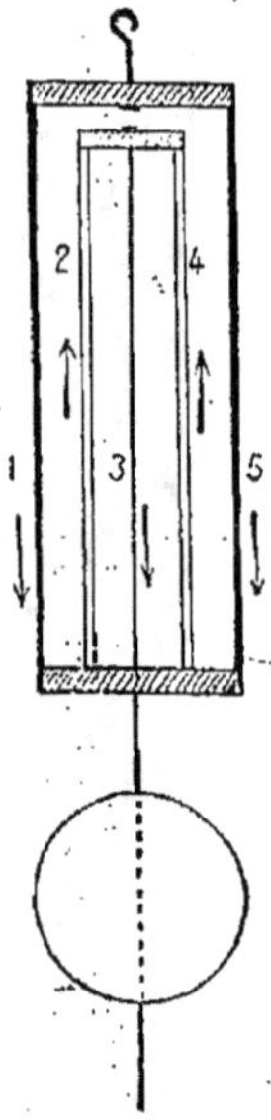

RÉSUMÉ

1. Les corps solides se dilatent en longueur sous l'action de la chaleur, et leur dilatation permet d'exercer des efforts énormes.

2. Les corps solides se dilatent aussi en volume; il en résulte que le poids du décimètre cube (poids spécifique) varie avec la température.

3. Les dilatations des corps solides ont reçu des applications importantes. On les utilise pour le bandage des roues de voitures, de wagons, de locomotives. On en tient compte dans les constructions où entrent des pièces métalliques, dans la pose des rails de chemin de fer, dans l'établissement des toitures métalliques.

4. Lorsque des corps qui se dilatent inégalement sont assemblés, les variations de température peuvent amener la rupture de l'un d'eux. C'est ainsi que se fendille l'émail, que se brise le verre soumis à un échauffement et à un refroidissement brusques.

5. Il faut tenir compte des dilatations pour régulariser le mouvement du pendule des horloges.

Fig. 33. — Balancier compensé d'une horloge.—Les tiges impaires sont en acier et se dilatent de haut en bas ; les tiges paires sont en laiton et se dilatent de bas en haut. Le balancier conserve la même longueur.

EXERCICES

Indiquez quelques expériences montrant que les solides se dilatent : 1° en longueur, 2° en volume. — Avez-vous une idée de la valeur de cette dilatation ? Exemple pour le fer. — Pourquoi les rails de chemin de fer ne sont-ils pas placés bout à bout ? — Comment s'y prend le charron qui veut cercler une roue ? — Comment les extrémités des ponts métalliques sont-elles placées sur leurs supports ? — On a réglé pendant l'hiver une horloge à balancier non compensé. Que constate-t-on en été ? — Avez-vous vu chez les horlogers des pendules compensés ? — Comment est obtenue la compensation ? — Qu'arrive-t-il quand on chauffe brusquement une plaque de verre froide ? quand on fait l'inverse ? — Faits d'observation journalière qui confirment ce que vous dites. — Quand on jette un morceau de soufre dans l'eau bouillante, on entend des craquements et la surface du soufre se fendille. Expliquer ce qui s'est passé. — Est-il bon de boire très froid quand on vient d'avaler des aliments très chauds ? Dire ce qui en résulte pour les dents.

6ᵉ LEÇON

DILATATION DES LIQUIDES. — MAXIMUM DE DENSITÉ DE L'EAU

MATÉRIEL : Ballon de 150 grammes surmonté d'un tube d'assez faible diamètre intérieur. — Mélange réfrigérant. — Eau chaude. — 2 thermomètres à mercure. — Appareil de Hope ou, à défaut, appareil représenté par la figure 37. — Ballon (*fig.* 35) dont le bouchon est traversé par un tube et un thermomètre. — Tube à essais rempli d'eau et bouché solidement.

Dilatation des liquides.

32. *Dilatation apparente et dilatation réelle.* — EXPÉRIENCES. I. Le ballon de la figure 34 renferme de l'eau colorée qui s'élève jusqu'au niveau n dans le tube. On plonge le ballon dans l'eau chaude. Le niveau du liquide descend d'abord jusqu'en n^1, puis remonte bientôt en n^2.

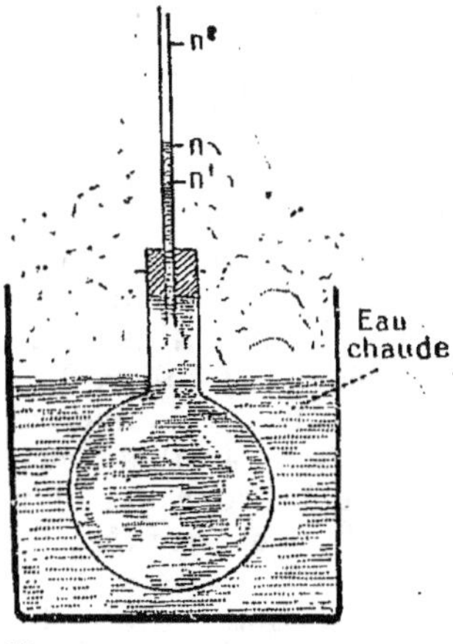

Ainsi, au contact de l'eau chaude, le verre du ballon se dilate d'abord, puis le liquide s'échauffe, se dilate à son tour et augmente de volume.

Si l'on se bornait à constater la variation du niveau de n en n^2, on n'aurait pas la dilatation totale du liquide : on observerait seulement sa *dilatation apparente*. A cette augmentation de volume il faut ajouter la dilatation du ballon pour avoir la *dilatation réelle* du liquide.

Dans le thermomètre, on observe la dilatation apparente du mercure ou de l'alcool dans le verre.

II. Remplir d'eau froide jusqu'au niveau du col un ballon de 500 grammes. Chauffer cette eau. L'eau monte de plusieurs centimètres dans le col du ballon.

Fig. 34. — Le niveau du liquide, d'abord en n, baisse en n^1, puis remonte en n^2.

On voit que la dilatation des liquides est bien plus considérable que celle des solides. Cette dilatation, dans un vase clos, développe des efforts énormes, comparables à ceux que nous avons constatés dans la dilatation des solides. Ainsi, une masse de mercure, enfermée dans un vase complètement rempli à 0°, exerce à 50° sur les parois du vase une pression égale à environ 2 000 kilogrammes sur chaque centimètre carré. Dans les mêmes conditions, l'eau exercerait une pression d'environ 300 kilogrammes par centimètre carré.

III. Remplir d'eau un tube à essais ou un petit ballon. Le fermer avec un bouchon solide et chauffer. Si le bouchon ne cède pas, le tube est brisé.

Dans les thermomètres, on ménage au sommet de la tige une petite ampoule. Si par mégarde on vient à chauffer l'instrument à une température élevée, le liquide se répand dans l'ampoule. Si l'ampoule n'existait pas, le thermomètre serait brisé.

Aujourd'hui on conserve dans des récipients en fer forgé certains gaz liquéfiés. Les récipients ne doivent pas être remplis complètement, car la dilatation de ces liquides est énorme et les variations de température auxquelles ils sont soumis amèneraient la rupture du récipient.

33. *Valeurs numériques.* — Nous avons *admis* pour le thermomètre à mercure que des variations égales de volume apparent correspondent à des variations égales de température; autrement dit, que la dilatation apparente est proportionnelle à la variation de température.

Pour une variation de 1°, la *dilatation apparente* du mercure dans le verre est $\dfrac{1}{6\,480}$, la *dilatation réelle* $\dfrac{1}{5\,500}$. Pour l'alcool, le pétrole, la variation du volume est de $\dfrac{1}{1\,000}$ environ du volume primitif quand la température varie de 1°.

34. *Variation de densité.* — Comme pour les solides, la densité d'un liquide est le poids du décimètre cube. D'une façon générale, quand la température s'élève, un même poids de liquide occupe un volume plus grand, donc le poids du décimètre cube diminue. Ainsi, 1 décimètre cube d'alcool à 50° pèse moins qu'un décimètre cube à 0°.

Cette variation de densité fait que si l'on chauffe un liquide par la partie inférieure, le liquide qui s'échauffe gagne le haut du vase et est remplacé par du liquide froid. Il en résulte des courants à l'intérieur du liquide, et c'est grâce à ces courants dits de *convection* que la masse du liquide s'échauffe (n° **91**).

On a cherché à expliquer les *courants marins* en appliquant le phénomène précédent, mais aujourd'hui on attribue aux vents réguliers l'influence prépondérante dans la formation de ces courants.

Maximum de densité de l'eau.

35. *Étude de la dilatation de l'eau.* — Expérience. Dans le bouchon d'un petit ballon renfermant de l'eau passent un thermomètre à mercure et un tube de faible diamètre (*fig.* 35). Le niveau de l'eau arrive en a. On plonge le ballon dans un mélange réfrigérant Le niveau de l'eau baisse d'abord jusqu'en a', puis il reste stationnaire. À ce moment, le thermomètre à mercure indique 4°. Le niveau de l'eau remonte ensuite quand la température continue à s'abaisser.

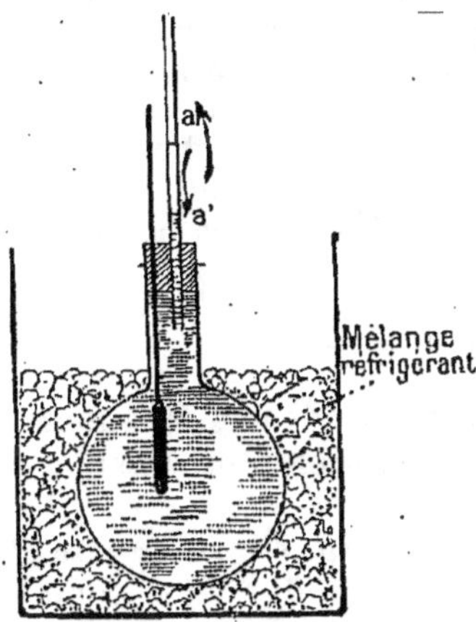

Fig. 35. — A 4°, le niveau de l'eau est en a' : quand la température s'abaisse, le niveau remonte.

Ainsi, lorsque la température de l'eau descend au-dessous de 4°, le volume occupé par le liquide augmente. Si nous considérons 1 décimètre cube d'eau à 4°, à 0° le volume a augmenté de $0^{cm3},13$. Quel est d'après cela le poids du décimètre cube d'eau à 0° ?

36. *Expérience de Hope.* — Puisque la même quantité d'eau occupe à 4° le volume le plus faible, on en conclut que le décimètre cube d'eau pèse plus à 4° qu'à toute autre température. Le fait est mis directement en évidence par l'expérience suivante, dite « de Hope ».

L'éprouvette (*fig.* 36) est remplie d'eau à 10° environ. Elle porte en son milieu un manchon métallique dans lequel on place un mélange

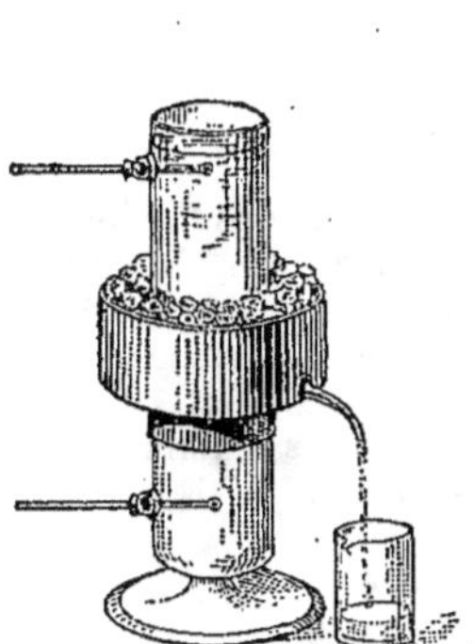

Fig. 36. — Appareil de Hope, pour montrer le maximum de densité de l'eau

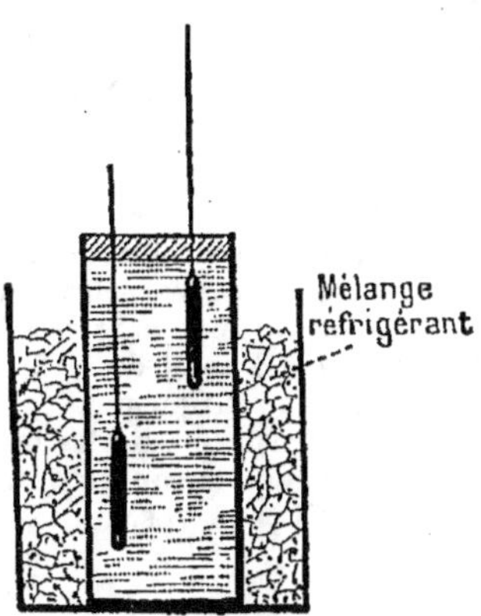

Fig. 37. — Appareil précédent simplifié.

réfrigérant. Deux thermomètres latéraux ont leur réservoir dans le liquide, l'un au-dessus, l'autre au-dessous du manchon. On note de minute en minute la température des deux thermomètres. Voici ce que l'on constate : le thermomètre inférieur baisse rapidement, sa température atteint 4° et s'y maintient longtemps. Le thermomètre supérieur baisse plus lentement, sa température descend au-dessous de 4°, alors que le thermomètre inférieur est stationnaire. Or, nous savons que le liquide le moins dense gagne la partie supérieure du récipient. Donc, à 4°, la densité de l'eau est plus considérable qu'à toute autre température.

On dit qu'à 4° l'eau présente son *maximum de densité*. Lors de l'établissement du système métrique, on a choisi pour *unité de poids* un poids égal à celui de 1 centimètre cube d'eau à son maximum de densité. Ce poids est le *gramme*.

RÉSUMÉ

1. Sous l'action de la chaleur, les liquides augmentent de volume, ils se *dilatent*. Leur dilatation est bien plus considérable que celle des solides.

2. On distingue pour les liquides la *dilatation apparente* et la *dilatation réelle*. La dilatation réelle est égale à la dilatation apparente augmentée de la dilatation de l'enveloppe. Dans le thermomètre, on observe la dilatation apparente du mercure dans le verre.

3. La dilatation de l'eau est irrégulière. Une quantité d'eau déterminée présente à 4° son plus faible volume et, par suite, sa *densité maxima*.

On a choisi pour *unité de poids* un poids égal à celui de 1 centimètre cube d'eau à son maximum de densité. Cette unité s'appelle le *gramme*.

EXERCICES

Indiquez une expérience qui montre la dilatation des liquides sous l'action de la chaleur. — Qu'appelez-vous dilatation apparente, dilatation réelle? — Avez-vous une idée de la valeur de la dilatation des liquides? — Vous prenez un ballon analogue à celui de la figure 34; ce ballon renferme de l'eau chaude; vous le plongez brusquement dans l'eau froide, que constatez-vous? (Faire l'expérience.) — Quelle particularité présente l'eau dans sa dilatation? — En hiver, par où commence la congélation de l'eau des étangs? — En serait-il de même si l'eau n'avait pas à 4° son maximum de densité?

7ᵉ LEÇON

DILATATION DES GAZ. — APPLICATIONS

Matériel : Ballon représenté par la figure 38. — Tube de 30 à 35ᶜᵐ de long et de 2ᵐᵐ de diamètre intérieur, fermé à un bout. Le chauffer légèrement et plonger l'extrémité dans du mercure pour avoir un index qui isole une colonne de gaz de 20ᶜᵐ environ. — Eau chaude dans une éprouvette ou dans un ballon. — Appareils : figures 39 et 40. — Bougie. — Vessie à demi gonflée.

Dilatation des gaz.

37. *Dilatation en volume.* — Expériences. I. Placer une vessie à demi gonflée dans le voisinage d'un bon feu. Constater qu'elle se gonfle davantage.

II. Prendre l'appareil représenté par la figure 38. A la température ordinaire, l'index qui ferme le tube est en *a* : la chaleur de la main

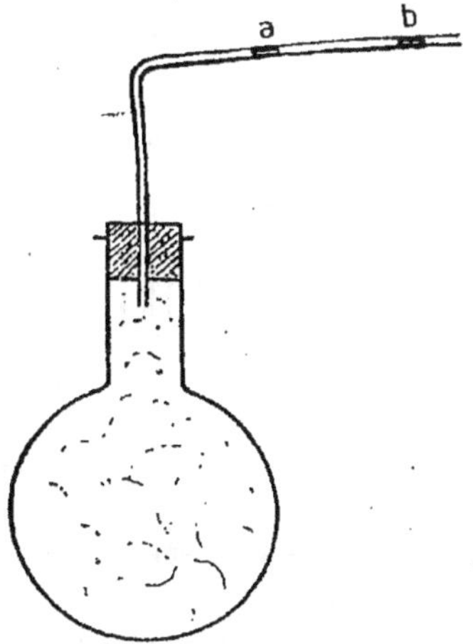

Fig. 38. — La chaleur de la main fait avancer l'index de *a* en *b*.

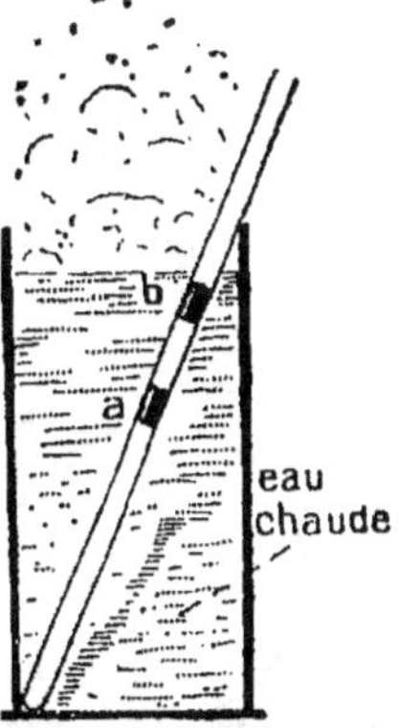

Fig. 39. — Pour une élévation de température de 50°, le volume du gaz augmente de 1/6 de sa valeur.

suffit pour faire avancer rapidement cet index. En refroidissant le ballon, l'index se déplace en sens inverse.

III. Dans le tube (*fig.* 39), on isole une colonne d'air de 20 centimètres environ à la température de 10°, par exemple. On plonge le tube dans de l'eau à 60°. L'index se déplace de *a* en *b*. Le volume de la colonne *ab* mesure la dilatation du gaz. Pour une élévation de température de 50°, la longueur *ab* est $\frac{1}{6}$ environ de la longueur primitive de la colonne d'air, ce qui donnerait pour 1 degré une augmentation de volume égale à $\frac{1}{300}$ du volume primitif.

Des expériences précises ont montré que l'augmentation du volume pour une élévation de température de 1 degré est la même pour l'air, l'oxygène, l'hydrogène, l'azote. Le nombre trouvé est $\frac{1}{273}$ du volume primitif. On l'appelle *coefficient de dilatation* des gaz.

38. *Augmentation de pression.* — Expériences. I. Dans le ballon représenté par la figure 40, on a un certain volume de gaz. Quand le niveau de mercure est le même dans les deux portions du tube, la pression

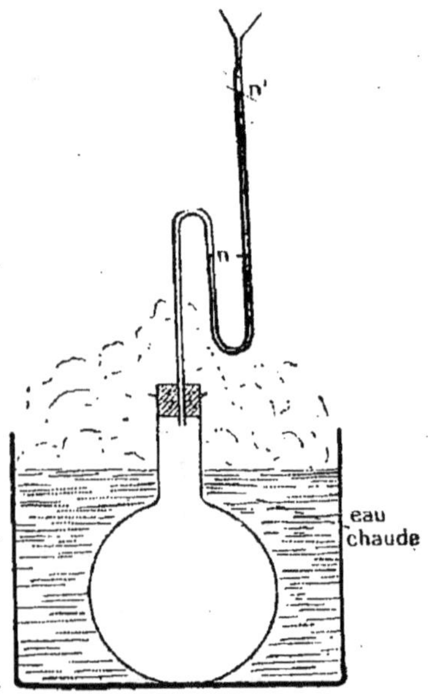

Fig. 40. — La colonne de mercure *n n'* mesure l'augmentation de la pression du gaz quand la température s'élève.

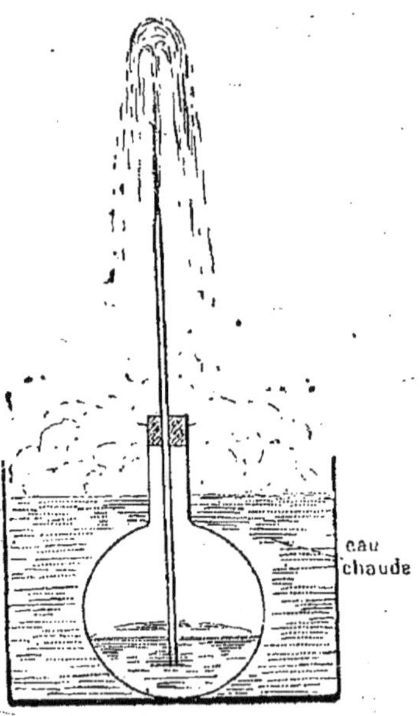

Fig. 41. — Jet d'eau produit par la dilatation d'un gaz.

du gaz est égale à la pression de l'air dans la branche ouverte. On plonge le ballon dans l'eau chaude, et par la branche ouverte on verse du mercure, de façon à maintenir dans l'autre branche le liquide au niveau primitif. Cette fois, le volume du gaz n'a pas varié (nous ne tenons pas compte de l'augmentation du volume du ballon), mais ce gaz soutient dans la branche ouverte une colonne de mercure égale à *nn'*. Cette colonne de mercure mesure l'*augmentation de pression* du gaz due à l'élévation de la température. Mesurons l'augmentation et notons l'élévation de température. Le quotient de ces deux nombres nous

Fig. 42. — Montgolfière. — C'était un sac de papier de forme sphérique et gonflé à l'air chaud.

donne l'augmentation de pression quand la température s'élève de 1°. Ce nombre, le même pour tous les gaz, a été trouvé égal à $\frac{1}{273}$ de la pression primitive. On l'appelle *coefficient d'augmentation de pression.*

Décrire la figure 41 et expliquer ce qui se passe.

Applications.

39. Tirage des cheminées. Montgolfières. — Le feu de nos cheminées, de nos poêles, échauffe une colonne de gaz (air et produits de la combustion) dont le poids est inférieur à celui d'une colonne de même volume à l'extérieur. Au sommet de la cheminée, l'air chaud s'élève à la façon du liège dans l'eau; il est remplacé par de l'air froid entrant par la partie inférieure. Ainsi s'effectue le *tirage* des cheminées.

Autrefois, on gonflait avec de l'air chaud de grands sacs en papier qui s'élevaient dans l'air comme les ballons actuels. Ces sacs, appelés *montgolfières (fig.* 42), sont encore quelquefois lancés dans les petites villes, lors des réjouissances publiques.

40. Courants d'air. — EXPÉRIENCE. Dans une salle chauffée, entr'ouvrir la porte. Placer une bougie allumée en bas, puis en haut (*fig.* 43). En bas, la flamme de la bougie s'incline vers l'intérieur de la pièce; en haut, elle s'incline vers l'extérieur. Expliquer ce qui se passe.

41. Vents. — Les variations de température à la surface du globe produisent de même des courants d'air plus importants appelés *vents.* — Exemple : Au bord de la mer, dans la journée, l'eau s'échauffe moins vite

Fig. 43. — L'air froid du dehors pénètre dans la salle par le bas de la porte; l'air chaud s'échappe par le haut.

que la terre; on constate un vent appelé *brise de mer* qui souffle du large (*fig.* 44). La nuit le vent souffle en sens inverse (*fig.* 45). Expliquer la formation de ces vents.

Dans le voisinage de l'équateur, la température est très élevée;

Fig. 44. — Le matin, la brise de mer souffle vers la terre.

Fig. 45. — Le soir, la brise de mer souffle vers la mer.

dans le voisinage des pôles, elle est très basse. On constata un courant d'air froid allant des pôles vers l'équateur. Ce courant est dit *vent alizé*. Expliquer sa formation.

Notions sommaires sur la densité des gaz.

42. *Poids du litre de gaz*. — Nous avons vu (2ᵉ leçon) que le volume d'une masse gazeuse dépend de la pression supportée par ce gaz et nous avons donné une idée de ce qu'on appelle force élastique du gaz.

Nous venons de voir que le volume d'une masse gazeuse varie aussi avec la température quand la pression reste constante.

Ces observations nous montrent que si l'on donne le poids d'un litre de gaz, il faut indiquer la température et la pression. On a adopté la température de 0° et la pression de 76 centimètres de mercure.

Ces conditions de température et de pression sont dites *conditions normales.*

Aussi, quand on dit simplement : 1 litre d'air pèse $1^{gr},3$, on sous-entend que le gaz est pris à la température et à la pression normales, c'est-à-dire à 0° et sous la pression de 76 centimètres.

43. *Densité des gaz.* — Dans ces conditions, le poids du litre de gaz est très faible, comparé au poids du volume correspondant des solides. Ainsi 1 litre d'air pèse $1^{gr},3$; 1 litre de chlore, le plus lourd des corps gazeux à la température ordinaire, pèse $3^{gr},2$; 1 litre d'hydrogène, le plus léger des gaz connus, ne pèse que $0^{gr},09$. Donc, si on comparait le poids du litre d'un gaz au poids du litre d'eau, comme on l'a fait pour les solides et pour les liquides, la *densité* du gaz serait exprimée par un nombre très petit. Ainsi, à 0° et sous 760 millimètres, la densité de l'air par rapport à l'eau serait 0,0013, celle de l'hydrogène 0,00009.

On a préféré comparer les poids de volumes égaux de gaz et d'air. *On appelle densité d'un gaz par rapport à l'air le quotient des poids de volumes égaux de ce gaz et d'air, pris à la même température et à la même pression.*

EXEMPLE. Dire que la densité de l'oxygène est 1,10 signifie : Si l'on prend, par exemple, 20 litres d'oxygène à 20° et sous la pression de 700 millimètres, le poids de ce gaz sera obtenu en multipliant par 1,10 le poids de 20 litres d'air à 20° et sous la pression de 700 millimètres.

On donne quelquefois la densité par rapport à l'hydrogène, qu'on définit comme la densité par rapport à l'air. En chimie, nous aurons de nombreux exemples de densités gazeuses prises par rapport à l'air ou par rapport à l'hydrogène.

RÉSUMÉ

1. Quand un gaz s'échauffe, son volume augmente. Pour une élévation de température de 1°, l'augmentation de volume est $\dfrac{1}{273}$ du volume primitif.

2. Si on force le volume d'un gaz à rester constant et qu'on élève la température de ce gaz, sa pression augmente. L'accroissement de pression est de $\dfrac{1}{273}$ de la pression initiale pour une élévation de température de 1°.

3. La dilatation des gaz par la chaleur permet d'expliquer le tirage des cheminées, la formation des courants d'air, des vents, l'ascension des montgolfières.

4. Le poids du litre de gaz varie avec la température et avec

la pression. Quand on donne sans autre indication le poids du litre de gaz, ce gaz est supposé considéré à la température de 0° et sous la pression de 76 centimètres de mercure.

5. On appelle *densité* d'un gaz *par rapport à l'air* le quotient du poids d'un certain volume de ce gaz et du poids du même volume d'air, gaz et air étant pris à la même température et à la même pression.

EXERCICES

Une salle est chauffée. On ouvre la porte qui donne sur le couloir non chauffé. Que se produit-il? — Les calorifères à air chaud amènent dans les salles à chauffer de l'air chauffé par un foyer. Les orifices par où l'air chaud pénètre dans la salle doivent-ils être placés en bas ou en haut de la salle? — Expliquer comment se produit le tirage des cheminées. — Comment se forment les vents appelés brises sur le bord de la mer? — Qu'est-ce qu'une montgolfière? — Comment l'utilise-t-on? — Que signifie l'expression : la densité de l'oxygène est 1,10 ? — Si le litre d'air pèse 1 gr. 3, quel est à 0° et sous 76^{cm} le poids du litre d'oxygène?

8ᵉ LEÇON

MESURE DES QUANTITÉS DE CHALEUR. — CALORIE.
CHALEUR SPÉCIFIQUE

MATÉRIEL : 3 vases renfermant chacun 500 grammes d'eau à diverses températures. — 2 thermomètres. — 3 vases en fer-blanc de 500 grammes, 1 000 grammes, 1 500 grammes. On place les vases sur 3 bouchons pour éviter les pertes de chaleur par conductibilité ou par rayonnement. — On peut remplacer les vases en fer-blanc par des verres en verre mince, dits « verres à filtrations chaudes ». Suivant la capacité des vases que l'on possède, on modifie les quantités d'eau indiquées ci-dessus. — 2 ballons de 250 grammes, renfermant l'un 200 grammes d'eau, l'autre 200 grammes de mercure. — 100 grammes de petits clous. — 2 vases en fer-blanc ou en verre mince renfermant chacun 100 grammes d'eau.

OBSERVATION. — Cette leçon ne figure pas au programme des écoles de jeunes filles ; néanmoins, en raison de l'importance considérable de la notion de quantité de chaleur, même en économie domestique (alimentation, utilisation des combustibles, etc.), nous avons cru devoir la placer ici. Les professeurs l'utiliseront dans la mesure des besoins de leur enseignement.

Notion de quantité de chaleur. — Calorie.

44. *Faits d'observation.* — L'observation journalière nous fait concevoir la notion de quantité de chaleur.

Prenons, par exemple, des vases identiques : casseroles, ballons, dans lesquels nous chauffons de l'eau au moyen d'une lampe à alcool ou d'un fourneau à gaz. Dans ces appareils de chauffage, la masse de combustible brûlée est sensiblement proportionnelle au temps.

Nous pourrons donc admettre qu'en 1 minute, par exemple, le liquide a toujours reçu la même quantité de chaleur (Voir EXERCICES).

Or, on sait que, pour élever de 40° la température d'un litre d'eau, il faut à peu près un temps double que pour élever de 20° la température de la même masse liquide. De même pour porter à l'ébullition 2 litres d'eau, il faut sensiblement 2 fois plus de temps que pour obtenir le même résultat avec 1 litre.

La quantité de chaleur absorbée pour échauffer le liquide nous apparaît donc comme :

1° Proportionnelle à la masse du liquide quand l'élévation de la température est la même;

2° Proportionnelle à l'élévation de température quand la masse du liquide est la même.

Les expériences suivantes vont préciser ceci :

EXPÉRIENCE. Mélanger 500 grammes d'eau à 10° et 500 grammes à 20°. On obtient 1 kilogramme à 15° (*fig.* 46).

Ainsi, 500 grammes d'eau en se refroidissant de 5° ont échauffé de 5° 500 grammes d'eau froide.

Nous pourrions recommencer cette expérience en mélangeant des

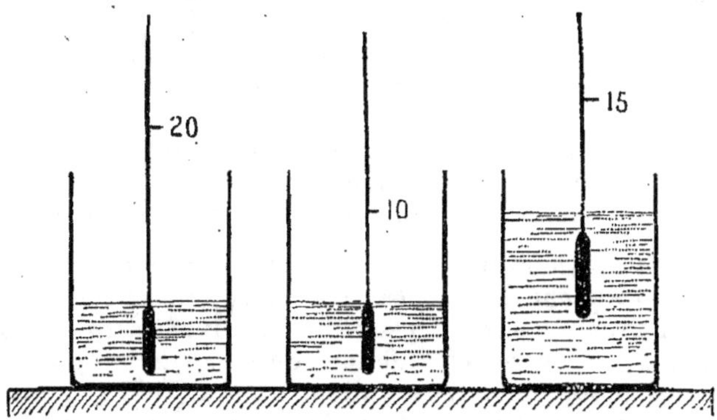

Fig. 46. — 500 grammes d'eau à 10° + 500 grammes d'eau à 20°
= 1 000 grammes d'eau à 15°.

masses égales d'eau prises à des températures différentes. Dans chaque cas, la température finale serait la moyenne des températures des deux masses.

Ainsi, 200 grammes à 50° et 200 grammes à 20° donneraient 400 grammes à 35°;

300 grammes à 42° et 300 grammes à 16° donneraient 600 grammes à 29°, etc.

De ces résultats, nous pouvons conclure ceci :

1° La quantité de chaleur absorbée par 1 gramme d'eau pour s'échauffer de 1° est la même que la quantité de chaleur abandonnée par 1 gramme d'eau pour se refroidir de 1°;

2° La quantité de chaleur absorbée par 1 gramme d'eau pour s'échauffer de 1° ne dépend pas de la température.

EXPÉRIENCE. Mélanger 500 grammes à 40° et 1 000 grammes d'eau à 10° ; on obtient 1 500 grammes à 20° (*fig.* 47).

Ainsi, 500 grammes d'eau se sont refroidis de 20°; cette masse

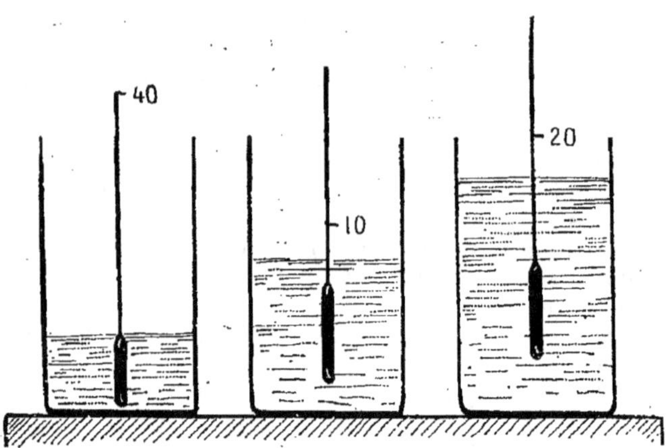

Fig. 47. — 500 grammes d'eau à 40° + 1 000 grammes d'eau à 10°
= 1 500 grammes d'eau à 20°.

d'eau a abandonné une quantité de chaleur suffisante pour échauffer de 10° 1000 grammes d'eau froide.

Nous retrouvons ici encore les conclusions précédentes.

45. Calorie. — Nous pourrons prendre, pour mesurer les quantités de chaleur, *la quantité de chaleur nécessaire pour élever de 1° la température de 1 gramme d'eau* : cette unité s'appelle *calorie*. De même, 1 gramme d'eau, en se refroidissant de 1°, abandonne 1 calorie.

On prend quelquefois pour unité de quantité de chaleur une unité 1000 fois plus grande que la précédente : c'est la calorie-kilogramme, ou la quantité de chaleur nécessaire pour élever de 1° la température de 1 kilogramme d'eau. Cette unité est encore appelée grande calorie, par opposition à la calorie-gramme ou petite calorie.

Nous emploierons l'une ou l'autre de ces unités suivant les besoins, de même que nous employons comme unité de masse le gramme ou le kilogramme.

Quand nous mesurerons en grammes la masse d'un corps, la quantité de chaleur employée à échauffer cette masse sera, à moins d'indication contraire, exprimée en petites calories.

Chaleur spécifique.

46. Définition. — EXPÉRIENCES. I. Dans deux ballons de 250 centimètres cubes, mettre 200 grammes d'eau et 200 grammes de mercure. Placer les deux ballons sur des lampes à alcool identiques. La température du mercure atteint 100° alors que la température de l'eau ne s'est élevée que de quelques degrés.

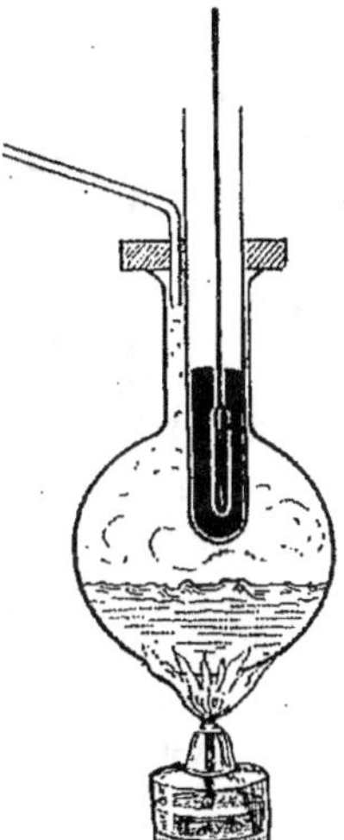

Fig. 48. — Appareil pour chauffer le corps dont on veut étudier la chaleur spécifique.

Ainsi, 1 gramme de mercure, pour s'échauffer de 1°, exige une quantité de chaleur bien moindre que celle qui est nécessaire pour échauffer de 1° 1 gramme d'eau.

II. Dans un tube à essais, verser 200 grammes de mercure. Plonger le tube dans la vapeur d'eau bouillante (*fig.* 48). Quand la température du mercure atteint 90°, verser le métal dans 100 grammes d'eau à 10°. La température du mélange atteint 15° (*fig.* 49).

Ainsi, 200 grammes de mercure, se refroidissant de 75°, n'ont élevé que de 5° la température de 100 grammes d'eau, c'est-à-dire que le mercure, en se refroidissant, n'a abandonné que 500 calories. 200 grammes d'eau, en se refroissant de 75°, auraient abandonné 15000 calories. En se refroidissant de 1°, 1 gramme de mercure abandonne donc 30 fois moins de chaleur que l'eau ou $\frac{1}{30}$ de calorie.

III. Dans le tube (*fig.* 50), mettre 100 grammes de petits clous à la place du mercure. Quand la température atteint 90°, les jeter dans 100 grammes d'eau à 10°. La température finale est 18°.

Ainsi, 100 grammes de fer, se refroidissant de 72°, ont échauffé de 8° 100 grammes d'eau et ont fourni par conséquent 800 calories. Si on avait refroidi 100 grammes d'eau de 72°, cette eau aurait fourni 7 200 calories. Donc, en se refroidissant de 1°, 1 gramme de fer abandonne 9 fois moins de chaleur que l'eau, soit $\frac{1}{9}$ de calorie.

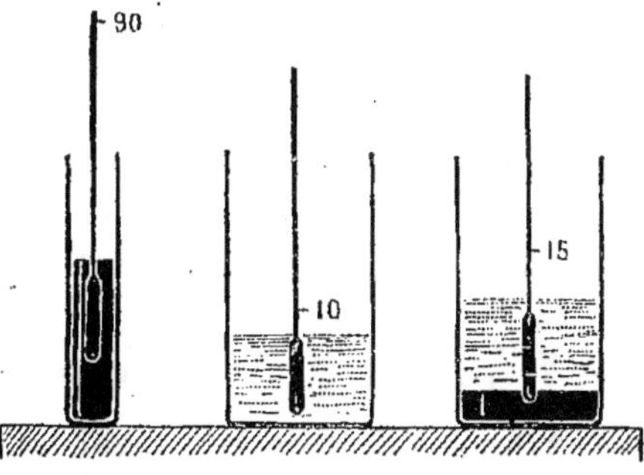

Fig. 49. — 200 gr. de mercure à 90° + 100 gr. d'eau à 10° = eau + mercure à 15°.

La quantité de chaleur abandonnée par 1 gramme de mercure, de fer, en se refroidissant de 1°, est aussi celle qui est nécessaire pour échauffer de 1° 1 gramme de chacune de ces substances.

La quantité de chaleur $\frac{1}{30}$ de calorie, $\frac{1}{9}$ de calorie, nécessaire pour élever de 1° la température de 1 gramme de mercure, de 1 gramme de fer, est dite *chaleur spécifique* du mercure, du fer.

Ainsi, on appelle chaleur spécifique d'un corps la quantité de chaleur nécessaire pour élever de 1° la température de 1 gramme de ce corps.

47. Calorimètres. — Dans les expériences sur les quantités de chaleur, il faut éviter les pertes de chaleur soit par conductibilité, soit par rayonnement; autrement dit, il faut éviter que les corps environnants ou l'air ne reçoivent de la chaleur du vase où se produit l'expérience.

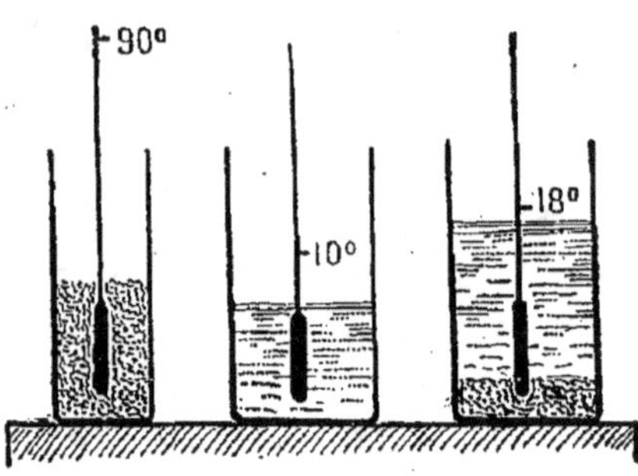

Fig. 50. — 100 gr. de fer à 90° + 100 gr. d'eau à 10°.= eau + fer à 18°.

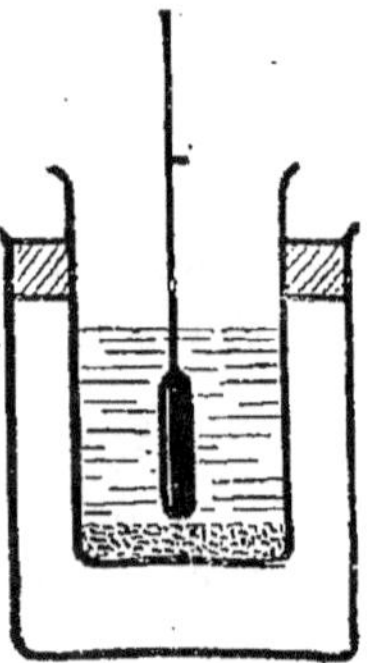

Fig. 51. — Calorimètre simplifié.

Dans ce but, on supporte le vase par trois bouchons de liège.

On polit ou on argente la surface extérieure de ce vase et on le place dans un autre vase métallique plus grand. Nous verrons plus tard la raison de ces dispositifs.

L'appareil ainsi disposé est un *calorimètre*.

On obtient un calorimètre peu coûteux et donnant de bons résultats en prenant un vase de verre mince de 375cm3 environ, qu'on place à l'intérieur d'un autre vase de 500cm3 en le maintenant au moyen de cales de liège ou de caoutchouc (*fig.* 51).

Dans les expériences de haute précision, on utilise des thermomètres très sensibles qui permettent d'apprécier un centième et même un deux-centième de degré centigrade.

48. Résultats *numériques*. — Par des procédés analogues au précédent, on a déterminé la chaleur spécifique des différents corps. Voici quelques résultats :

Cuivre	0,096		Mercure	0,033
Fer	0,11		Huile d'olive	0,31
Platine	0,032		Alcool	0,59
Verre	0,195		Eau	1

49. *Importance de la chaleur spécifique de l'eau.* — On voit que la chaleur spécifique de l'eau est notablement supérieure à la chaleur spécifique des autres corps. Ce fait a une importance considérable. En effet, l'eau s'échauffe plus lentement, mais aussi se refroidit plus lentement que les autres corps.

C'est là une des raisons pour lesquelles l'océan est un régulateur des climats. Les variations extrêmes de température entre l'été et l'hiver sont plus faibles pour la mer que pour la terre. En hiver, le vent qui vient du large est relativement chaud; le contraire a lieu pendant l'été.

Dans les bouillottes, les calorifères à eau chaude, l'eau est en quelque sorte le véhicule de la chaleur empruntée au foyer.

L'industrie utilise très souvent l'eau dans les appareils appelés *réfrigérants*. Des vapeurs viennent passer dans des récipients entourés d'eau froide. Ces vapeurs se refroidissent et se *condensent*. La vapeur qui a agi sur le piston des machines à vapeur vient de même se mélanger à de l'eau froide. Elle se condense au contact de celle-ci.

Les fourneaux industriels sont constitués par des briques réfractaires. Souvent on les entoure d'une enveloppe dans laquelle circule un courant d'eau froide.

50. Chaleur de combustion. — On a déterminé la quantité de chaleur produite par la combustion de 1 gramme de différents combustibles.

Le tableau suivant donne les résultats les plus importants :

1 gramme d'hydrogène dégage.	35 500	calories.
1 — de houille dégage . . , ...	7 000 à 8 000	—
1 — de pétrole dégage	11 700	—
1 — d'alcool à brûler.	7 000	—
1 mètre cube de gaz d'éclairage dégage. . .	4 500	—
1 — de gaz à l'eau	1 200 à 1 500	—

RÉSUMÉ

1. La *calorie* est l'unité adoptée pour la mesure des quantités de chaleur. C'est la quantité de chaleur nécessaire pour élever de 1° centigrade la température de 1 gramme d'eau.

2. Il ne faut pas la même quantité de chaleur pour élever de 1° la température de 1 gramme des différents corps.

On appelle *chaleur spécifique* d'un corps donné le nombre de calories nécessaire pour élever de 1° la température de 1 gramme de ce corps.

3. La chaleur spécifique de l'eau est considérable par rapport à celle des autres corps. Ceci explique le rôle des océans comme régulateurs des climats, ainsi que l'emploi de l'eau pour les bouillottes, les calorifères à eau chaude, pour les réfrigérants, les condenseurs des machines à vapeur.

EXERCICES

I. 1 gramme de charbon, en brûlant, dégage 8 000 calories ; 4/5 environ de la chaleur produite sont utilisés. Combien de kilogrammes de charbon faudra-t-il brûler pour porter à l'ébullition à 100° 1 mètre cube d'eau, prise à 10°, qu'on chauffe dans une chaudière ?

II. Mettre dans un ballon 100 grammes d'eau ; noter la température. Peser une lampe à alcool, la placer sous le ballon et l'allumer.

Au bout de 10 minutes, éteindre la lampe, la peser à nouveau, déterminer la masse d'alcool brûlé.

Prendre d'autre part la température de l'eau. Déterminer la quantité de chaleur absorbée, en tenant compte du poids du ballon et de la chaleur spécifique du verre.

Quel est le rendement, c'est-à-dire le rapport entre la quantité de chaleur absorbée et la quantité de chaleur produite?

Si on dispose du gaz, faire la même expérience avec un fourneau à gaz ou un brûleur, en déterminant au moyen du compteur le volume de gaz brûlé.

Répéter cette expérience avec une casserole en fer-blanc ou en cuivre; le rendement est-il le même?

Cette série d'expériences est surtout recommandée dans les écoles de filles; elle présente un grand intérêt au point de vue de l'utilisation rationnelle d'un combustible et du choix des ustensiles de cuisine.

Avec le gaz, on étudiera aussi le rendement avec des débits différents de gaz.

9º LEÇON

FUSION ET SOLIDIFICATION

Matériel : A défaut de glace, faire un mélange réfrigérant de 100 grammes d'azotate d'ammonium et 100 grammes d'eau; y plonger : 1º un tube à essais rempli d'eau et fermé par un bouchon; — 2º un tube à essais rempli jusqu'au tiers environ et dans lequel plonge un thermomètre. — Capsule dans laquelle on fait fondre de la paraffine, de la cire ou de l'acide stéarique (bougie).

Fusion et solidification.

51. *Étude et description du phénomène.* — Qu'arrive-t-il quand on chauffe du beurre, de la glace, du plomb? — Que devient l'eau des bassins en hiver? — Qu'arrive-t-il quand on laisse à l'air le plomb fondu? le beurre fondu?

Le passage de l'état solide à l'état liquide sous l'action de la chaleur s'appelle fusion ; le passage inverse est la solidification.

1º Expérience. Dans un mélange réfrigérant (*fig.* 52), on a mis un tube à essais avec un peu d'eau à la température de 10º et un thermomètre. Le thermomètre baisse jusqu'à ce qu'il marque 0º, puis il reste stationnaire. A ce moment, si on examine le tube à essais, on remarque à l'intérieur qu'une partie de l'eau s'est solidifiée, s'est transformée en glace. Quand cette transformation est complète, le thermomètre descend au-dessous de zéro, jusqu'à — 15º environ.

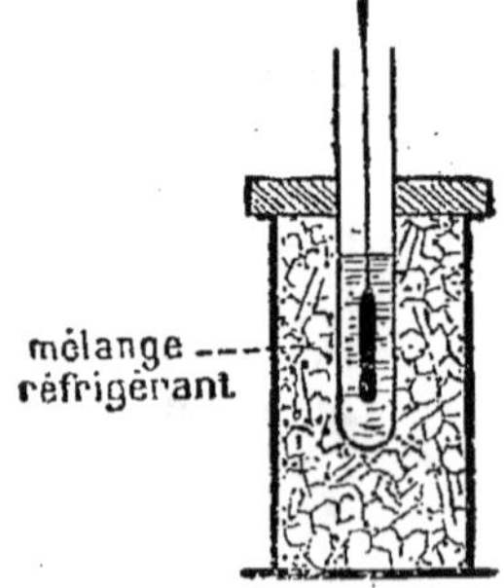

Fig. 52. — Solidification de l'eau.

Retirons le tube à essais et laissons-le à l'air libre : la température remonte à 0º et s'y maintient quelque temps. On constate alors que la glace fond. Quand toute la glace est fondue, la température s'élève au-dessus de zéro;

2° Pour représenter un phénomène physique, on emploie très souvent une méthode *graphique*. Nous allons représenter ainsi (*fig.* 53) la deuxième phase de l'expérience précédente.

On trace deux lignes perpendiculaires l'une à l'autre, Ox et Oy. Sur Ox, on porte des longueurs égales qui représentent des temps égaux ; sur Oy, des longueurs égales qui représentent des variations égales de température.

On note la température de minute en minute, par exemple. Supposons qu'au bout de 4 minutes la température soit — 8°. Sur Ox, au

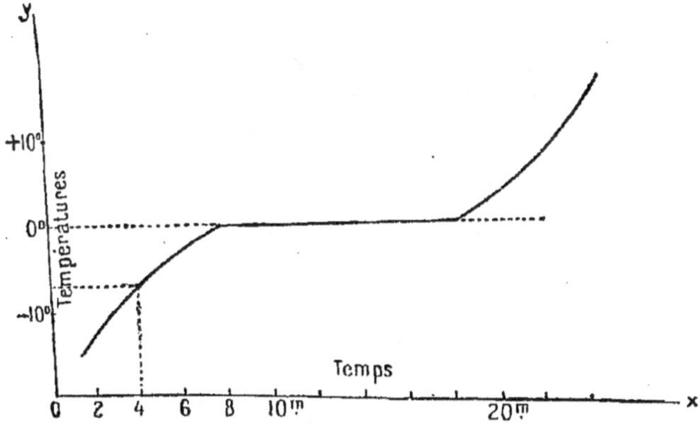

Fig. 53. — Représentation graphique de la liquéfaction de la glace.

point représentant le temps 4 minutes, on élève une perpendiculaire à cette ligne. De même sur Oy, au point qui représente — 8°, on élève une perpendiculaire. Ces deux perpendiculaires se coupent en un certain point. Chaque observation permet de déterminer ainsi un point. On réunit tous les points par une ligne continue. On obtient alors une ligne qui *rend visible* la marche du phénomène : c'est la *courbe représentative du phénomène.*

La courbe ci-dessus a la signification suivante : On a pris de la glace à une température de 15° au-dessous de zéro. A l'air, au bout de 8 minutes, la température est de 0° ; cette température se maintient constante pendant 10 minutes. Nous savons par l'observation que cette période correspond à la fusion de la glace. Ensuite, l'eau provenant de la fusion de la glace s'échauffe, ce que montre la 3ᵉ partie de la courbe ;

3° Tous les corps suffisamment chauffés fondent comme la glace, à moins qu'ils ne se décomposent sous l'action de la chaleur, comme le bois, le papier. Le fer fond dans les hauts fourneaux, le platine dans la flamme du chalumeau oxhydrique. Certains corps dits *réfractaires*, qu'on n'avait pu fondre jusqu'à ces dernières années, comme la chaux, la magnésie, fondent dans le *four électrique* (Voir *Électricité*).

Inversement, tous les corps liquides refroidis suffisamment se solidifient. Depuis quelques années, grâce au froid produit par la vaporisation des gaz liquéfiés, on a pu solidifier tous les corps liquides. Ainsi, le mercure, l'alcool se solidifient dans l'air liquide ;

4° Chauffons un tube de verre, il se ramollit avant de fondre, et à ce moment on peut le travailler facilement, le tordre, l'étirer, etc. Il en est de même du fer ; quand il se ramollit, on peut le forger, le souder à lui-même. On dit que le verre, le fer subissent la *fusion pâteuse*. La glace, le plomb, qui ne se ramollissent pas avant de fondre, subissent la *fusion franche* ou *fusion brusque*. Nous ne nous occuperons que de la fusion brusque.

52. Lois de la fusion et de la solidification. — L'expérience précédente nous permet de formuler les lois de la fusion :

1° *Tout corps commence à fondre et à se solidifier à une température fixe appelée son point de fusion.*

Voici quelques points de fusion :

Mercure	— 39°	Argent	960°
Eau	0°	Cuivre	1 050°
Étain	232°	Or	1 060°
Plomb	327°	Platine	1 775°
Zinc	419°		

On se rappelle que la température de fusion de la glace a été adoptée pour point de départ de l'échelle thermométrique centigrade.

Les corps qui subissent la fusion pâteuse n'ont pas de point de fusion bien déterminé ;

2° *Pendant toute la durée de la fusion ou de la solidification, la température reste invariable.*

53. Chaleur de fusion. — Pendant qu'un corps fond, on ne cesse pas de lui fournir de la chaleur ; cependant, la température reste constante. Il semble que cette chaleur disparaisse. Elle est utilisée pour effectuer le passage de l'état solide à l'état liquide. On peut mesurer directement cette quantité de chaleur.

EXPÉRIENCE. Mettre 1 kilogramme de glace à 0° dans 1 kilogramme d'eau à 80°. La température s'abaisse à 0° quand toute la glace est fondue. Ainsi, 1 gramme de glace pour fondre absorbe 80 calories. C'est là une quantité de chaleur énorme. Aussi il n'est pas étonnant que la neige mette longtemps à fondre, surtout sur les montagnes où elle s'accumule pendant l'hiver.

**Variations de volume qui accompagnent la fusion
et la solidification.**

54. Faits d'observation. — La glace flotte sur l'eau ; le beurre, la cire, le soufre, au contraire, restent au fond du liquide provenant de la fusion.

Quand on laisse geler de l'eau dans un seau, la surface libre est bombée ; elle se creuse, au contraire, quand on laisse solidifier de la paraffine, de la bougie fondue (*fig.* 54).

Ceci nous montre que la cire, le beurre, la paraffine, le soufre, la

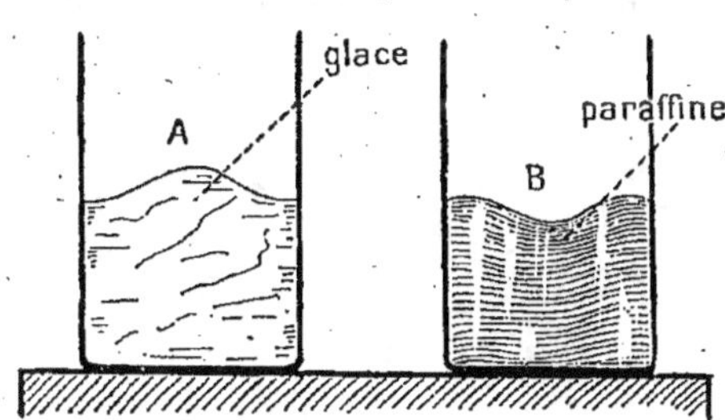

Fig. 54. — La surface A de la glace est bombée, la surface B de la paraffine se creuse lors de la solidification.

substance de la bougie *diminuent de volume en se solidifiant*. C'est ainsi que se comportent la plupart des corps.

L'eau, au contraire, augmente de volume pendant la congélation : 13 litres d'eau donnent environ 14 litres de glace.

55. *Force d'expansion de la glace. Applications.* — EXPÉRIENCE. Une petite éprouvette pleine d'eau (*fig.* 55) et fermée par un solide bouchon est placée dans un mélange réfrigérant. Elle est brisée lors de la congélation du liquide.

La pression ainsi développée par la formation de la glace est énorme : on a pu briser des bombes, des canons de fusil pleins d'eau et hermétiquement fermés qu'on a soumis à un refroidissement suffisant pour congeler l'eau.

Pendant l'hiver, les tuyaux de conduite dans lesquels l'eau se congèle sont souvent brisés ; la *sève* peut se congeler dans les vaisseaux des arbres et déterminer la rupture de ceux-ci.

Certaines pierres tendres, dites *gélives*, se brisent l'hiver par suite de la congélation de l'eau qu'elles renferment. On ne doit pas les employer dans les constructions.

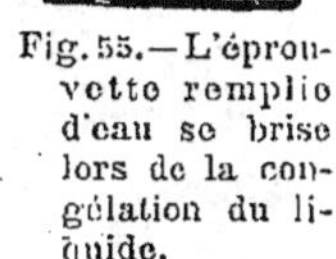

Fig. 55. — L'éprouvette remplie d'eau se brise lors de la congélation du liquide.

La *marne*, que l'on emploie pour améliorer certains terrains, est un mélange de calcaire et d'argile. L'argile ou terre glaise retient l'eau énergiquement. En se congelant l'hiver, cette eau, augmentant de volume, divise la masse. Aussi, quand on veut marner un terrain, on y dépose à l'automne la marne en petits tas. Au printemps, elle est réduite en poussière ; on peut alors la répandre sur le sol.

La même action se produit sur la terre arable ; au printemps, lors du dégel, on la voit boursouflée, crevassée. Elle est devenue poreuse comme une éponge. Dans cet état, elle est très perméable à l'eau et à l'air.

L'action de la gelée explique encore l'utilité des labours qu'on donne au sol avant l'hiver. On ramène à la surface du sol une couche de terre située plus profondément. La congélation de l'eau divise cette couche, la brise en menus fragments, permettant à l'air et à l'eau de la pénétrer plus facilement.

56. Regel. — Puisque la glace en fondant diminue de volume, si on exerce sur la glace une pression considérable, on facilite sa fusion. Inversement, une forte pression retarde la congélation de l'eau. Une pression de 13 kilogrammes par centimètre carré, c'est-à-dire comparable aux plus fortes pressions que subissent les chaudières de machines à vapeur, n'abaisse que de 0°,1 le point de congélation de l'eau.

Expérience. Placer un bloc de glace sur deux supports (*fig.* 56). Sur le bloc, passer un fil de fer ou d'acier tendu par des poids de 5 kilogrammes au moins. Le fil traverse la glace, mais après son passage les deux morceaux sont soudés à nouveau. La pression du fil a déterminé la fusion de la glace à une température légèrement infé-

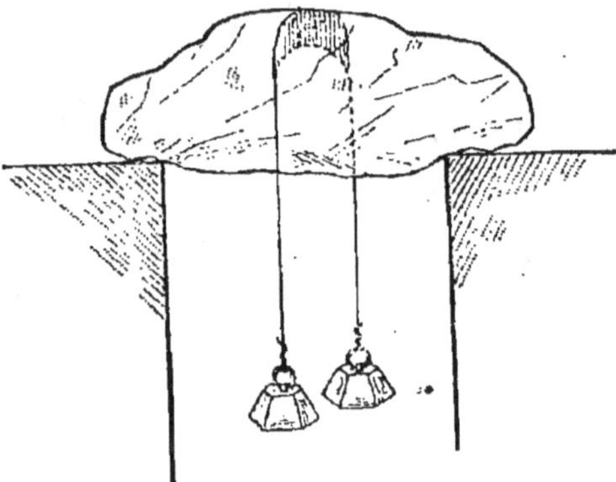

Fig. 56. — Expérience du regel.

Fig. 57. — Glacier des Bossons (Mont-Blanc). — Les particularités que présente le mouvement des glaciers s'expliquent par le phénomène du regel.

rieure à 0°, mais l'eau provenant de la fusion, étant soustraite à la pression du fil, s'est congelée au-dessus de celui-ci, soudant ainsi les deux morceaux de glace.

Ce phénomène, dit du *regel*, permet d'expliquer la possibilité de mouler la glace. Il rend compte aussi des particularités que présente le mouvement des glaciers (*fig.* 57).

RÉSUMÉ

1. Tous les corps solides qui ne se décomposent pas par la chaleur *fondent* à une température plus ou moins élevée.

De même, tous les corps liquides se *solidifient* quand on les refroidit suffisamment.

Quelques corps (verre, fer) se ramollissent avant de fondre : on dit qu'ils subissent la *fusion pâteuse;* les autres subissent la *fusion franche* ou *brusque*.

2. Les lois de la fusion brusque sont les suivantes : Tout corps commence à fondre ou à se solidifier à une température *fixe*, qu'on appelle son *point de fusion*.

Pendant toute la durée de la fusion ou de la solidification, la température reste constante.

3. Pendant la fusion, en général, les corps augmentent de volume; le contraire a lieu pendant la solidification.

4. L'eau fait exception. En se solidifiant, elle *augmente* de volume. La glace exerce ainsi des efforts énormes sur les vases dans lesquels elle se produit, d'où la rupture des tuyaux de conduite en hiver et, au printemps, la destruction des jeunes tissus végétaux par la gelée blanche.

En exerçant une pression sur la glace, on la fait fondre à une température inférieure à 0°. L'eau provenant de la fusion se congèle dès qu'elle n'est plus soumise à la pression. C'est là le phénomène de regel, qui permet d'expliquer le moulage de la glace, les mouvements des glaciers.

EXERCICES

I. Figurez la courbe représentant la 1re phase de l'expérience (*fig.* 51) et expliquez ce que signifie cette courbe.

II. En quoi consiste la fusion d'un corps? — Décrivez le phénomène de la fusion en prenant la glace comme exemple. — Phénomène inverse. — Quelle particularité présente la fusion du verre, du fer? — Lois de la fusion brusque ; donnez les points de fusion de quelques solides usuels. — Citez les faits d'observation qui permettent d'apprécier les changements de volume survenus pendant la fusion. — Quelle particularité présente la solidification de l'eau ? Donnez des applications de ce fait. — Expliquez ce qu'on entend par phénomène du regel.

10e LEÇON

DISSOLUTION. — CRISTALLISATION. — MÉLANGES RÉFRIGÉRANTS

MATÉRIEL : Sucre, sel marin, salpêtre, soufre, phosphore, iode, alcool, sulfure de carbone, benzine, cire, azotate d'ammonium, et, si possible, glace. (Il est dangereux de chauffer à feu nu la benzine et le sulfure de carbone, corps très inflammables ; les plonger dans un vase plein d'eau chaude.) — Préparer une dizaine de paquets de 2 grammes de salpêtre et mettre 10^{cm3} d'eau dans un tube à essais. — On pourrait prendre 100 grammes d'eau dans un petit ballon et des paquets de 20 grammes de salpêtre ; l'expérience serait seulement plus longue.

Dissolution.

57. *Définition. Principaux dissolvants.* — EXPÉRIENCES. I. Mettre un morceau de sucre dans un verre d'eau ; agiter : le sucre disparaît, mais l'eau a une saveur sucrée. On dit que le solide s'est *dissous.* L'eau est un *dissolvant.* Dissoudre de même du sel, du salpêtre, dans l'eau.

II. Prendre un morceau de cire : la cire ne se dissout pas dans l'eau. La dissoudre dans la benzine (chauffer légèrement). Certains corps, insolubles dans l'eau, sont solubles dans d'autres liquides.

Exemples : Le soufre, le phosphore se dissolvent dans le sulfure de carbone ; l'iode, très peu soluble dans l'eau, se dissout dans l'alcool (teinture d'iode), dans le sulfure de carbone ; les graisses, les résines, le caoutchouc, insolubles dans l'eau, se dissolvent dans la benzine, l'essence de pétrole, l'alcool, etc.

Sulfure de carbone, éther, alcool, benzine, essence de pétrole, sont, après l'eau, les solvants les plus employés.

On appelle dissolution le passage d'un corps solide à l'état liquide au contact d'un autre corps liquide.

58. *Saturation.* — EXPÉRIENCE. Dans un tube à essais, mettons 10 grammes d'eau à la température de 20°, jetons 2 grammes de salpêtre et agitons : tout le salpêtre se dissout. Jetons dans le liquide un nouveau paquet de 2 grammes : tout le salpêtre ne se dissout pas.

Quand un solide cesse de se dissoudre dans un dissolvant, on dit que la solution est *saturée.*

Chauffons la solution précédente à 40° ; le salpêtre en excès se dissout ; nous pouvons même dissoudre un troisième paquet de 2 grammes ; c'est seulement avec le quatrième paquet que la solution est saturée.

Portons la solution à 60° : il faudra 6 paquets de 2 grammes pour la saturation.

Continuons ainsi à saturer la solution : à 80°, il nous faudra 9 paquets pour obtenir la saturation, et 12 paquets à 100°.

Ainsi, *il n'existe pas de température fixe de dissolution ; mais à une cer-*

*taine température, 100 grammes d'un solvant sont saturés par une quantité
fixe d'un corps donné.*

59. Représentation graphique. — Il peut être utile de connaître là
quantité d'un corps que 100 grammes d'eau peuvent dissoudre à diverses températures. Dans ce but, on a construit les courbes de solubilité des différents corps. On trace deux lignes à angle droit (*fig.* 58).
Sur Ox, on détermine des longueurs proportionnelles aux températures; sur Oy, des longueurs proportionnelles au poids du corps
dissous dans 100 grammes pour que la solution soit saturée. On peut

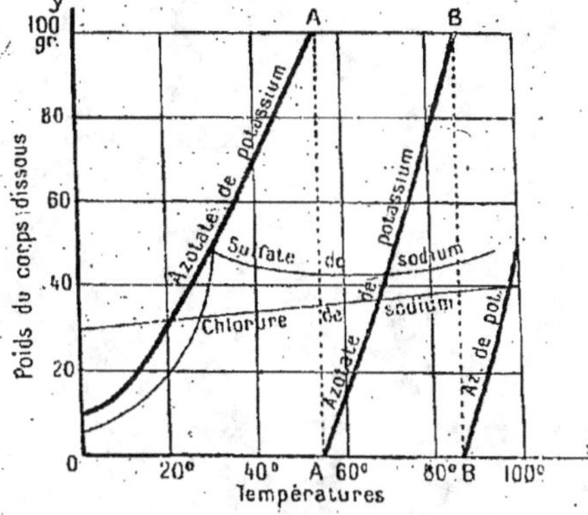

Fig. 58. — Courbes de solubilité entre 0° et 100° du
chlorure de sodium, de l'azotate de potassium, du
sulfate de sodium anhydre.

déterminer la courbe de solubilité du corps avec la température. Dans la figure 56
on voit celle du chlorure de
sodium ou sel marin, celle
de l'azotate de potassium ou
salpêtre et celle du sulfate
de sodium anhydre.

On remarque ceci : le sel
marin n'est guère plus soluble à chaud qu'à froid;
100 grammes d'eau, qui dissolvent 36 grammes de sel
à 0°, n'en dissolvent que
42 grammes à 100°.

Pour le salpêtre, la solubilité augmente rapidement
avec la température. Aussi,
on a été obligé de couper la
courbe en 3 branches : la 1ʳᵉ portion montre qu'à 56°, 100 grammes
d'eau dissolvent 100 grammes de salpêtre; pour la 2ᵉ portion de la
courbe, il faut ajouter 100 grammes au nombre qu'elle indique; pour
la 3ᵉ portion, il faut y ajouter 200 grammes.

Soit maintenant à chercher sur cette courbe le poids de salpêtre
qui se dissout dans 100 grammes d'eau à 70°. On prend sur Ox le point
qui correspond à 70°, et on mène à Ox une perpendiculaire qui rencontre la courbe. Par le point d'intersection, on mène une perpendiculaire à Oy et on lit sur Oy le nombre correspondant. En ajoutant 100 à ce nombre, on trouve 148 grammes de salpêtre dissous
dans l'eau. — Examiner la courbe de solubilité du sulfate de sodium
et dire ce qu'elle signifie.

Cristallisation.

60. Cristallisation par évaporation. — EXPÉRIENCE. Chauffer la solution de sel, de sucre, etc. : le liquide disparaît, se réduit en vapeur.
Il reste le solide qu'on avait dissous. En général, les solides ainsi
obtenus se présentent sous des formes géométriques fixes pour la

même substance. Quand ces formes sont bien nettes, elles ont des faces planes, des angles déterminés. Ces formes sont des *cristaux*, et on dit que le corps dissous a *cristallisé*.

On peut faire cristalliser le soufre, le phosphore, en vaporisant le sulfure de carbone dans lequel on a dissous ces corps. C'est par évaporation de l'eau de la mer que l'on fait cristalliser le chlorure de sodium ou sel marin.

Certains phénomènes naturels : formation des grottes, des stalactites, des stalagmites (*fig.* 59), fontaines pétrifiantes, etc., s'expliquent par la dissolution des roches calcaires sous l'action de l'eau chargée de gaz carbonique.

61. *Cristallisation par refroidissement.* — Expérience. Considérons la solution de salpêtre saturée à 100°. Nos 10 grammes d'eau (n° 58) ont dissous 24 grammes de salpêtre. Laissons refroidir cette solution : le salpêtre se dépose. A la température de 20°, il se sera déposé ainsi 20 grammes de salpêtre, puisque 10 grammes d'eau n'en peuvent plus dissoudre que 3 ou 4 grammes. Ce mode de cristallisation est fréquemment employé dans l'industrie pour purifier un corps très soluble à chaud.

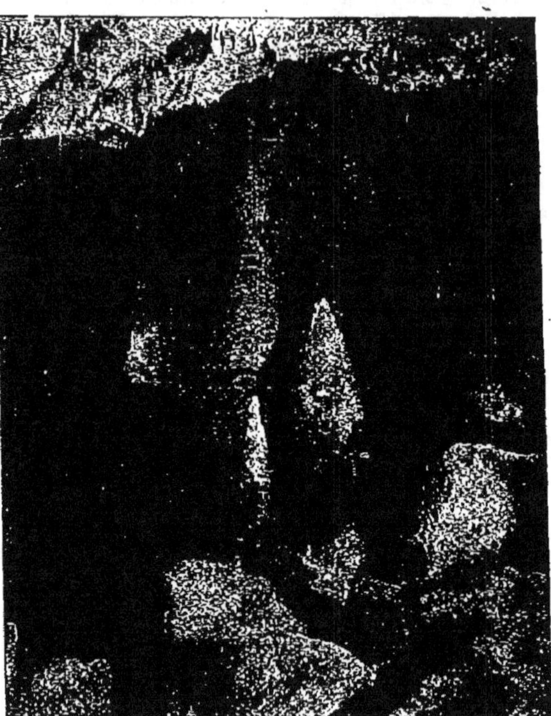

Phot. de M. Lasson.

Fig. 59. — Stalagmites de la grotte de Dargilan. — L'eau chargée de gaz carbonique dissout le calcaire. Lorsque l'eau arrive à l'air libre, le gaz carbonique se dégage et le calcaire se dépose, formant des colonnes verticales. Les stalagmites se forment sur le fond de la grotte.

Applications.

62. *Dégraissage. Extraction des parfums. Vernis, etc.* — La dissolution et la cristallisation ont des applications nombreuses dans l'industrie.

1° Lorsqu'un corps soluble est mélangé avec des substances insolubles ou peu solubles, on sépare ce corps par dissolution dans un solvant approprié, puis on fait évaporer la dissolution. Nous en verrons de nombreux exemples dans le cours de chimie. Ainsi, on extrait les parfums des fleurs (*fig.* 60) en mettant les pétales en contact avec des matières grasses qui dissolvent les principes odorants;

2° On enlève les taches de graisse sur les vêtements au moyen de la benzine, de l'essence de pétrole;

3° Les *vernis* sont des solutions de certaines substances, appelées *laques* ou *résines*, dans l'alcool ou l'essence de térébenthine; la *colle* qui sert à coller le caoutchouc des chambres à air de bicyclette est une solution saturée de caoutchouc dans la benzine; l'*encaustique* est de la cire dissoute dans l'essence de térébenthine.

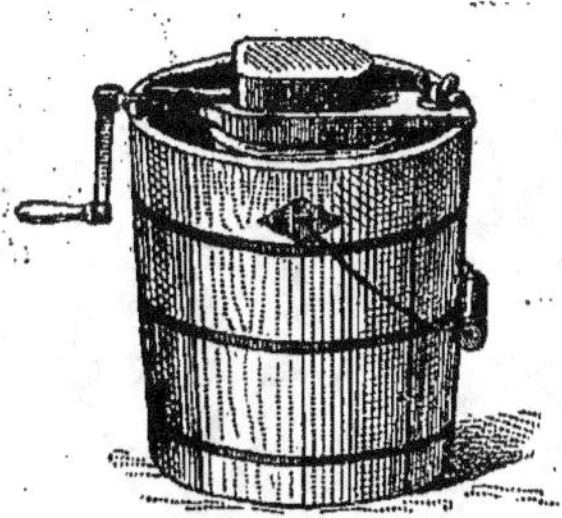

Fig. 61. — Sorbetière : C'est un baquet dans lequel on place un mélange réfrigérant. Au centre est un cylindre métallique dans lequel on place les substances à refroidir.

63. *Mélanges réfrigérants.* — Expérience. Mélanger 50 grammes d'eau et 50 grammes d'azotate d'ammonium. Agiter. Un thermomètre plongé dans la dissolution descend à — 12°. Ainsi, de même que pour fondre, un corps absorbe de la chaleur pour se dissoudre. La dissolution précédente s'appelle *mélange réfrigérant*, en raison de l'abaissement considérable de température qu'elle produit.

Si les deux corps sont solides, et si le mélange en provoque la fusion, l'abaissement de température sera plus important encore. — Exemples : Des poids égaux de glace pilée et le sel marin amènent un abaissement de température de 26°. De la glace pilée et du chlorure de calcium cristallisé peuvent donner un refroidissement suffisant pour congeler le mercure.

La sorbetière des ménages (*fig.* 61) est basée sur l'emploi des mélanges réfrigérants.

RÉSUMÉ

1. On appelle *dissolution* le passage d'un corps solide à l'état liquide au contact d'un liquide appelé *dissolvant*.

Les principaux dissolvants sont : l'eau, l'alcool, la benzine, l'éther, le sulfure de carbone, l'essence de pétrole.

2. Lorsqu'un corps ne peut plus se dissoudre dans un solvant, on dit que la solution est *saturée*.

Il n'existe pas de température fixe de dissolution; mais à une température donnée, 100 grammes d'un solvant ne peuvent dissoudre qu'un certain poids d'un corps solide soluble dans ce solvant.

Fig. 60. — Le triage des roses, dans une parfumerie de Grasse (Alpes-Maritimes).

En général, la solubilité augmente avec la température, mais il y a des exceptions. Exemples : le sel marin, le sulfate de sodium.

3. Quand on fait évaporer le liquide d'une dissolution, il reste le corps solide dissous. Celui-ci se présente généralement sous des formes régulières : on dit qu'il *cristallise*. On peut faire cristalliser un corps par évaporation du solvant (sel marin) ou par refroidissement (salpêtre).

4. La dissolution et la cristallisation sont utilisées dans l'industrie pour l'extraction ou la purification des substances solubles, pour la préparation des vernis, etc.

5. Un corps en se dissolvant absorbe de la chaleur, comme pour fondre. Certaines dissolutions, qui produisent un abaissement considérable de température, sont des *mélanges réfrigérants*. Exemples : eau et azotate d'ammonium, glace et sel marin.

EXERCICES

I. Qu'arrive-t-il quand vous mettez un morceau de sucre, une pincée de sel dans un verre d'eau ? — Citez des solides très solubles, des solides peu solubles, des solides insolubles dans l'eau. — Citez les dissolvants les plus usuels. Quels sont les solides qui se dissolvent dans ces liquides ? — Quelle masse de salpêtre, de sel marin, 1 litre d'eau peut-il dissoudre à la température ordinaire ; à la température de 100° ? — Que se produit-il quand on fait évaporer une dissolution de sel marin ? — Une dissolution de salpêtre étant saturée à l'ébullition, dire ce qui arrivera pendant le refroidissement de cette solution. — Qu'appelle-t-on vernis ? — Comment fait-on l'encaustique ? — Qu'est-ce qu'un mélange réfrigérant ? Citez quelques mélanges réfrigérants.

II. Comparez la fusion et la dissolution des solides.

11° LEÇON

VAPORISATION. — ÉVAPORATION

Matériel : Éther, sulfure de carbone. — Papier buvard. — Iode solide. — Petit ballon de 25 grammes. — Dé à coudre. — Assiette. — Thermomètre dont le réservoir est entouré de ouate ou de gaze.

Observation. — Les phénomènes que nous examinerons dans cette leçon et dans les suivantes seront étudiés simplement au point de vue descriptif et expérimental ; les notions sur la force élastique des vapeurs qui permettent de les coordonner figurent au programme de 3e année. Nous reprendrons ces questions à ce moment.

Définitions.

64. *Vaporisation. Condensation.* — 1° Verser sur un buvard quelques gouttes d'éther. Au bout de peu de temps le buvard est sec, l'éther a

disparu, mais on perçoit dans toute la salle l'odeur caractéristique de ce corps. L'éther est passé à l'état gazeux, à l'état de vapeur; on dit qu'il s'est *vaporisé*.

2° L'eau qu'on met dans une assiette finit par disparaître; elle disparaît plus vite encore quand on chauffe. Après la pluie, le sol mouillé sèche plus ou moins rapidement; il en est de même du linge mouillé que la ménagère étend. Ici, comme pour l'éther de tout à l'heure, l'eau (liquide) est passée à l'état de vapeur, elle s'est *vaporisée*.

On peut faire passer un liquide à l'état de vapeur par deux moyens : ou bien la vaporisation se fait par la surface libre du liquide, c'est l'*évaporation* proprement dite; ou bien des bulles de vapeur se forment sur les parois du vase, traversent le liquide qu'elles font bouillonner et s'échappent, c'est l'*ébullition*.

3° Si on place une assiette froide au-dessus de la marmite qui bout, on voit bientôt de l'eau ruisseler sur cette assiette; la vapeur qui s'échappait de la marmite a repris l'état liquide, elle s'est *condensée* ou *liquéfiée*.

REMARQUE. — Il y a des corps qui passent directement de l'état solide à l'état gazeux. Le carbone se vaporise sans fondre dans le four électrique; la neige disparaît sans fondre par un vent chaud et sec : le fait est constaté depuis longtemps dans le Valais lorsque le « fœhn » souffle dans les vallées; l'iode présente la même particularité.

Réciproquement, certains corps passent directement de l'état de vapeur à l'état solide; on dit qu'ils se *subliment*. Citons le bichlorure de mercure, qui porte le nom caractéristique de *sublimé*, la naphtaline, le soufre, l'iode.

EXPÉRIENCE. — Dans un petit ballon, jeter quelques parcelles d'iode et chauffer légèrement. De lourdes vapeurs violettes remplissent le ballon, alors que l'iode n'est pas encore en fusion; d'autre part, dans le col du ballon, on voit des paillettes d'iode sublimé.

Évaporation.

65. *Vapeur saturante*. — 1° Quand on abandonne à l'air de l'eau placée dans une assiette, cette eau se transforme en vapeur et finit par disparaître en totalité;

2° Recouvrons l'assiette d'une cloche, l'évaporation cesse au bout de peu de temps. L'air de la cloche contient alors la plus grande quantité possible de vapeur : on dit qu'il est *saturé*. Dans un espace limité, la vapeur qui reste au contact du liquide qui l'a produite est dite *saturante* quand l'évaporation a cessé;

3° Il y a toujours de la vapeur d'eau dans l'air. La buée qui se dépose sur les vitres, sur un objet froid, la rosée, les brouillards, les nuages, etc..., montrent la présence de la vapeur d'eau dans l'air.

L'évaporation des eaux de la mer et des eaux continentales, la respiration des animaux, la transpiration des plantes, la combustion des corps renfermant de l'hydrogène sont les sources de cette vapeur d'eau.

On peut mesurer la quantité de vapeur d'eau contenue dans un espace limité. Parmi les nombreux procédés utilisés pour cet objet, nous ne signalerons que le suivant. Certaines substances absorbent la vapeur d'eau (chlorure de calcium desséché, anhydride phosphorique, acide sulfurique concentré). Pesons une soucoupe renfermant l'une de ces substances absorbantes, et introduisons cette soucoupe dans une cloche dont le volume est connu. Au bout de quelques jours, retirons la soucoupe et pesons-la à nouveau. Si nous avons mis suffisamment de substance desséchante, toute la vapeur d'eau a été absorbée, et la différence de poids représente précisément le poids de vapeur contenue dans la cloche.

4° On a déterminé la quantité de vapeur capable de saturer 1 mètre cube d'air à diverses températures. Cette quantité augmente quand la température s'élève.

Ainsi 1 mètre cube d'air est saturé par :

9 gr. 5 de vapeur d'eau à la température de			10°.
17 gr. 3	—	—	20°.
30 gr.	—	—	30°.
51 gr.	—	—	40°.
82 gr. 7	—	—	50°, etc.

Prenons 1 mètre cube d'air saturé de vapeur à 10° et portons cette masse d'air à la température de 30°. L'air ne renferme toujours que 9 gr. 5 de vapeur par mètre cube, alors qu'il pourrait en renfermer 30 grammes ; il n'est plus saturé d'humidité.

Le rapport $\frac{9,5}{30}$ entre le poids de vapeur que renferme 1 mètre cube d'air à 30° et le poids de vapeur nécessaire pour saturer cet air à 30° sert à caractériser le *degré d'humidité de l'air,* qu'on appelle encore l'*état hygrométrique* de l'air. On exprime généralement ce rapport en centièmes. Ainsi, dans l'exemple ci-dessus, le degré d'humidité de l'air à 30° sera 32, c'est-à-dire que l'*air contient les* $\frac{32}{100}$ *du poids de vapeur qui serait nécessaire pour le saturer.*

Inversement, prenons 1 mètre cube à 30° renfermant, par exemple, 17 gr. 3 de vapeur d'eau, et refroidissons cet air. A 20°, l'air deviendra saturé d'humidité. Si le refroidissement continue, une partie de la vapeur passera à l'état liquide, se condensera. Ainsi, à 10°, nous aurons obtenu la condensation de 17 gr. 3 — 9 gr. 5, ou 7 gr. 8 de vapeur par mètre cube.

66. *Causes qui favorisent l'évaporation.* — EXPÉRIENCE. Remplir d'éther (ou d'un autre liquide très volatil) un dé à coudre, par exemple. Verser le liquide dans une assiette et remplir à nouveau le dé. Placer l'assiette et le dé l'un à côté de l'autre sur la table. Lorsque l'éther de l'assiette est évaporé complètement, on constate que le liquide du dé n'a pas diminué de façon appréciable.

Ainsi, dans les mêmes conditions et dans le même temps, la quan-

Fig. 62. — Marais salants. — Environs de La Rochelle (Charente-Inférieure).

tité de vapeur formée augmente avec l'étendue de la surface libre du liquide.

C'est pour obtenir la plus grande surface d'évaporation que les ménagères étalent le linge mouillé.

Dans les marais salants (*fig.* 62), on fait des bassins peu profonds, mais à grande surface, où l'on amène l'eau de la mer pour l'évaporer.

Quand on veut conserver des liquides très volatils, il importe que les flacons soient hermétiquement bouchés.

D'autre part, nous avons dit que la vaporisation d'un liquide cesse quand l'air est saturé de vapeur. Plus l'air est sec, plus l'évaporation est active.

Il est d'observation courante que le linge ne sèche pas lorsque l'air est très humide ; il sèche rapidement, au contraire, par un temps sec.

Quand la température s'élève, l'évaporation devient plus rapide, car pour un même degré d'humidité 1 mètre cube d'air peut absorber une quantité de vapeur d'autant plus grande que la température est plus élevée.

Exemple : Considérons 1 mètre cube d'air à 10° dont le degré d'humidité soit 75 ; cela signifie que l'air renferme $\frac{75}{100}$ de la quantité de vapeur nécessaire pour le saturer.

Dans 1 mètre cube d'air à 10°, 9 gr. 5 $\times \frac{75}{100}$ ou 2 gr. 5 environ de vapeur pourront encore se former.

A 30°, 1 mètre cube d'air dont l'état hygrométrique est 75 pourra encore dissoudre 30 gr. $\times \frac{75}{100}$ ou 7 gr. 5 de vapeur ; l'évaporation sera sensiblement trois fois plus rapide que dans le premier cas.

On a remarqué que le linge sèche plus vite par le vent que par un temps calme les flaques d'eau que produit la pluie sur les routes disparaissent aussi plus rapidement quand l'air est agité. Ceci s'explique encore par ce qui précède.

Par un temps calme, il se forme à la surface du linge mouillé une couche d'air saturé d'humidité. Cette couche empêche l'évaporation. L'agitation de l'air enlève cette couche à mesure qu'elle se forme et remplace de l'air saturé de vapeur par de l'air plus sec.

On applique les principes précédents dans les *séchoirs* : les substances à dessécher sont étalées sur des claies, des cordes, etc., dans un hangar où l'on fait circuler un courant d'air chaud. Quand on utilise l'air extérieur, on le fait circuler dans le séchoir à l'aide de puissants ventilateurs.

67. *Froid produit par l'évaporation.* — Expériences. I. Verser de l'éther sur le dos de la main de quelques élèves. Faire constater la sensation de froid qui résulte de l'évaporation du liquide.

II. Recouvrir de ouate ou de gaze le réservoir d'un thermomètre, verser de l'éther sur le réservoir et agiter. La température s'abaisse rapidement et peut atteindre 12° au-dessous de zéro.

Ainsi l'évaporation d'un liquide absorbe de la chaleur. Pour l'eau, cette quantité de chaleur absorbée est énorme. A la température ordinaire, 1 kilogramme d'eau absorbe pour se vaporiser une quantité de chaleur équivalente à celle qui serait nécessaire pour porter à l'ébullition 6 kilogrammes d'eau environ.

Ce froid produit par l'évaporation des liquides comporte plusieurs applications pratiques :

1° Dans les régions du Midi, on rafraîchit l'eau dans des appareils appelés « alcarazas » ou « gargoulettes » (*fig.* 63). Ce sont des vases de formes variées en terre poreuse analogue à la terre de pipe. On remplit d'eau ces vases et on les suspend à l'ombre dans un courant d'air. L'eau suinte à travers les pores du vase, s'évapore à la surface, et la chaleur nécessaire à l'évaporation est empruntée au liquide intérieur qui se trouve refroidi.

2° Quand on est en transpiration, il faut éviter une trop rapide évaporation de la sueur. En conséquence, il ne faut pas se placer dans les courants d'air. Les tricots de flanelle doivent être portés par les personnes qui transpirent beaucoup. Ces tricots absorbent lentement la sueur, mais le liquide qui les imprègne s'évapore lentement aussi ; le refroidissement qui résulte de l'évaporation risque moins qu'avec les tissus de coton ou de toile de produire des accidents. De plus, la flanelle ne se colle pas au corps, et laisse interposée une couche d'air qui s'oppose encore à un brusque refroidissement.

Fig. 63. — Un modèle d'alcarazas, vase en terre poreuse dans lequel l'eau se maintient fraîche en été à cause de l'évaporation superficielle.

3° La chaleur absorbée par l'évaporation de certains gaz liquéfiés (gaz sulfureux, gaz carbonique, ammoniaque) a été utilisée industriellement pour la réfrigération et la production artificielle de la glace.

RÉSUMÉ

1. La *vaporisation* est le passage de l'état liquide à l'état de vapeur ; le passage inverse s'appelle *liquéfaction* ou *condensation*.

2. L'*évaporation* est le passage d'un liquide à l'état gazeux par la surface libre de ce liquide.

3. Dans un espace limité, un liquide ne se vaporise pas indéfiniment. La vaporisation cesse lorsque cet espace renferme une certaine quantité de vapeur. L'espace est alors *saturé* et la vapeur est dite *saturante*.

La quantité de vapeur nécessaire pour saturer un espace donné augmente quand la température s'élève.

4. On peut caractériser le degré d'humidité de l'air par le rapport entre la quantité de vapeur que renferme un volume d'air et la quantité nécessaire pour saturer cet air, la température restant constante.

5. En un temps donné, la quantité de vapeur formée est d'autant plus grande :

a) Que la surface libre du liquide est plus étendue;

b) Que l'air en contact avec le liquide est plus sec. Cette dernière condition explique pourquoi l'élévation de température, l'agitation de l'air favorisent l'évaporation.

6. L'évaporation d'un liquide absorbe de la chaleur. Ce fait est appliqué principalement dans la production industrielle du froid.

EXERCICES

I. Citez des liquides plus volatils que l'eau, des liquides moins volatils que l'eau. Citez des corps qui se subliment. En quoi consiste ce phénomène? — En quoi consiste l'évaporation d'un liquide? — Dans un espace limité, la vaporisation d'un liquide est-elle indéfinie? — Qu'appelez-vous degré d'humidité de l'air? — L'humidité de l'air dépend-elle seulement de la quantité de vapeur que l'air renferme? — Qu'arrive-t-il quand on refroidit de l'air humide non saturé?

II. Pourquoi les marais salants sont-ils larges et peu profonds? — Pourquoi la ménagère étale-t-elle le linge qu'elle veut faire sécher? — Le linge sèche mieux en été qu'en hiver, par un temps sec que par un temps humide, par le vent que par un temps calme. Pourquoi? — Qu'arrive-t-il quand on est en sueur et qu'on reste exposé aux courants d'air? — Justifiez l'usage des alcarazas que l'on utilise dans les pays chauds. Comment pourriez-vous obtenir le même résultat avec une bouteille ordinaire?

12ᵉ LEÇON

ÉBULLITION. — DISTILLATION

Matériel : 2 ballons de 250 grammes à moitié pleins d'eau. — Bouchon préparé avec thermomètre à mercure et tube effilé (comme à la figure 64). Bouchon plein en caoutchouc ou bouchon de liège fermant bien pour bouillant de Franklin (*fig.* 65). — 1 ballon de 250 grammes avec eau salée. — Thermomètre à mercure. — Assiette froide. — Appareil distillatoire simple (*fig.* 67).

Remarque. — L'expérience de la figure 64 est assez dangereuse avec un ballon ; il vaudrait mieux la réaliser avec un tube en laiton fermé à un bout, par exemple un cylindre de pompe à bicyclette très ordinaire. — Si on la fait avec un ballon, il sera prudent de prendre les précautions d'usage, par crainte d'explosion.

Ébullition.

68. *Description du phénomène.* — Expérience. Chauffer de l'eau dans un ballon. On voit bientôt de petites bulles s'échapper du liquide : ce sont des bulles de gaz dissous dans l'eau.

Ensuite des bulles plus grosses se forment au contact de la paroi du ballon, montent à travers le liquide et disparaissent avant d'atteindre la surface. On entend alors un bruit particulier et on dit que le liquide *chante.*

Enfin, les bulles parties de la paroi grossissent en s'élevant et viennent crever à la surface du liquide. Toute la masse de celui-ci est violemment agitée. L'eau est portée à l'*ébullition.*

69. Constance de la température. — Expérience. Portons à l'ébullition à l'air libre :

1° De l'eau ordinaire ;

2° De l'eau saturée de sel marin (300 gr. par litre).

Un thermomètre plongé dans les deux liquides accuse des températures différentes, 100° dans l'eau ordinaire, 104 ou 105° dans l'eau salée (Voir *fig.* 17, p. 23).

Relevons le thermomètre de façon que le réservoir soit, non plus au sein du liquide, mais au sein de la vapeur. Nous constatons que, dans les deux cas, la température de la vapeur est la même : 100°.

Cette température correspond au cas où la pression atmosphérique extérieure est voisine de 76 centimètres de mercure. Nous savons d'ailleurs (n° **16**) que la température de la vapeur d'eau dans ces conditions a servi à déterminer le point 100 du thermomètre centigrade.

Nous voyons donc que la température d'ébullition de l'eau s'élève si cette eau renferme des substances solides en dissolution.

Pour l'eau pure, la température du liquide en ébullition est sensiblement la même que celle de la vapeur.

Enfin, pendant toute la durée de l'ébullition, lorsqu'il s'agit d'eau ordinaire, la température reste constante, à condition toutefois que la pression supportée par le liquide ne subisse pas de variations notables.

70. Influence de la pression. — Expériences. I. *On augmente la pression.* Boucher avec un bon bouchon en caoutchouc un ballon dans lequel de l'eau est portée à l'ébullition (*fig.* 64).

Le bouchon est percé de deux trous : par

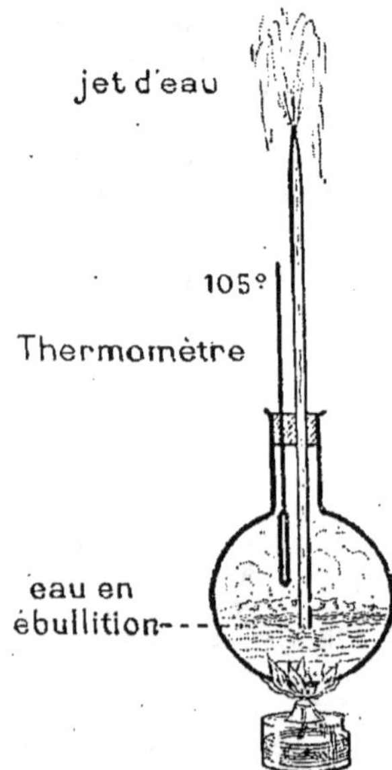

Fig. 64. — Si on empêche la vapeur de s'échapper, sa force élastique augmente.

l'un passe un thermomètre, par l'autre un tube effilé qui plonge dans le liquide par son autre extrémité. Fermer le tube effilé avec le doigt ; la température du liquide s'élève ; le liquide cesse de bouillir.

Lorsque la température s'est élevée de 4 ou 5° (ne pas dépasser ce chiffre par crainte de rupture du ballon), enlever le doigt. L'eau jaillit à plus d'un mètre de hauteur et l'ébullition du liquide reprend violemment.

Que s'est-il passé? En fermant le tube effilé, nous avons emmagasiné à la surface du liquide la vapeur qui ne pouvait plus s'échapper. Cette vapeur augmentant la pression au-dessus du liquide, l'ébullition de celui-ci a été retardée jusqu'au moment où on a enlevé le doigt. Alors, l'excès de pression a produit un jet d'eau chaude.

Fig. 65. — Bouillant de Franklin.

II. *On diminue la pression.* Faire bouillir de l'eau dans un ballon à long col, fermer le ballon par un bon bouchon et le retourner (*fig.* 65). L'ébullition cesse; mais si on refroidit le ballon avec une éponge mouillée, par exemple, l'ébullition reprend tumultueuse. Ce résultat s'explique par la condensation d'une partie de la vapeur qui surmonte le liquide. La pression supportée par le liquide diminue et l'eau bout à une température bien inférieure à 100°.

Ainsi, *la température d'ébullition d'un liquide augmente ou diminue en même temps que la pression supportée par ce liquide.*

On applique ces faits industriellement :

Dans les chaudières de machines à vapeur, on fait bouillir l'eau à des températures qui atteignent 200°. Dans ces conditions, la pression que la vapeur exerce sur les parois de la chaudière atteint 16 kilogrammes par centimètre carré.

Au contraire, pour concentrer certaines solutions de substances organiques (jus sucrés, tanin, glycérine, etc.), on doit provoquer l'ébullition à une température inférieure à 100°. On y arrive en diminuant la pression à la surface du liquide, en enlevant l'air au moyen d'une pompe spéciale.

Enfin, quand on s'élève sur une montagne, la température d'ébullition s'abaisse, car la pression supportée par le liquide diminue.

71. *Points d'ébullition.* — EXPÉRIENCE. Dans un petit ballon, faire bouillir de l'alcool. La température donnée par un thermomètre est 78°.

Faire de même bouillir de l'éther. On note 34°. Ces températures correspondent à des pressions extérieures voisines de 76 centimètres.

Pour chaque liquide, il existe sous la pression normale une température d'ébullition qui peut servir à caractériser ce liquide : c'est le *point d'ébullition* normal du liquide.

Voici les points d'ébullition de quelques liquides :

Éther ordinaire	35°	Acide sulfurique	326°
Alcool de bois	61°	Mercure	357°
Alcool ordinaire	78°	Soufre	445°

Condensation. Distillation.

72. *Condensation*. — Expérience. Dans le ballon où l'eau bout, il y a de la vapeur au-dessus du liquide, mais cette vapeur est invisible. Du col du ballon, on voit s'échapper un petit nuage. Ce nuage est formé de gouttelettes d'eau très petites; la vapeur, au contact de l'air froid, est repassée à l'état liquide, elle s'est *condensée*. Le petit nuage, d'ailleurs, ne tarde pas à disparaître, parce que les petites gouttelettes, arrivant dans des couches d'air non saturées de vapeur, se vaporisent à nouveau. On peut rendre la condensation plus visible en plaçant au-dessus du col du ballon une assiette froide; on voit bientôt l'eau ruisseler sur l'assiette. L'expérience peut se faire au moyen d'une bouillotte (*fig.* 66).

73. *Distillation*. — Expérience. Prendre un ballon renfermant de l'eau salée bouillante (*fig.* 67). La vapeur est amenée par un tube dans un autre ballon ou dans un flacon qui plonge dans l'eau froide. La vapeur refroidie se condense dans le flacon, mais l'eau de condensation n'est pas salée : c'est de l'eau pure. On dit qu'on a distillé le liquide.

Fig. 66. — La vapeur d'eau d'une bouillotte vient se condenser sur une assiette froide et tombe en gouttelettes.

On distille ainsi les liquides qui renferment en dissolution des substances non volatiles; on obtient le liquide pur.

On distille encore des mélanges de liquides volatils. Ex. : eau et alcool. L'alcool bout à 78°, l'eau à 100°, sous la pression normale; le mélange bout à une température intermédiaire, d'autant plus voisine de 100° que le liquide est moins riche en alcool.

A l'ébullition, il se produit un mélange de vapeur d'eau et de vapeur d'alcool, mais la proportion d'alcool est plus forte dans la vapeur que dans le liquide alcoolique. Donc, si on condense les vapeurs, on a encore un mélange d'eau et d'alcool, mais plus riche en alcool que le mélange initial. En recommençant cette opération, on concentre l'alcool dans le mélange, d'où le nom de *distillations fractionnées* donné à cette série de distillations.

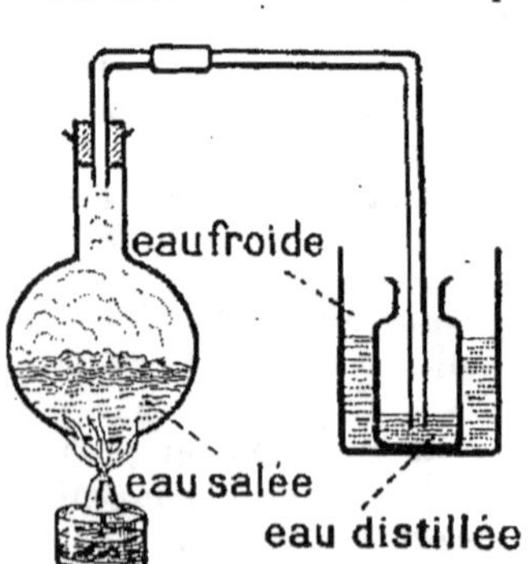

Fig. 67. — Appareil simple à distillation.

L'appareil représenté par la figure 68 est un *alambic* simple, utilisé dans la distillation des liquides alcooliques.

74. Chaleur de vaporisation. — La température d'un liquide reste constante pendant la durée de l'ébullition; cependant on continue à fournir de la chaleur. Cette chaleur est absorbée pour faire passer le liquide à l'état gazeux. On l'appelle chaleur de vaporisation.

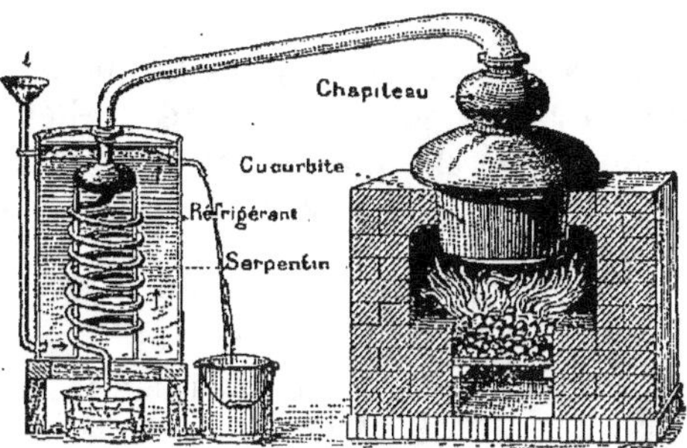

Fig. 68. — Alambic simple pour la distillation d'un mélange d'eau et d'alcool.

Prenons par exemple 1 kilogramme d'eau que nous portons à l'ébullition. A ce moment, pour transformer l'eau, prise à 100°, en vapeur également à 100°, il faut fournir à l'eau 537 calories, c'est-à-dire une quantité de chaleur qui pourrait porter à l'ébullition 5 kg. 370 d'eau prise à 0° et plus de 6 kilogrammes d'eau prise à la température ordinaire.

Inversement, quand de la vapeur se condense, elle abandonne la chaleur absorbée pour vaporiser le liquide. Comme cette quantité de chaleur est énorme, il en résulte que la vapeur est un excellent véhicule de la chaleur.

L'industrie utilise cette propriété pour le chauffage à la vapeur. Le liquide à échauffer est placé dans une chaudière. Un serpentin parcouru par la vapeur traverse le liquide. La vapeur se condense, abandonne de la chaleur au liquide qui s'échauffe.

Le chauffage domestique utilise la chaleur de condensation de l'eau dans les calorifères à vapeur (Voir 18° leçon).

RÉSUMÉ

1. L'*ébullition* est la vaporisation d'un liquide par production de bulles de vapeur à l'intérieur même de ce liquide.

2. Pendant toute la durée de l'ébullition, la température reste invariable à condition que la pression supportée par le liquide ne subisse pas de variations notables.

Quand la pression augmente, la température d'ébullition s'élève; quand la pression supportée par le liquide diminue, la température d'ébullition s'abaisse.

3. Le *point d'ébullition* normal d'un liquide est la température d'ébullition de ce liquide quand la pression extérieure est de 76 centimètres de mercure.

4. Quand on refroidit une vapeur, elle passe à l'état liquide, elle se *condense*.

5. La *distillation* consiste à porter à l'ébullition un liquide et à condenser sa vapeur en la faisant traverser un serpentin entouré d'eau froide (réfrigérant). En distillant un liquide qui renferme en dissolution des substances solides, on obtient ce liquide à l'état de pureté. On distille aussi des mélanges de liquides à points d'ébullition différents pour concentrer le liquide le plus volatil (industrie de l'alcool).

6. On appelle *chaleur de vaporisation* d'un liquide la quantité de chaleur nécessaire pour faire passer ce liquide à l'état gazeux. Quand la vapeur se condense, elle abandonne la chaleur absorbée par le liquide pour se vaporiser. Cette propriété est appliquée dans le chauffage à la vapeur.

EXERCICES

Décrivez les phénomènes successifs qui se produisent quand on met sur le feu une casserole d'eau. — Quelle différence y a-t-il entre l'évaporation et l'ébullition? — Quelle particularité présente la température d'ébullition d'un liquide? — Peut-on faire varier la température d'ébullition d'un liquide? — Qu'appelle-t-on point d'ébullition d'un liquide? — Connaissez-vous les points d'ébullition de quelques liquides usuels? — Comment peut-on condenser une vapeur. — En quoi consiste la distillation d'un liquide? Décrivez un appareil distillatoire simple; — à quoi servent les différentes parties? — Dans quel but distille-t-on des liquides? Citez des exemples à l'appui de ce que vous dites. Justifiez l'emploi de la vapeur d'eau dans le chauffage à la vapeur et dans les calorifères à eau chaude.

13ᵉ LEÇON

FORCE ÉLASTIQUE DE LA VAPEUR D'EAU

MATÉRIEL : Appareil représenté par la figure 69. A défaut de flacon à deux tubulures, on peut prendre un flacon de 250 grammes à large col, fermé par un bouchon de caoutchouc à deux trous. — Pompe à bicyclette ordinaire. — Pour l'expérience I (n° 75), on peut obtenir une fermeture suffisante en découpant avec la pompe comme à l'emporte-pièce un bouchon dans un morceau de pomme de terre ou de carotte de 1^{cm} ou $1^{cm},5$ d'épaisseur. — Pour l'expérience de la figure 70, placer sur le bouchon le couvercle supérieur. On aura au préalable fait percer ce couvercle de deux trous pour le passage du thermomètre et du tube. Ne pas dépasser 110°, pour éviter les explosions.

Force élastique des vapeurs.

75. *Cas de la vapeur d'éther.* — EXPÉRIENCE. I. Prendre le flacon que représente la figure 69. Il offre à sa partie supérieure deux tubulures fermées par de bons bouchons en caoutchouc. Au fond du flacon, il y a quelques centimètres de mercure. Par l'une des tubulures passe un tube assez long T dont l'extrémité inférieure plonge dans le mercure. Par l'autre tubulure passe un tube court T', dont l'extrémité supérieure porte un ajutage en caoutchouc de 10 centimètres de long environ. Ce tube de caoutchouc est surmonté d'un petit entonnoir. Deux pinces P et P' permettent de serrer le tube.

Avant l'expérience, le niveau de mercure est le même dans le tube T et dans le flacon.

Verser de l'éther dans l'entonnoir, ouvrir P, la pince P' restant fermée : l'éther remplit le tube de caoutchouc. Fermer P et ouvrir P' : l'éther coule dans le flacon.

Immédiatement on voit le mercure s'élever dans le tube T et y atteindre une hauteur de 36 centimètres environ si la température de la salle est de 15°.

D'après ce que nous avons dit (2e leçon), cette ascension du mercure mesure un accroissement de pression du gaz qui remplit le flacon. Or, ce n'est pas évidemment la petite quantité de liquide introduite qui a produit ce résultat, car si, au lieu d'éther, on avait versé de l'eau, la dénivellation du mercure serait à peine sensible.

Mais l'éther est un liquide très volatil : nous l'avons vu. Dans le flacon, il a produit des vapeurs, et ces vapeurs, mélangées à l'air, ont produit l'accroissement de pression que nous avons constaté. L'accroissement de pression mesure la force élastique de la vapeur.

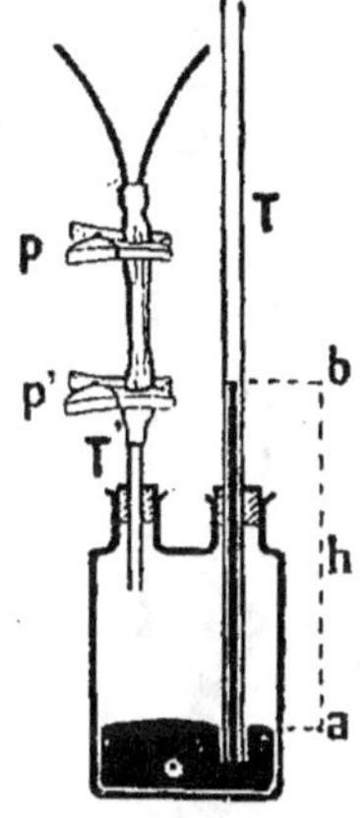
Fig. 69. — Vaporisation de l'éther dans l'air.

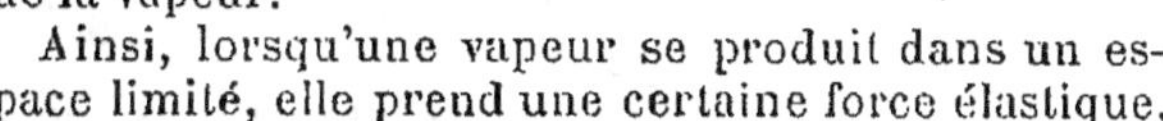

Ainsi, lorsqu'une vapeur se produit dans un espace limité, elle prend une certaine force élastique, c'est-à-dire qu'elle exerce une pression sur les parois de l'espace où elle est renfermée.

II. Plonger l'appareil précédent dans une terrine renfermant de l'eau à 30° par exemple. Le mercure monte de nouveau dans le tube et y atteint une hauteur de plus de 60 centimètres. Ceci prouve qu'une nouvelle quantité d'éther s'est vaporisée.

Dans ces deux expériences, au moment où le mercure cesse de monter, c'est que dans le flacon il ne se forme plus de vapeurs d'éther; la force élastique de la vapeur est alors la plus grande possible : c'est la *force élastique maxima*.

On voit que la force élastique d'une vapeur augmente rapidement avec la température à laquelle le liquide se vaporise.

76. Cas de la vapeur d'eau. — Les expériences précédentes ont été faites avec de l'éther, parce que ce liquide est très volatil et que sa vapeur atteint, à la température ordinaire, une force élastique notable.

On obtiendrait des résultats analogues avec le sulfure de carbone, par exemple.

Mais, dans la pratique, c'est la vaporisation de l'eau qui est la plus intéressante. Nous allons donc montrer l'existence de la force élastique de la vapeur d'eau.

L'expérience de la figure 64 (12e leçon) nous montre déjà l'existence de cette force élastique. Les expériences suivantes vont préciser cette notion.

EXPÉRIENCES. I. Prendre un tube de pompe à bicyclette, mettre au fond du tube quelques centimètres cubes d'eau. Fermer le tube par un bouchon et chauffer. A un certain moment le bouchon est projeté avec force.

C'est que, sous l'action de la chaleur, l'eau s'est vaporisée, la force élastique de la vapeur formée a augmenté jusqu'au moment où le bouchon a sauté.

II. Nous allons maintenant nous rendre compte de la valeur de la force élastique de la vapeur d'eau.

Décrire l'appareil représenté par la figure 70.

Dans le tube métallique, chauffer de l'eau. A mesure que la température s'élève, on voit que le niveau du mercure monte dans la branche ouverte du tube T et baisse dans l'autre branche. La distance entre les niveaux du mercure nous permet de déterminer la force élastique de la vapeur.

Exemple. Si la distance verticale entre les niveaux du mercure dans les deux branches du tube est de 50 centimètres, cela signifie : la vapeur d'eau exerce sur chaque centimètre carré de la paroi du tube une pression égale au poids d'une colonne de mercure de même base et de 50 centimètres de hauteur.

La force élastique de la vapeur sera donc de $1 \text{ gr.} \times 13,6 \times 50 = 680$ grammes.

Reprendre le tube de pompe à bicyclette précédent. Enlever le bouchon et le remplacer par le piston habituel. Fermer l'orifice du piston et chauffer. A un certain moment on voit le piston poussé brusquement vers le haut du corps de pompe (*fig.* 71).

En bas du piston s'exerce la poussée de la vapeur; en haut s'exerce la poussée de l'air, poussée que nous étudierons plus tard. Quand la poussée de la vapeur devient supérieure à la poussée de l'air, le piston s'élève.

Cette expérience nous amène directement à l'idée de la machine à

Fig. 71. — Quand l'eau est à une température suffisante, la poussée de sa vapeur est supérieure à la poussée de l'air et le piston s'élève.

Fig. 70. — Au début de l'expérience, le niveau du mercure est en ab. Quand on chauffe, le niveau descend de a en a' dans la branche de gauche et s'élève de b en b' dans la branche de droite. La force élastique de la vapeur est mesurée par la colonne de mercure ayant pour hauteur la distance $a'b'$.

vapeur. C'est à Denis Papin que revient l'honneur d'avoir le premier appliqué la vapeur à exercer un effet mécanique.

Idée de la machine à vapeur.

77. *Fonctionnement théorique.* — Considérons un récipient métallique, appelé *chaudière* (*fig.* 72), dans lequel on chauffe l'eau de façon que la pression de sa vapeur atteigne plusieurs kilogrammes :

1º La vapeur arrive par un tuyau dans un *cylindre* où elle pousse un piston de A en B ;

2º On ferme la communication avec la chaudière et on met le cylindre en communication avec une enceinte froide où la pression est faible : c'est le *condenseur*. La vapeur se condense, et la pression atmosphérique, agissant sur le piston, le ramène de B en A ;

3º L'eau de condensation est ramenée à la chaudière ;

4º Dans la pratique, on fait arriver la vapeur alternativement sur les deux faces du piston ; quand un des côtés du cylindre communique avec la chaudière, l'autre communique avec le condenseur ; c'est donc la vapeur qui produit dans les deux sens le mouvement du piston ;

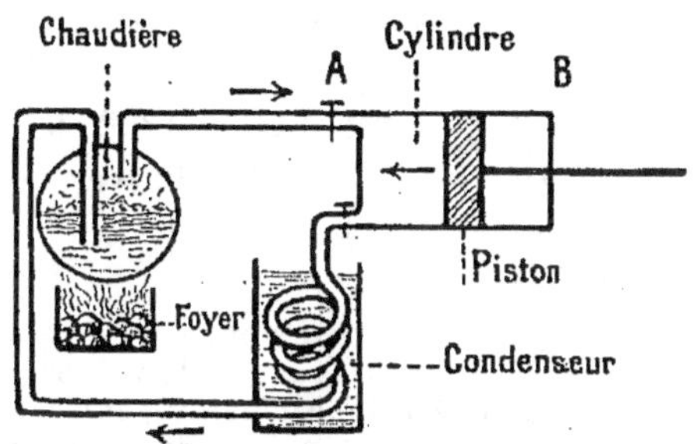

Fig. 72. — Principe de la machine à vapeur.

5º Le mouvement de va-et-vient du piston est utilisé à faire tourner des roues ; le mouvement rectiligne et alternatif du piston est transformé en mouvement circulaire continu.

En définitive, nous voyons que la même quantité d'eau peut servir indéfiniment à produire un travail mécanique. C'est ce qui se produit par exemple dans les machines marines et dans certaines machines industrielles. Ce qu'il faut fournir pour que la machine fonctionne, c'est de la chaleur, chaleur qui sera employée à vaporiser à nouveau l'eau provenant du condenseur.

Somme toute, il y a dépense de vapeur et production de travail mécanique.

Nous pouvons donc dire de la machine à vapeur : *C'est un moteur capable de transformer de la chaleur en travail mécanique par l'intermédiaire de la vapeur d'eau.*

RÉSUMÉ

1. Lorsque des vapeurs se produisent dans un espace limité, elles pressent sur les parois avec une certaine force. On évalue cette pression sur une surface de 1 centimètre carré. On l'exprime soit en grammes, soit en donnant la hauteur d'une

colonne de mercure dont le poids soit égal à la pression considérée.

Cette pression est dite *force élastique* de la vapeur. Quand l'espace est saturé de vapeur, la force élastique est dite *maxima*.

2. La force élastique d'une vapeur augmente quand la température s'élève.

3. La force élastique de la vapeur d'eau est utilisée dans les machines à vapeur. On produit dans une *chaudière* de la vapeur d'eau dont la force élastique est élevée. Cette vapeur agit sur l'une des faces d'un *piston* dans un corps de pompe ou *cylindre*. La vapeur qui a actionné le piston repasse à l'état liquide dans le *condenseur*. On peut alors l'utiliser à nouveau en la ramenant dans la chaudière.

4. Dans la machine à vapeur, la vapeur d'eau n'est qu'un intermédiaire ; la machine à vapeur transforme de la chaleur en travail mécanique.

EXERCICES

Par quelles expériences peut-on montrer que les vapeurs ont une force élastique ? — Que signifie l'expression : à 120° la force élastique de la vapeur d'eau est de 2 kilogs ? — A quel moment la force élastique d'une vapeur est-elle maxima ? — Comment varie la force élastique maxima d'une vapeur quand la température s'élève ? — Donnez une idée du fonctionnement théorique de la machine à vapeur. — Quel est le rôle de la vapeur dans la machine à vapeur ?

14ᵉ LEÇON

NOTIONS SOMMAIRES SUR LA MACHINE A VAPEUR

MATÉRIEL : On trouve dans les bazars de grandes villes de petites machines à vapeur à cylindre oscillant ou à cylindre fixe. Pour une dizaine de francs on a une de ces machines-jouets de dimension convenable. — Voir aussi les modèles des maisons Radiguet et Massiot, 13-15, boulevard des Filles-du-Calvaire, et de Heller et Coudray, 18-20, cité Trévise (Paris).

On pourra faire visiter une machine à vapeur d'une usine voisine de l'école. On se bornera à faire reconnaître sur place les organes principaux et à en faire examiner le rôle.

Les notions que nous allons donner seront complétées en 3ᵉ année.

Parties essentielles.

78. — D'après ce qui précède, nous voyons que toute machine à vapeur comprend :

1° Un appareil générateur de vapeur sous pression élevée : c'est la *chaudière* ;

2° Un organe dans lequel la vapeur agit sur un piston : c'est le *cylindre;*

3° Un *condenseur.* Quelques machines n'ont pas de condenseur; la vapeur agit sur une des faces du piston, tandis que l'autre partie du cylindre communique librement avec l'atmosphère. C'est le cas des *locomotives;*

4° Des organes *(bielle et manivelle)* qui effectuent la transformation du mouvement de va-et-vient du piston en mouvement circulaire continu;

5° Il faut ajouter des appareils *régulateurs* du mouvement.

Chaudières à vapeur

79. *Chaudières à bouilleurs.* — Ce sont les plus anciennes. Une chaudière à bouilleurs comprend un cylindre A en tôle terminé par deux calottes sphériques (*fig.* 73 et 74). Ce cylindre communique avec

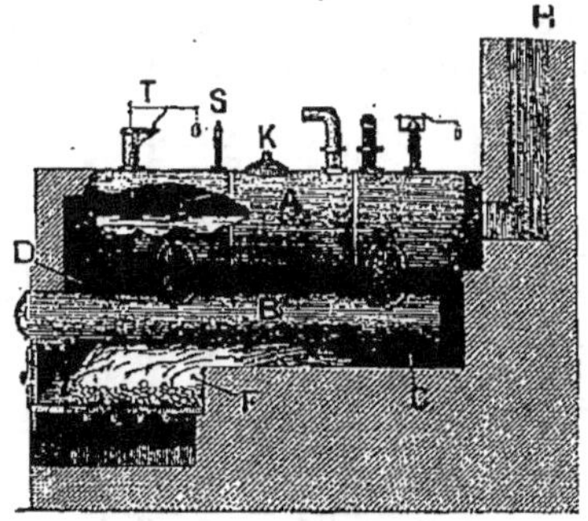

Fig. 73 et 74. — Chaudière à bouilleurs. — A, cylindre où arrive la vapeur; B, bouilleurs ; C, D, carneaux; H, cheminée ; V, tube de dégagement de la vapeur ; S, sifflet d'alarme ; T, soupape de sûreté ; K, trou d'homme pour le nettoyage.

deux cylindres plus petits B, ou *bouilleurs.* Les bouilleurs sont remplis d'eau, ils sont chauffés directement par le foyer; la flamme, après avoir échauffé les bouilleurs, revient sous le cylindre par les conduits ou *carneaux* D, puis retourne à la cheminée H. Le cylindre est à moitié plein d'eau.

80. *Chaudières tubulaires des locomotives.* — Dans la chaudière à bouilleurs, la surface en contact avec le foyer ou *surface de chauffe* est faible, d'où lenteur de la vaporisation. Dans les locomotives, on augmente la surface de chauffe en faisant passer la flamme dans des tubes qui sont entourés d'eau (*fig.* 75). La surface de chauffe peut ainsi dépasser 100 mètres carrés.

81. *Chaudière tubulaire à tubes d'eau.* — Dans d'autres chaudières, les bouilleurs sont remplacés par un grand nombre de tubes chauffés directement par le foyer (*fig. 76* et 77). Certains modèles de chaudières possèdent bien encore des bouilleurs, mais ces bouilleurs communiquent avec le cylindre par une multitude de tubes chauffés par le foyer et remplis d'eau (*fig.* 78).

82. *Accessoires de la chaudière.* — Toute chaudière doit être

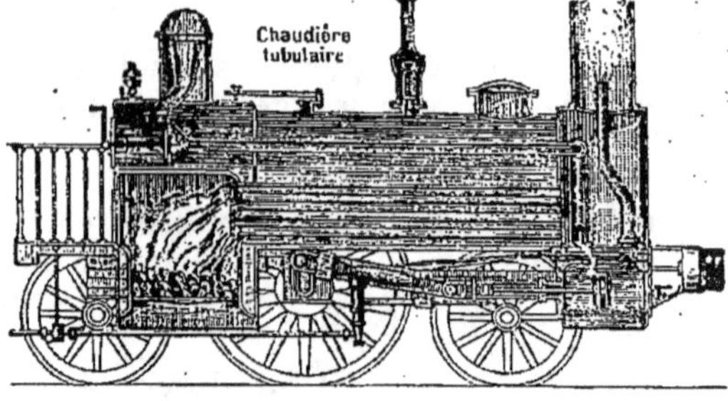

Fig. 75. — Chaudière de locomotive. La flamme passe dans les tubes entourés d'eau pour se rendre dans la cheminée.

munie d'appareils de sécurité qui à tout moment permettent de contrôler la force élastique de la vapeur et le niveau de l'eau. On la munit aussi de signaux d'alarme qui fonctionnent lorsque le niveau de l'eau

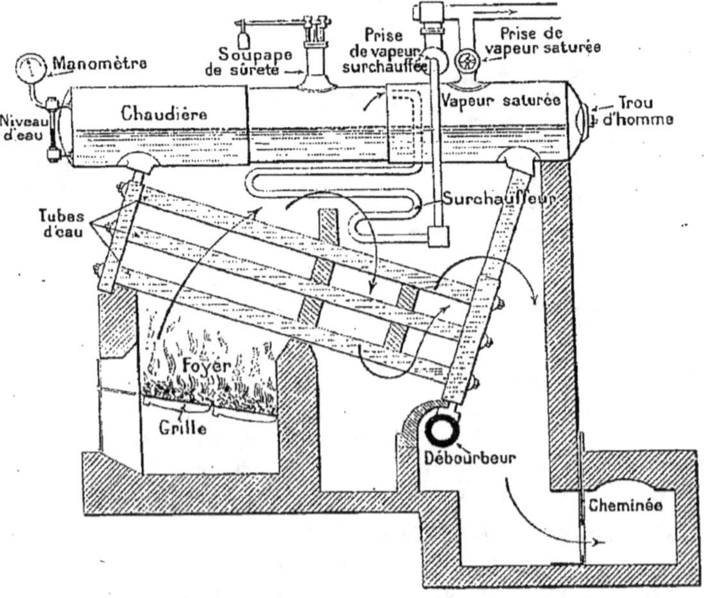

Fig. 76. — Chaudière industrielle moderne (système Babcock et Wilcox) à tubes d'eau et à surchauffeur de vapeur.

Les bouilleurs sont remplacés par des tubes en tôle d'acier de $3^{mm},5$ d'épaisseur. La chaudière est en tôle d'acier de $11^{mm},5$ d'épaisseur. Il y a 54 tubes (3 seulement sont figurés pour la clarté du dessin). La surface des tubes et de la chaudière soumise à l'action du foyer (surface de chauffe) est de 102 mètres carrés. — La vapeur est produite sous une pression de 12 kilogs, à une température de 191°. Avant d'être amenée dans le cylindre, elle passe dans un surchauffeur, appareil formé de 23 tubes chauffés par le foyer; elle est portée ainsi à une température de 350°.

vient à descendre au-dessous du niveau de la maçonnerie, ou lorsque la vapeur prend une force élastique supérieure à celle qui est prévue.

Fig. 77. — Chaudière Babcook et Wilcox avec surchauffeur. — Vue d'ensemble de la chaudière représentée schématiquement à la figure 76. — (Fonderie et ateliers de la Courneuve à Aubervilliers.)

Toute chaudière, avant d'être mise en service, doit être vérifiée par le Service des Mines. On la soumet à une pression supérieure, à la pression la plus forte qu'elle devra supporter. On s'assure ainsi de la

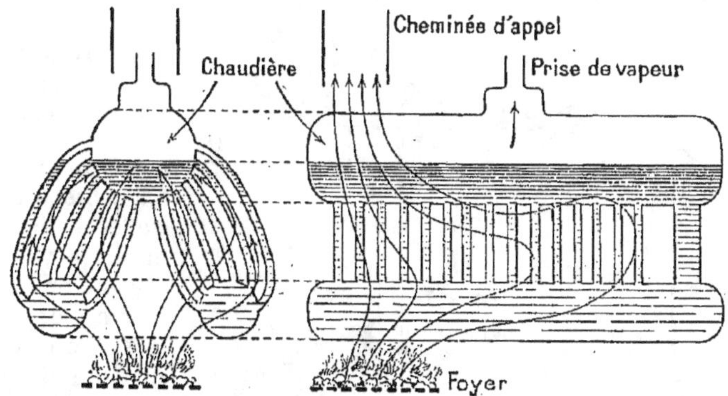

Fig. 78. — Autre type de chaudière tubulaire industrielle (coupe transversale et longitudinale). — Les bouilleurs et la chaudière sont réunis par un grand nombre de tubes de faible section, chauffés directement par la flamme du foyer.

résistance des parois. Sur la paroi antérieure de la chaudière est rivée une plaque de cuivre sur laquelle est inscrite la pression maxima que l'on peut faire supporter à cette chaudière.

Cylindre et tiroir.

83. *Distribution de la vapeur.* — Le fonctionnement du piston est assuré de la manière suivante : la paroi du cylindre est percée de deux conduits A et B (*fig.* 79), qui amènent la vapeur alternativement à chaque extrémité du cylindre. Ces conduits aboutissent d'autre part dans une boîte V ou *boîte à vapeur*, dans laquelle pénètre la vapeur. Une autre boîte, T, ou *tiroir*, animée par la machine même d'un mouvement de va-et-vient, ouvre et ferme alternativement chacun des conduits A et B.

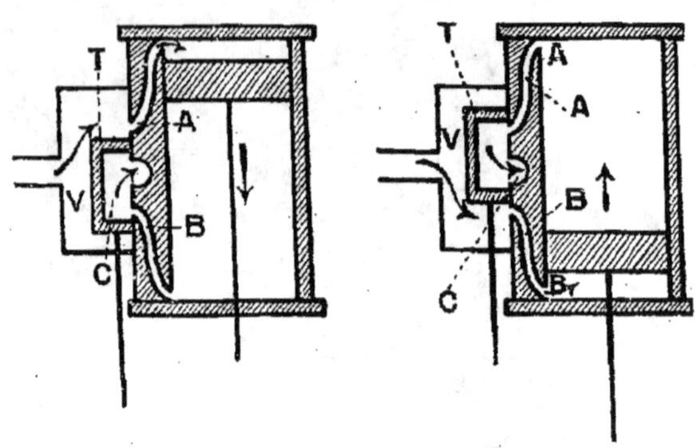

Fig. 79. — Positions du tiroir quand le piston est en haut et en bas de sa course.

L'intérieur du tiroir est constamment en communication, par le tuyau C, soit avec le *condenseur*, soit avec l'air extérieur. Les figures 79 et 80 montrent la position du tiroir et la façon dont s'opère la distribution de la vapeur dans le cylindre.

Organes de transmission du mouvement.

84. *Arbre de couche, bielle et manivelle.* — Le mouvement de va-et-vient du piston est transformé en mouvement circulaire au moyen de la *bielle* et de la *manivelle*. Ce mouvement circulaire est transmis à l'*arbre de couche*, pièce d'acier cylindrique et horizontale qui tourne

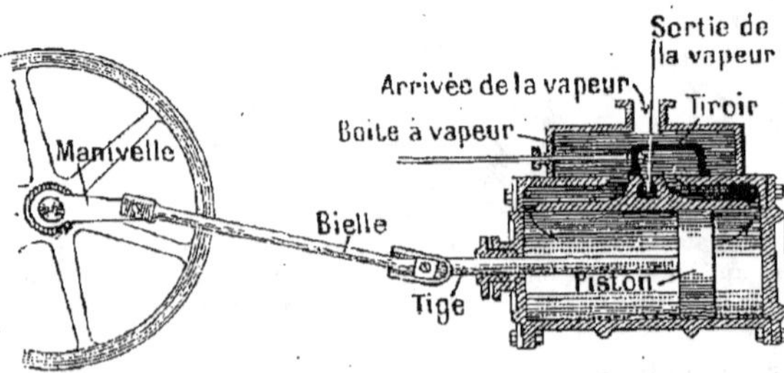

Fig. 80. — Jeu du piston et du tiroir et mécanisme de transformation du mouvement du piston au moyen de la bielle et de la manivelle.

entre des coussinets. Sur l'arbre de couche sont calés les organes (engrenages, poulies) qui transmettent le mouvement à toutes les pièces qui doivent travailler. Sur l'arbre de couche est également calé le *volant,* roue de grand diamètre dont le poids peut atteindre plusieurs tonnes. Le mouvement communiqué au volant permet à la

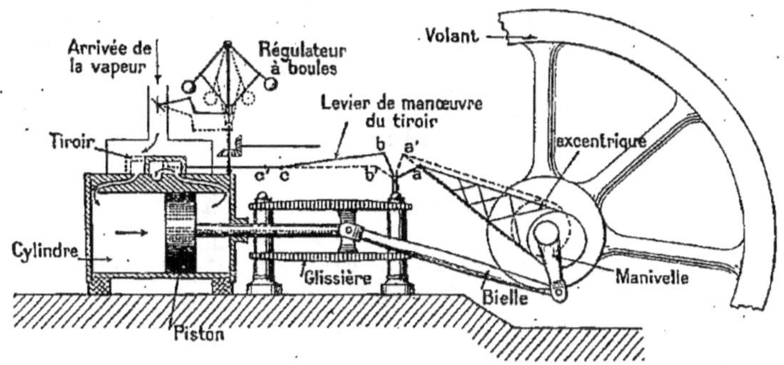

Fig. 81. — Schéma d'une machine à vapeur horizontale.

machine de franchir les *points morts,* c'est-à-dire les deux positions pour lesquelles la bielle et la manivelle sont en ligne droite.

L'arbre de couche porte encore l'*excentrique,* disque fixé en dehors de son centre sur l'axe du volant. C'est l'excentrique qui actionne la tige du tiroir. La figure 81 montre schématiquement la disposition des différents organes d'une machine à vapeur horizontale.

Condenseur.

85. *Rôle du condenseur.* — Supposons que la vapeur agisse sur une des faces du piston et que la partie opposée du cylindre communique avec l'atmosphère. La pression atmosphérique représente environ 1 kilogramme par centimètre carré; si la vapeur est à une pression de 10 kilogrammes, la pression utile n'est que de 9 kilogrammes. Si l'autre côté du cylindre, au lieu de communiquer avec l'atmosphère, communique avec une enceinte où la pression est de 0 kilogr. 1 par centimètre carré, la pression utile de la vapeur est

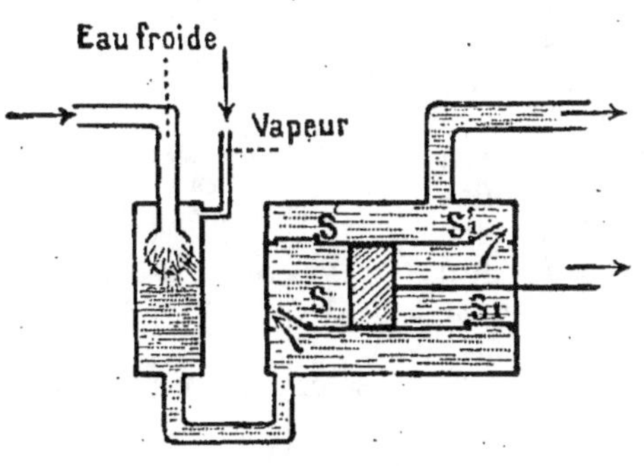

Fig. 82. — Condenseur par mélange.

de 9 kilogr. 9. On voit par là l'utilité du *condenseur* (*fig.* 82). Les machines fixes sont munies de *condenseurs par mélange;* la vapeur arrive dans un espace vide au contact d'un jet d'eau froide en pluie.

Dans les machines marines, on ne peut alimenter la chaudière avec de l'eau salée ; aussi on s'arrange pour ramener au générateur l'eau de condensation. On utilise alors des *condenseurs par surface.* La vapeur à condenser circule dans des tubes entourés d'eau froide.

Les locomotives n'ont pas de condenseur. La condensation exigerait une énorme quantité d'eau que la machine serait obligée de traîner avec elle, d'où un *poids mort* considérable.

Dans les machines sans condenseur, la vapeur ayant agi sur une face de piston est rejetée à l'air libre.

Régulateurs du mouvement.

86. Volant. — A l'arbre de couche est fixée une énorme roue de fonte dont le poids peut atteindre 10 tonnes et le diamètre 8 mètres. Cette roue est destinée à régulariser le mouvement de la machine : on l'appelle *volant.*

Essayez de mettre en mouvement une roue lourde, vous ne pouvez augmenter sa vitesse que peu à peu ; quand elle est en marche, il vous est impossible de l'arrêter brusquement ; la roue semble avoir emmagasiné de l'énergie qu'elle rend lorsque vous voulez l'arrêter.

Il en est du volant comme de la roue précédente. Si les résistances que la machine doit vaincre diminuent, la vitesse tend à s'accélérer, mais à cause du volant cette augmentation de vitesse ne se fait que progressivement. Au contraire, si les résistances deviennent considérables, le mouvement tend à se ralentir, la machine pourrait même s'arrêter ; le volant s'oppose à ce ralentissement brusque : il restitue l'énergie acquise pendant la marche normale. Ainsi, plus les variations de résistance que doit vaincre la machine sont grandes, plus le volant doit avoir une masse considérable.

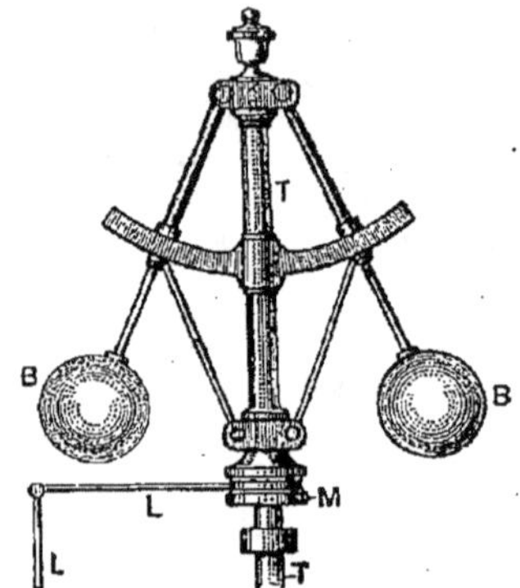

Fig. 83. — Régulateur à boules. — T, tige du régulateur ; B, boules tendant à s'écarter davantage de l'axe de rotation quand la vitesse augmente ; L, levier articulé fixé au collier M et supprimant en partie l'arrivée de la vapeur.

Les locomotives n'ont pas de volant : la masse énorme de la machine joue ici le rôle de volant.

87. Régulateur à boules. — Sur la machine, on voit un *régulateur à boules* (*fig.* 83). La tige du régulateur est mise en mouvement par l'arbre de couche. Quand la vitesse de la machine s'accélère, les boules tendent à s'écarter davantage de l'axe de rotation ; elles soulèvent le collier, et le mouvement de celui-ci, par une série de leviers, va fermer en partie une valve qui permet l'introduction de la vapeur. Le contraire a lieu évidemment quand la vitesse de la machine diminue.

Puissance d'un moteur.

88. *Notion de travail et de puissance.* — Pour soulever un poids à une certaine hauteur, nous effectuons un travail. On mesure ce travail en prenant pour unité *le travail effectué pour soulever un poids de 1 kilogramme à 1 mètre.* Cette unité s'appelle *kilogrammètre.* Soulever 1 kilogramme à 10 mètres, 5 kilogrammes à 2 mètres, etc., c'est toujours effectuer le même travail.

Mais un travail déterminé peut être effectué en des temps variables par différents moteurs. La valeur d'un moteur pourra donc s'apprécier en faisant connaître le travail que ce moteur effectue en une seconde. Cette grandeur est la *puissance du moteur.* L'unité adoptée est le *cheval-vapeur.* *C'est la puissance d'un moteur capable d'exécuter un travail de 75 kilogrammètres en une seconde.*

Le cheval-vapeur est à peu près représenté par la puissance d'un attelage qui traînerait sur une route horizontale une voiture pesant 1 600 kilogrammes à une vitesse de 4 kilomètres à l'heure.

Depuis quelques années on a adopté l'abréviation HP pour désigner le cheval-vapeur. Les deux lettres H. P. sont les initiales des mots anglais *Horse Power* (littéralement : cheval-puissance).

Un moteur animé (cheval) peut travailler à pleine puissance pendant environ 8 heures par jour. Sa puissance équivaut pendant ce temps à peu près à celle d'un moteur mécanique de 1 cheval. Mais le moteur mécanique peut marcher 24 heures sans interruption ; on voit donc que le moteur de 1 cheval équivaut à 3 bons chevaux de trait. Il faudrait 12 manœuvres au moins pour déployer la puissance de 1 cheval. Donc le travail fourni en 24 heures par un moteur mécanique de 1 cheval est au moins équivalent à celui que pourraient fournir 36 manœuvres travaillant 8 heures par jour. On voit par là de quelle énorme puissance dispose l'industrie moderne.

RÉSUMÉ

1. Les parties essentielles d'une machine à vapeur sont : la *chaudière* ou générateur de vapeur, le *cylindre* dans lequel la vapeur agit sur un *piston*, les organes de *transformation* du mouvement de va-et-vient du piston en mouvement circulaire continu, les organes *régulateurs* du mouvement.

2. Il y a plusieurs types de chaudières : les chaudières à bouilleurs, les chaudières tubulaires dans lesquelles l'eau à vaporiser se trouve dans des tubes chauffés par le foyer, les chaudières dans lesquelles la flamme du foyer passe dans des

tubes entourés de l'eau à échauffer. Toute chaudière est munie d'appareils de sécurité.

3. Le cylindre est à double effet, c'est-à-dire que la vapeur agit sur les deux faces du piston. Le plus communément, la vapeur arrive dans une caisse ou *boîte à vapeur*, et elle est distribuée au moyen du *tiroir*.

4. Le piston, par l'intermédiaire d'une *bielle* et d'une *manivelle*, communique à l'arbre de couche un mouvement circulaire.

5. L'arbre de couche porte le *volant*, les organes de transmission du mouvement (engrenages, poulies) et l'*excentrique* qui règle le mouvement du tiroir.

6. Le *condenseur* est une enceinte vide d'air dans laquelle la vapeur vient se condenser, soit par mélange avec de l'eau froide, soit par refroidissement au contact des parois de cette enceinte, laquelle est entourée d'eau froide. Dans ce dernier cas, l'eau de condensation sert à l'alimentation de la chaudière.

7. Les organes régulateurs de mouvement sont le *volant* et le *régulateur à boules*. Le volant est une énorme roue calée sur l'arbre de couche et qui tourne avec celui-ci. Il est destiné à faire franchir les *points morts* à la machine et à s'opposer à de brusques variations de vitesse du moteur.

8. Le *kilogrammètre* est le travail effectué pour soulever 1 kilogramme à une hauteur de 1 mètre. Le *cheval-vapeur* (HP) est la *puissance* d'un moteur capable d'effectuer en 1 seconde un travail de 75 kilogrammètres.

EXERCICES

Quelles sont les parties essentielles de la machine à vapeur ? — Quel est le rôle de la chaudière ? — Différents types de chaudières. — Dessinez une coupe du cylindre permettant de rendre compte du fonctionnement du tiroir. — Dessinez les positions du piston et du tiroir aux deux extrémités de la course du piston. — Dessinez un excentrique. Sur le dessin, expliquez le rôle de cet organe. — Dessinez le mécanisme par lequel la tige du piston transmet le mouvement à l'arbre de couche. — Quel est le rôle du condenseur ? — Comment s'opère la condensation de la vapeur ? — Qu'est-ce que le volant ? Quel est son rôle ? — Dessinez la position de la tige du piston, de la bielle, de la manivelle aux points morts. — A quoi sert le régulateur à boules ? — Qu'appelez-vous un kilogrammètre, cheval-vapeur ?

15ᵉ LEÇON

CONDUCTIBILITÉ. — APPLICATIONS

MATÉRIEL : Baguette de cuivre et baguette de verre. — Fil de fer de 1ᵐᵐ,5 de diamètre environ et de 15 à 20 centimètres de longueur. — Fil de *cuivre rouge* de même diamètre et de même longueur que le précédent. Appareils représentés par les figures 84-86. — Toile métallique. — Lampe des mineurs.

Conductibilité.

89. *Conductibilité des solides. Corps bons conducteurs et corps mauvais conducteurs.* — EXPÉRIENCES. I. Mettons dans la flamme d'un bec de gaz l'extrémité d'une barre de cuivre que nous tenons à la main par l'autre extrémité. Bientôt nous ne pouvons plus tenir la barre. La chaleur s'est propagée jusqu'à notre main à travers la barre, en échauffant toute la masse du métal. On dit que le cuivre est *conducteur* de la chaleur. La chaleur s'est propagée par *conductibilité*.

II. Plaçons dans la flamme la barre de cuivre et une baguette de verre de même longueur. Alors que nous ne pouvons plus tenir la barre de cuivre, la baguette de verre peut être saisie à quelques centimètres de la flamme, et cependant l'extrémité dans le feu est portée au rouge. Ainsi, la chaleur ne se propage pas dans le verre aussi facilement que dans le cuivre. On dit que le cuivre est *bon conducteur*, le verre *mauvais conducteur* de la chaleur.

En général, les métaux sont bons conducteurs de la chaleur; le verre, le bois, le charbon, le soufre, etc., sont des corps mauvais conducteurs.

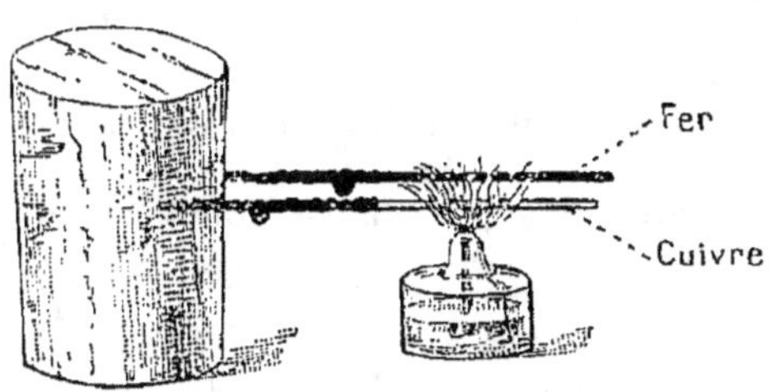

Fig. 84. — Sur le cuivre la cire fond plus vite que sur le fer.

III. Prendre deux fils de même diamètre, l'un de cuivre rouge, l'autre de fer; enfoncer l'une des extrémités dans un bouchon (*fig.* 84). Chauffer les fils et les passer sur un morceau de cire ou sur une bougie. Il se dépose sur chaque fil une couche de cire ou d'acide stéarique (substance de la bougie) qui se solidifie. Placer l'extrémité libre des deux fils dans la flamme de la même lampe à alcool. Au bout de quelque temps, la cire est fondue plus loin sur le cuivre que sur le fer. Ainsi, le cuivre conduit mieux la chaleur que le fer.

90. *Conductibilité des liquides.* — EXPÉRIENCES. I. Dans un tube à essais (*fig.* 85), verser de l'eau. Au fond du tube placer un morceau de beurre ou de suif, maintenu par une rondelle de plomb. Chauffer l'eau par la partie supérieure. L'eau est portée à l'ébullition en haut, alors que le beurre ne fond pas en bas.

L'expérience est plus saisissante encore avec un morceau de glace à la place du beurre.

On peut aussi mettre dans le tube un thermomètre dont le réservoir arrive au fond. Quand l'eau est à l'ébullition en haut du tube, le thermomètre n'est monté que de quelques degrés ; cependant, son réservoir n'est qu'à une petite distance de la partie chauffée.

II. Jeter de la sciure de bois dans un ballon renfermant de l'eau et chauffer. On voit se produire dans le liquide des courants, les uns ascendants, les autres descendants (*fig.* 86). Ces courants sont rendus visibles par le mouvement des particules solides qu'ils entraînent. Les particules liquides qui s'échauffent au contact de la paroi chaude du ballon diminuent de densité et s'élèvent. Elles sont

Fig. 85. — Les liquides sont mauvais conducteurs de la chaleur.

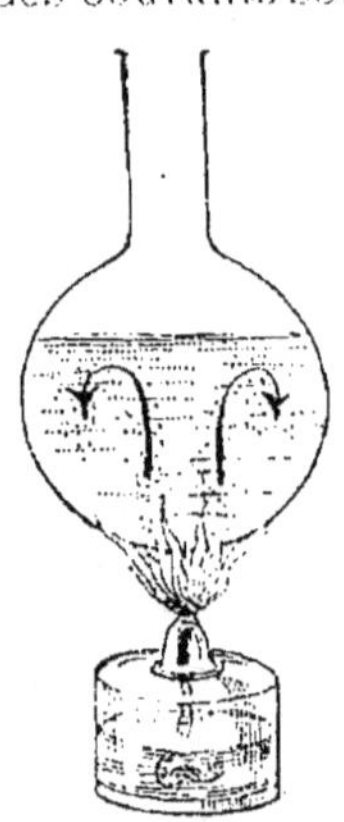

Fig. 86. — Les liquides s'échauffent par convection. — Les courants de convection sont rendus visibles en jetant dans le liquide de la sciure de bois.

remplacées par des particules froides qui s'échauffent à leur tour. Les particules liquides en s'élevant échauffent ainsi les particules froides avec lesquelles elles sont en contact. Le phénomène précédent a été appelé *convection*. C'est donc par convection, non par conductibilité, que s'échauffent les liquides.

91. Conductibilité des gaz. — Les gaz sont moins conducteurs encore que les liquides, mais comme ils laissent passer la chaleur par rayonnement (Voir 16e leçon) et que les courants de convection se produisent facilement dans leur masse, il est difficile d'étudier leur pouvoir conducteur. On évite la production des courants de convection en emprisonnant les gaz dans des corps filamenteux : coton, laine, plume, fourrures.

Fig. 87. — Appareil à conserver l'air liquide. — On a fait le vide dans la double enveloppe.

La chaleur ne se propage pas non plus par conductibilité dans un espace vide. C'est pourquoi actuellement on conserve les gaz liquéfiés tels que l'air dans des vases à double paroi (*fig.* 87). On a fait le vide entre ces deux parois et la chaleur extérieure ne se propage pas à l'intérieur du récipient.

92. *Propriétés des toiles métalliques. Lampe des mineurs.* — EXPÉRIENCE. Couper par une toile métallique la flamme d'un bec de gaz

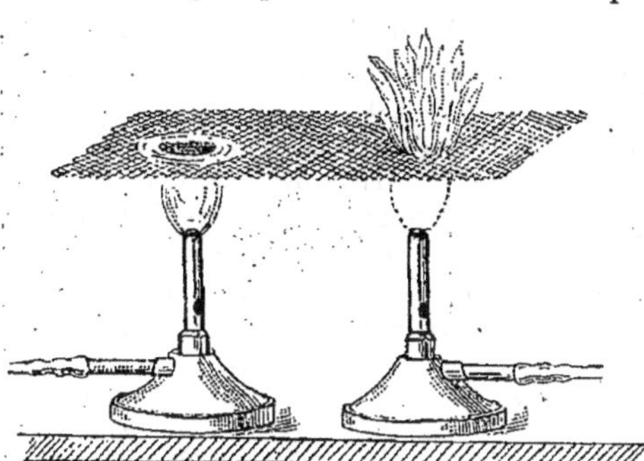

(*fig.* 88). La combustion est arrêtée par la toile. Cependant, les gaz traversent la toile, on peut les allumer au-dessus. On peut aussi couper le jet gazeux avec la toile métallique et allumer au-dessus de la toile : la flamme ne se propage pas au-dessous.

La première partie de l'expérience peut d'ailleurs être réalisée avec une flamme quelconque : bougie, lampe à alcool, etc.

Fig. 88. — Propriétés des toiles métalliques.

Cette propriété des toiles métalliques est une conséquence de la bonne conductibilité des métaux. La flamme est refroidie par la toile métallique. Celle-ci s'échauffe bien à l'endroit où se produit la combustion, mais la chaleur se propage rapidement dans la masse du métal, cette chaleur se répand dans l'air par *rayonnement* (n° 96). Les gaz, après avoir traversé la toile, ne sont plus à une température suffisante pour brûler.

Pour chauffer un vase en verre : ballon, cornue, dans les laboratoires, on place toujours entre le vase et la flamme une toile métallique. Elle évite le contact direct du verre et de la flamme, et régularise l'échauffement.

Dans les mines, il se dégage souvent de la houille un gaz assez semblable au gaz d'éclairage. On l'appelle *grisou*. Mélangé à l'air, il est extrêmement dangereux, car au contact d'une flamme il produit une explosion terrible. Aussi les mineurs utilisent une lampe spéciale, représentée par la figure 89. Le verre est très épais, et il est surmonté d'une cheminée formée d'une toile métallique. Si le mineur pénètre dans une atmosphère chargée de grisou, une explosion se produit dans l'intérieur de la lampe, mais la flamme est arrêtée par la toile métallique et ne se propage pas à l'extérieur.

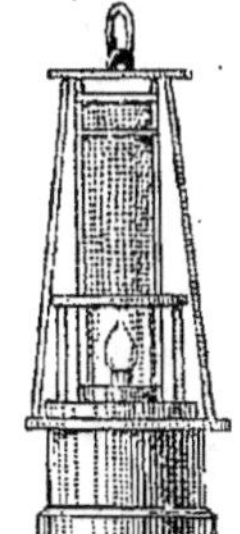

Fig. 89. Lampe des mineurs.

93. *Manches des outils. Sensation de chaud et de froid.* — Expliquer pourquoi on met des anses en bois aux théières, cafetières et aux objets métalliques allant au feu. Pourquoi met-on une queue en fer aux casseroles de cuivre ? — Pourquoi le fer de la serrure semble-t-il plus froid que le bois de la porte? — Expliquez les sensations différentes que vous éprouvez quand vous marchez nu-pieds sur la pierre, sur un parquet, sur un tapis à la même température.

94. *Édredons. Fourrures. Vêtements.* — Nous avons vu que les gaz emprisonnés par des substances filamenteuses sont de mauvais conducteurs de la chaleur. C'est cette propriété que l'on utilise dans les édredons, les fourrures, les couvertures, les vêtements.

La température du corps de l'homme est de 37° à 38°. C'est à peu près aussi la température du corps des mammifères. Chez les oiseaux cette température atteint 40°. Dans la saison d'hiver des régions tempérées et dans les régions glaciales, il faut protéger le corps contre le refroidissement. Les mammifères ont la peau couverte de poils, les oiseaux sont couverts de plumes. La fourrure est d'autant plus épaisse, le duvet d'autant plus fin que l'animal habite une région plus froide. C'est pourquoi les fourrures des animaux des zones glaciales sont plus appréciées. Certains animaux ont une fourrure d'hiver plus épaisse que la fourrure d'été.

Cette fourrure, ce duvet emmagasinent à la surface de la peau une couche d'air mauvaise conductrice qui s'oppose au refroidissement du corps.

Le porc, la baleine ont le corps presque nu, mais sous la peau ils possèdent une couche de graisse qui joue le même rôle que la fourrure.

L'homme, pour préserver son corps du refroidissement, porte des vêtements. Les tissus de laine conviennent pendant l'hiver; ils emmagasinent entre leurs filaments une grande quantité d'air, et sont ainsi mauvais conducteurs de la chaleur; ils maintiennent contre le corps une couche d'air chaud qui empêche la déperdition de la chaleur interne. Quand on superpose plusieurs vêtements, c'est le même résultat qu'on se propose d'atteindre.

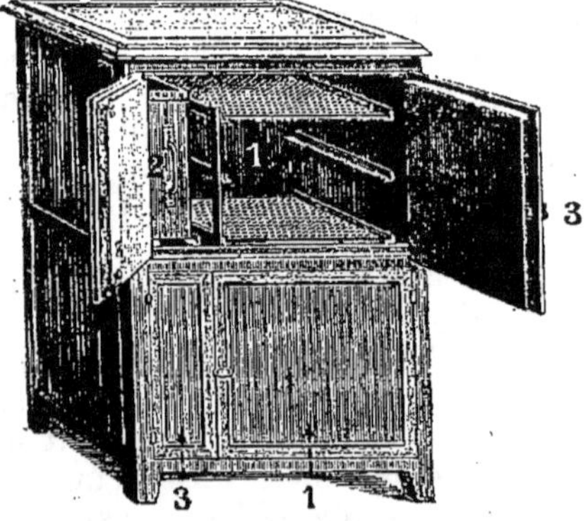

Fig. 90. — Meuble glacière. — 1, compartiment où l'on place les aliments à conserver ; 2, récipient à glace ; 3, portes. — Les parois de ce meuble sont épaisses et constituées par des matières peu conductrices de la chaleur.

95. *Appartements. Glacières. Conservation des boissons chaudes.* — Dans les pays froids, on emploie souvent les doubles portes et les doubles fenêtres. On emprisonne entre les deux châssis une couche d'air qui protège l'intérieur des appartements contre le refroidissement.

Inversement, on peut conserver la glace pendant l'été en la plaçant à l'intérieur d'une substance peu conductrice : paille, sciure de bois. On empêche ainsi la chaleur extérieure de pénétrer. C'est le principe des glacières. La figure 90 représente un meuble glacière utilisé dans les ménages pendant la saison chaude pour la réfrigération des aliments.

Le même meuble pourrait servir pendant la saison froide à conserver des aliments chauds. Les parois garnies de substances peu conductrices s'opposent à la déperdition de la chaleur intérieure.

Dans beaucoup de casernes, les soldats possèdent des *marmites norvégiennes* (*fig.* 91) pour conserver des boissons chaudes pendant toute la journée. Ces appareils, très utiles aussi dans un ménage, sont faciles à construire. On prend une caisse en bois dont les dimensions intérieures dépassent de 10 centimètres environ le diamètre du vase que l'on veut y placer : on dispose sur les faces internes, sur le fond et sur le cou-

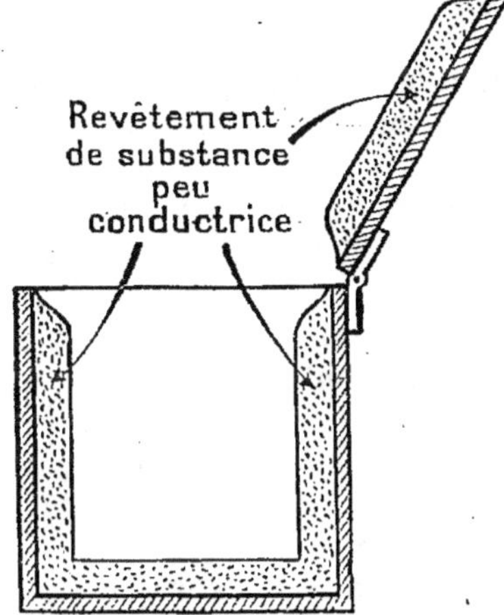

Fig. 91. — Coupe d'une marmite norvégienne.

vercle un revêtement de substances filamenteuses peu conductrices : laine, sciure de bois bien sèche, feutre, d'une épaisseur de 4 à 5 centimètres. Quand la marmite norvégienne est bien construite, un liquide bouillant qu'on y place ne se refroidit pas de plus de 2° par heure : d'où une économie considérable pour les familles d'ouvriers, car du bouillon préparé le soir, par exemple, est encore le lendemain à une température de 70° à 80°. L'ouvrier peut avoir un repas chaud avant de partir pour son travail, et cela sans dérangement comme sans dépense de combustible.

Les bouteilles isolantes, dites bouteilles « thermos », sont de même des bouteilles entourées d'une enveloppe mauvaise conductrice. Elles permettent à volonté de conserver pendant très longtemps des boissons chaudes ou glacées.

Fig. 92. — Bouteille « thermos ».

RÉSUMÉ

1. La chaleur se propage par *conductibilité* à travers un corps, en échauffant toute la masse.

Il y a des corps qui sont *bons conducteurs*, comme les métaux ;

d'autres sont *mauvais conducteurs,* comme le bois, le verre, le soufre.

Les métaux eux-mêmes ne sont pas également conducteurs; la conductibilité du cuivre est bien plus grande que celle du fer.

2. Les liquides, sauf le mercure, sont mauvais conducteurs : ils s'échauffent par *convection*

3. Les gaz sont aussi mauvais conducteurs; mais pour éviter le rayonnement et les courants de convection, il faut les emprisonner dans des substances filamenteuses.

4. La conductibilité des métaux explique la propriété qu'ont les toiles métalliques de couper les flammes; cette propriété est utilisée dans la *lampe des mineurs.*

La mauvaise conductibilité du bois le fait employer pour faire des anses aux ustensiles métalliques qui doivent aller au feu.

5. De même, la mauvaise conductibilité des gaz explique le rôle des fourrures, des vêtements, des couvertures, etc. On cherche à emmagasiner à la surface de la peau une couche d'air qui protège le corps contre le refroidissement.

On conserve la glace dans une substance mauvaise conductrice qui empêche la chaleur extérieure de pénétrer.

Les *marmites norvégiennes* servent à conserver des boissons chaudes pendant toute une journée. Elles sont, comme les glacières, constituées par une caisse dont les parois sont garnies d'un revêtement peu conducteur.

EXERCICES

Citez des corps bons conducteurs, des corps mauvais conducteurs de la chaleur. — Parmi les métaux usuels, quels sont ceux qui conduisent le mieux la chaleur? — Les liquides, les gaz sont-ils bons conducteurs de la chaleur? Justifiez votre réponse par des expériences ou des faits d'observation journalière. — Décrivez la lampe employée par les mineurs. Justifiez son emploi. — Justifiez le rôle des vêtements, des fourrures, des couvertures. — Comment pourriez-vous conserver pendant longtemps une boisson très chaude, une boisson glacée? — En quoi consistent les glacières, les marmites norvégiennes?

16ᵉ LEÇON

RAYONNEMENT DE LA CHALEUR. — APPLICATIONS

Matériel : Thermoscope; petit ballon en verre mince de 100 grammes environ avec un tube recourbé contenant de l'alcool coloré (*fig.* 93). On recouvre le ballon de noir de fumée en l'exposant à la flamme fuligineuse de l'essence de térébenthine. — Ballon de 1 demi-litre environ dans lequel on a fait le vide (*fig.* 94). — Plaque de verre. — 2 boîtes en fer-blanc de 1 demi-litre environ :

l'une polie, l'autre recouverte de noir de fumée. — 2 tubes en fer-blanc de 8 à 10 centimètres de long et 15 millimètres de diamètre environ. Dans le bouchon de chaque tube, passer un thermomètre : l'un des tubes est poli, l'autre recouvert de noir de fumée. — Boîte en fer-blanc de forme cubique. L'une des faces est polie, une autre recouverte de céruse, une troisième de noir de fumée. — Eau bouillante. — Lampe à pétrole ou bec de gaz à incandescence.

Rayonnement de la chaleur.

96. *Définition.* — 1º Par un beau soleil, nous recevons une impression de chaleur. Il en est de même quand nous plaçons la main à distance d'un feu bien ardent, d'une lampe allumée, d'un fer à repasser chaud, d'un vase plein d'eau bouillante. Interposons un simple écran de carton entre la source de chaleur et la main : la sensation précédente disparaît. L'air intermédiaire s'est échauffé très peu. *La chaleur s'est transmise de la source à la main à travers l'air sans échauffer celui-ci.* Ce phénomène s'appelle le *rayonnement;*

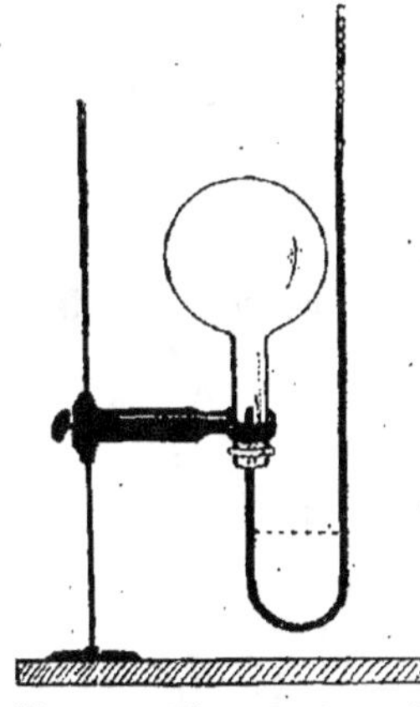

Fig. 93. — Thermomètre très sensible pour l'étude du rayonnement de la chaleur.

2º A la place de la main, mettons un petit thermomètre à gaz, comme celui de la figure 93. A une certaine distance de la source de chaleur, le niveau du liquide monte; mais si on place l'écran, le niveau baisse. Ainsi la variation du niveau n'est pas due à l'échauffement de l'air avoisinant, mais à la chaleur venant de la source par rayonnement;

3º Prenons une lentille de verre. Exposons-la au soleil. Nous trouvons facilement un point appelé *foyer* où nous pouvons enflammer une allumette, de l'amadou, une feuille de papier. Ainsi la chaleur du soleil a été concentrée en ce point par la lentille, et le verre ne s'est pas échauffé. La chaleur s'est propagée par rayonnement à travers le verre.

97. *Transparence des corps pour la chaleur rayonnante.* — 1º Prenons un ballon dans lequel nous faisons le vide (*fig.* 94). Un thermomètre a son réservoir au centre du ballon. Plongeons le ballon dans l'eau chaude. Le thermomètre accuse une élévation de température. Ainsi *la chaleur se propage par rayonnement à travers le vide.* Ceci est vérifié d'ailleurs par le fait que la chaleur du soleil parvient jusqu'à nous à travers l'espace;

2º Nous avons vu qu'un écran de carton arrête le rayonnement de la chaleur; on dit que ce corps est *opaque* pour la chaleur rayonnante. Au contraire, interposons entre le soleil et notre main une plaque de verre : elle n'intercepte pas la chaleur. Un thermomètre placé derrière la plaque de verre accuse une élévation de température. Le verre est donc transparent pour la chaleur du soleil;

3° Plaçons le ballon de notre thermomètre à gaz à quelque distance d'un vase rempli d'eau bouillante. Le niveau du liquide monte, ce qui prouve le rayonnement de chaleur du vase vers le ballon. Interposons entre le vase et le ballon une plaque de verre (*fig.* 95), le niveau du liquide redescend ; le rayonnement est donc supprimé. Ainsi le verre se comporte différemment vis-à-vis de la chaleur rayonnée par le soleil ou de la chaleur rayonnée par l'eau bouillante ;

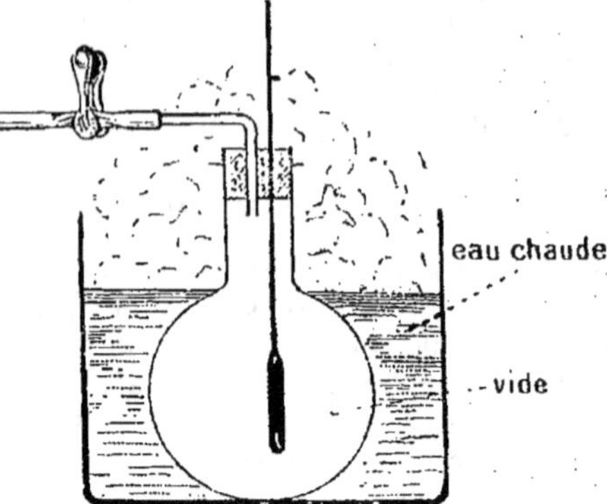

Fig. 94. — La chaleur se transmet au thermomètre à travers le vide.

4° Remplaçons le vase rempli d'eau bouillante par une lampe à pétrole ou par un bec de gaz à incandescence. La plaque de verre supprime le rayonnement calorifique de la lampe, tout comme elle supprimait celui de l'eau bouillante.

Ces faits demandent une explication.

98. *Chaleur lumineuse et chaleur obscure.* — Vous savez déjà que lorsqu'un faisceau de lumière traverse un prisme de verre, ce fais-

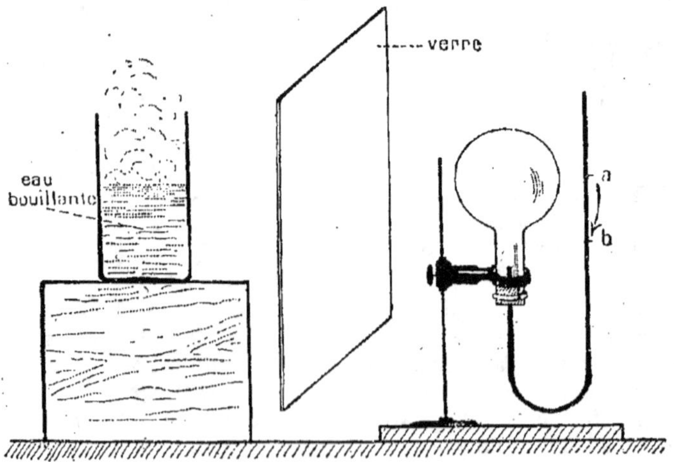

Fig. 95. — La plaque de verre arrête le rayonnement de la chaleur obscure.

ceau lumineux est modifié ; sur un écran il donne une large bande colorée qu'on appelle *spectre*, présentant une zone violette à une extrémité, une zone rouge à l'autre bout.

Or, en déplaçant un thermomètre très sensible dans le spectre, on constate que, sur une même surface, la quantité de chaleur reçue augmente quand on va du violet au rouge. Mais c'est dans la région au delà du rouge que la quantité de chaleur reçue par unité de surface est la plus grande.

On appelle *chaleur lumineuse* celle qui se répartit dans l'étendue du spectre visible, *chaleur obscure* celle qui se répartit dans la région au delà du rouge (région de l'infra-rouge).

Quand il s'agit de la lumière solaire, la chaleur lumineuse forme à peu près le tiers de la chaleur totale reçue par unité de surface. Quand on considère nos sources lumineuses habituelles (lampe à pétrole, bec de gaz par incandescence, lampe électrique à incandescence), la chaleur lumineuse ne constitue que quelques centièmes de la chaleur totale rayonnée.

Il est évident que le cube d'eau bouillante ne rayonne que de la chaleur obscure. Quant aux corps portés à haute température, ils deviennent lumineux au delà de 500° ; mais, d'après ce qui précède, la chaleur qu'ils rayonnent est encore presque exclusivement de la chaleur obscure.

La chaleur du soleil, au contraire, est presque totalement de la chaleur lumineuse, la chaleur obscure étant absorbée, comme nous allons l'indiquer, par la couche d'air humide qui entoure immédiatement le sol.

Quand on veut étudier le rayonnement du soleil, il faut se mettre à l'abri de ces phénomènes d'absorption et utiliser des appareils et des dispositifs spéciaux qu'il nous est impossible de décrire ici.

En définitive, les expériences que nous avons faites précédemment peuvent se traduire par cette loi :

Le verre est transparent pour la chaleur lumineuse, il est opaque pour la chaleur obscure.

99. *Émission de la chaleur.* — 1° Un corps chaud placé dans un milieu à une température inférieure à la sienne perd de la chaleur par rayonnement et se refroidit. On dit qu'il *émet* de la chaleur. En un temps donné, la quantité de chaleur émise est d'autant plus considérable que la surface est plus étendue et que l'excès de température du corps rayonnant sur le milieu est plus grand ;

2° Un vase en fer-blanc à section carrée (*fig.* 96) est plein d'eau bouillante ; l'une des faces est polie, l'autre est recouverte de noir de fumée, une autre de céruse. Plaçons successivement chacune des faces à la même distance du ballon de notre thermomètre. Nous voyons que la face polie rayonne moins de chaleur que les deux autres ;

3° Prenons deux vases en fer-blanc cylindriques (*fig.* 97). L'un est poli, l'autre recouvert de noir de fumée. Plaçons-les sur un support en liège (mauvais conducteur). Dans chacun mettons un thermomètre. Au bout de quelques minutes, le thermomètre placé dans le vase noirci accuse une température, *b,* inférieure de plusieurs degrés à celle, *a,* du vase poli.

Ainsi des surfaces égales, portées à la même température, ne

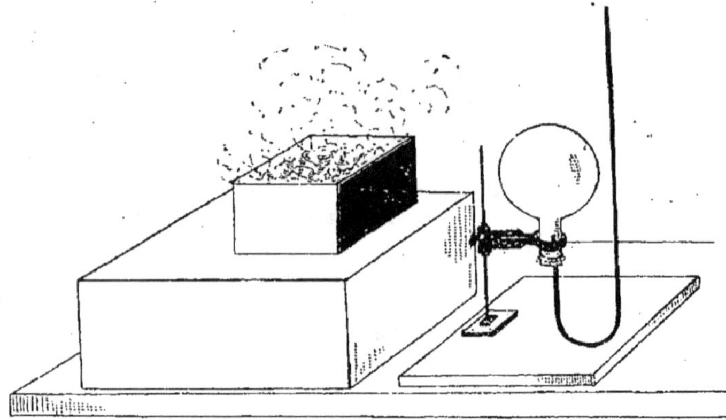

Fig. 96. — La face recouverte de noir de fumée rayonne mieux que la face polie.

rayonnent pas des quantités de chaleur égales. Les surfaces polies rayonnent peu ; le noir de fumée est le corps qui rayonne le plus.

La *céruse,* corps de couleur blanche, rayonne autant de chaleur
que le noir de fumée.

Ainsi, la quantité de chaleur
rayonnée par une surface donnée
dépend de la nature du corps qui
rayonne, mais non de la couleur.

100. *Absorption de la chaleur.* —
EXPÉRIENCE. Prenons deux tubes
métalliques de 15 à 20 millimètres
de diamètre intérieur. L'un de ces
tubes est noirci extérieurement

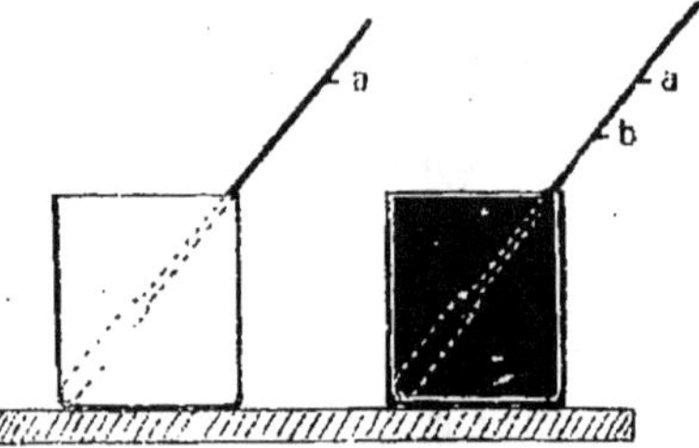

Fig. 97. — La température du vase recouvert de noir de fumée est inférieure à
celle du verre à surface polie.

avec du noir de fumée, l'autre est poli ou argenté. Les tubes sont fermés par leur partie inférieure ; le bouchon supérieur est traversé par la tige d'un thermomètre dont le réservoir plonge dans le tube.

Plaçons chacun des tubes à la même distance (5 centimètres envi-
ron) d'une source calorifique (*fig.* 98), bec de gaz à incandescence, lampe à pétrole, plaque de fer au rouge, etc. Nous constatons que le thermomètre placé dans le tube noirci a monté de plus de 10°, alors que l'autre n'a monté que de quelques degrés.

Or, nous savons que les sources employées rayonnent surtout de la chaleur obscure, et nous voyons par cette expérience qu'une surface recouverte de noir de fumée a pour la chaleur rayonnante *obscure* un

pouvoir absorbant beaucoup plus considérable qu'une surface polie.

Une surface recouverte de céruse absorberait autant de chaleur obscure que celle recouverte de noir de fumée.

En ce qui concerne la chaleur obscure, la couleur n'intervient donc pas au point de vue de l'absorption. Mais, quand il s'agit de chaleur

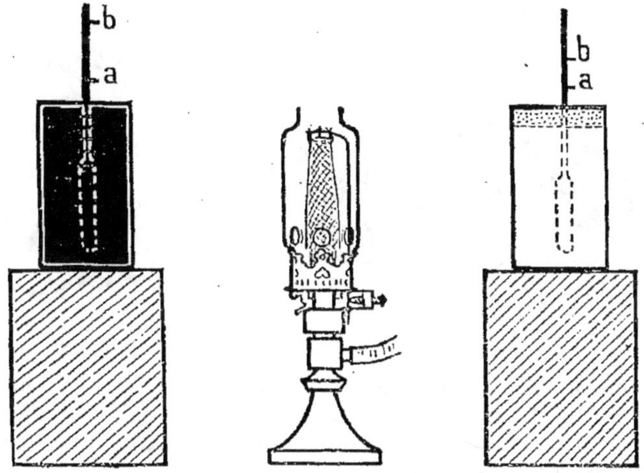

Fig. 98. — La surface recouverte de noir de fumée absorbe beaucoup
plus de chaleur que la surface polie.

lumineuse, la couleur a une influence. On sait qu'un corps noir exposé à la lumière solaire s'échauffe beaucoup plus qu'un corps blanc dans les mêmes conditions.

D'une façon générale, les couleurs claires absorbent moins la chaleur *lumineuse* que les couleurs sombres.

Des expériences précises ont montré que, dans les mêmes conditions, la céruse, de couleur blanche, absorbe 11 fois moins de la chaleur rayonnée par le soleil, 2 fois moins de la chaleur rayonnée par une lampe, que le noir de fumée.

La vapeur d'eau a un pouvoir absorbant considérable pour la chaleur obscure. Le grand physicien anglais Tyndall évalue ce pouvoir à 16 000 fois celui de l'air sec. Cette propriété permet d'expliquer nombre de phénomènes naturels que nous allons examiner.

Applications pratiques.

101. *Serres. Cloches à melons. Vapeur d'eau dans l'air.* — Dans les serres, les châssis de jardin pour couches chaudes (*fig.* 99), les cloches à melon (*fig.* 100), on utilise la propriété que possède le verre d'arrêter la chaleur obscure. Il laisse passer la chaleur lumineuse du soleil, et cette chaleur peut être directement utilisée par les plantes.

Mais la chaleur du soleil échauffe le sol. Celui-ci rayonne de la chaleur obscure qui ne peut plus s'échapper et se trouve ainsi emprisonnée dans la serre.

Les couches d'air avoisinant le sol, lorsqu'elles renferment de la vapeur d'eau, constituent un écran analogue aux vitres des serres ; elles s'opposent au rayonnement de la chaleur du sol à travers l'espace.

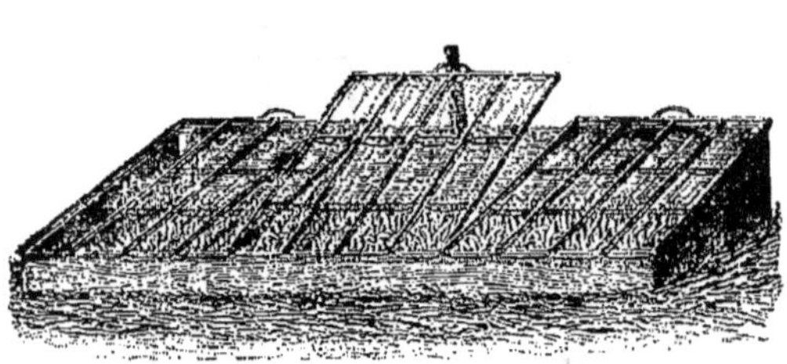

Fig. 99. — Châssis de jardin pour couches chaudes.

Fig. 100. — Cloche à melon.

Par contre, considérons une colonne d'air chaud, saturé d'humidité, qui s'élève dans l'atmosphère. Parvenu à une certaine hauteur, dans un air sec, l'air humide rayonne abondamment à travers l'espace et se refroidit ainsi rapidement.

Tyndall explique ainsi les pluies torrentielles qui se produisent dans les régions tropicales.

A mesure qu'on s'élève, l'humidité diminue, l'air devient de plus en plus sec. Les radiations obscures du soleil ne sont plus arrêtées par la couche d'air qui avoisine le sol, non plus que les radiations obscures de ce dernier. Les rayons solaires traversent donc l'air sans l'échauffer ; de plus, ces rayons sont brûlants. Ces faits sont bien connus dans les régions montagneuses.

102. Vêtements. — En été, on préfère les vêtements blancs aux vêtements noirs, parce que ces vêtements absorbent une quantité plus faible de chaleur solaire.

A ce sujet, il y a lieu d'insister sur une explication erronée qu'on trouve dans de nombreux manuels élémentaires.

Par une interprétation défectueuse des faits que nous avons signalés, on arrive à cette conclusion : les vêtements blancs tiennent plus chauds l'hiver que les vêtements noirs.

On oublie ainsi que le rôle des vêtements n'est pas le même en été et en hiver. En hiver, le vêtement a pour rôle d'empêcher notre corps de rayonner sa chaleur ; en été, il doit nous protéger contre le rayonnement solaire, tout en permettant le rayonnement abondant de la chaleur propre du corps.

Or, notre corps rayonne de la chaleur obscure ; en hiver, la couleur des vêtements est donc indifférente. En été, au contraire, les vêtements blancs nous protègent plus efficacement que ceux de couleur sombre contre le rayonnement solaire.

A l'appui de l'interprétation que nous combattons, on apporte parfois cet autre argument : C'est pour éviter la perte de chaleur par rayonnement que les animaux des régions polaires ont généralement le pelage blanc (ours blanc). On oublie alors que si cette raison était déterminante, tous les animaux des zones tropicales devraient être d'une blancheur éclatante. Or, il n'en est rien. Il y a encore ici méconnaissance d'un fait bien connu des naturalistes : Quand des animaux vivent dans un certain milieu, ceux qui ont la couleur de ce milieu sont les plus aptes à survivre. S'ils sont herbivores, il leur est plus facile d'échapper à leurs ennemis; s'ils sont carnivores, ils peuvent s'approcher plus facilement de leur proie sans éveiller l'attention de celle-ci. Donc, au bout d'un certain nombre de générations, il se fera parmi ces êtres une sélection telle que subsisteront en plus grand nombre, peut-être même exclusivement, ceux qui sont de la couleur du milieu, cette circonstance leur permettant de se dissimuler plus facilement. Ainsi, la couleur généralement blanche des animaux polaires est en relation avec la couleur blanche du milieu et avec la loi physiologique que nous avons citée, non avec les propriétés physiques de la chaleur rayonnante.

103. *Rosée. Gelée blanche.* — La nuit, par un temps clair, le sol et les objets à sa surface se recouvrent de fines gouttelettes d'eau. Ce phénomène constitue la *rosée*. Au printemps et en automne, par les nuits claires et froides, au lieu de gouttelettes d'eau, on a de fines particules de glace : il s'est produit une *gelée blanche*.

Il n'y a guère plus d'un siècle que ce phénomène a reçu une explication définitive.

EXPÉRIENCE. Prendre deux thermomètres à minima et, par un temps clair, la nuit, mettre l'un sous un abri à 1 mètre au-dessus du sol environ, l'autre à la même hauteur, mais non abrité. Le lendemain on constate que la température minima indiquée par le thermomètre non abrité est inférieure de plusieurs degrés à la température indiquée par le thermomètre abrité.

Ces expériences nous montrent que nous avons affaire à un phénomène dû au rayonnement.

Lorsque le ciel est clair, le sol rayonne abondamment pendant la nuit; il se refroidit et refroidit les couches d'air avoisinantes. La vapeur d'eau que contiennent celles-ci se condense et se dépose sur les plantes, sur les objets à la surface du sol, sous forme de rosée. Si la température du sol ou des objets à sa surface devient inférieure à 0°, les gouttelettes d'eau se congèlent et donnent la gelée blanche.

La gelée blanche est particulièrement désastreuse au printemps, lorsque se développent les jeunes pousses des arbres. Elle détruit les bourgeons et les fleurs. Celles-ci prennent une couleur roussâtre. Comme la gelée blanche se produit par un temps clair, quand la lune brille d'un vif éclat, on a été amené à attribuer à la lune les méfaits de la gelée blanche. La lunaison qui commence en avril et finit en mai a été désignée sous le nom de *lune rousse*.

La gelée blanche est surtout fatale aux jeunes pousses de la vigne. Aussi, dans les régions de l'Est, pour protéger les vignobles, on allume, le soir, quand on craint la gelée blanche, des matières goudronneuses, du bitume, qui donnent une fumée épaisse et lourde.

Cette fumée constitue un nuage artificiel qui s'étale sur les vignes et s'oppose au rayonnement nocturne.

104. *Équilibre de température*. — Lorsque des corps à des températures différentes se trouvent dans une enceinte, ils rayonnent de la chaleur l'un vers l'autre jusqu'à ce qu'ils soient tous à la même température. A partir de ce moment, la quantité de chaleur que rayonne un corps reste égale à celle qu'il reçoit et sa température demeure constante et égale à celle de l'enceinte.

Quand nous plaçons la main à peu de distance d'un vase rempli de glace, il nous semble que le vase rayonne du froid. En réalité, c'est qu'il absorbe la chaleur rayonnée par la main.

RÉSUMÉ

1. La chaleur se propage par *rayonnement* d'un point à un autre sans échauffer sensiblement l'espace intermédiaire.

La chaleur se propage dans le vide par rayonnement.

2. Quand un faisceau lumineux tombe sur un prisme, il donne à la sortie du prisme une bande colorée appelée *spectre*. La chaleur répartie dans le spectre est dite chaleur *lumineuse;* celle qui est en dehors du spectre, au delà du rouge, est dite chaleur *obscure*.

3. Certains corps sont transparents pour la chaleur : on les appelle *diathermanes*. Le verre est diathermane pour la chaleur lumineuse; il est opaque pour la chaleur obscure.

4. Un corps chaud rayonne de la chaleur. Les métaux polis rayonnent peu de chaleur; le noir de fumée est le corps qui rayonne le mieux.

5. Les corps placés dans le voisinage d'une source de chaleur s'échauffent en *absorbant* une partie de la chaleur émise par la source. En général, les substances qui rayonnent abondamment sont encore celles qui absorbent le mieux la chaleur. Pour la chaleur *lumineuse*, les couleurs claires absorbent moins de chaleur que les couleurs sombres.

6. Dans les serres, les couches, les cloches à melons, on applique la propriété que possède le verre de ne pas se laisser traverser par la chaleur obscure. La chaleur lumineuse du soleil traverse le verre, échauffe le sol; mais la chaleur obscure que rayonne celui-ci est arrêtée par le verre.

7. En été, on met des vêtements blancs qui absorbent faiblement la chaleur lumineuse du soleil.

La rosée, la gelée blanche sont causées par le refroidissement du sol et des couches d'air avoisinantes sous l'action du rayonnement nocturne par un temps clair. La vapeur d'eau que contiennent ces couches se condense sur les plantes, les objets à la surface du sol.

C'est par suite de l'échange de chaleur par rayonnement que les divers corps placés dans une enceinte prennent la même température.

EXERCICES

I. Dans les pays froids, la neige est-elle utile à l'agriculture en hiver? — Pourquoi jette-t-on des cendres, de la terre sur la neige?

II. En Algérie, où l'air est très sec, la chaleur est excessive pendant le jour; la nuit, la température descend souvent au-dessous de zéro. Dire pourquoi. — Les Arabes ont pour vêtement un burnous de laine blanche. Expliquer comment ce vêtement les protège contre la chaleur et contre le froid.

III. Un liquide bouillant se conservera-t-il plus longtemps chaud dans un vase en métal poli que dans un vase semblable en poterie? Pourquoi? — Pourquoi ne constate-t-on pas de rosée : 1° quand le temps est couvert; 2° au-dessous d'un abri? — En hiver, à midi, vous vous placez contre les murs bien exposés au soleil. Pourquoi ne vous mettez-vous pas à la même place en été? — Rôle des murs dans les cultures en espalier.

IV. Qu'appelez-vous rayonnement de la chaleur? — Donnez des exemples de propagation de la chaleur par rayonnement. — Quand vous approchez de la joue un fer à repasser, pourquoi éprouvez-vous une sensation de chaleur? — Qu'arrive-t-il si vous placez entre le fer et la joue une lame de verre? — Qu'entendez-vous par chaleur lumineuse et chaleur obscure? — Expliquez le rôle du verre dans les cloches à melons, les serres. — Pourquoi mettez-vous en été des vêtements blancs ou de couleur claire? — Expliquez la formation de la rosée, de la gelée blanche. — Pourquoi a-t-on été amené à attribuer à la lune les méfaits de la gelée blanche? — Pourquoi la gelée blanche se remarque-t-elle surtout au printemps et à l'automne? — Dans certains pays où l'air est très sec et le ciel clair, on peut obtenir de la glace en laissant pendant la nuit un vase à large surface plein d'eau dans un endroit découvert. Expliquez ce fait. — Expliquez comment divers corps placés dans une même enceinte finissent par prendre la même température. — Vous approchez la main d'une cuvette remplie de glace, vous éprouvez une sensation de froid. Dites pourquoi.

17ᵉ LEÇON

SOURCES DE CHALEUR

Sources naturelles.

105. *Chaleur solaire.* — La source rayonnée par le Soleil est la principale, sinon l'unique source de chaleur dont nous disposons. La quantité de chaleur reçue par la Terre en une année est énorme : on a calculé qu'elle suffirait pour fondre une couche de glace de 45 mètres d'épaisseur et qui entourerait le globe terrestre.

Cette chaleur est utilisée directement par les parties vertes des végétaux, qui décomposent le gaz carbonique de l'air et utilisent le carbone pour la formation de nouveaux tissus. Ainsi le bois et les combustibles dérivant de sa transformation, charbon de bois, houille, etc., ont pour origine le rayonnement solaire; *ces combustibles représentent de la chaleur solaire emmagasinée.*

Les végétaux servant de nourriture aux animaux sont ainsi la source de la chaleur animale, et par suite de la vie.

D'autre part, le rayonnement solaire n'échauffe pas également les diverses régions du globe (*fig.* 101 et 102). La principale cause de cette différence d'échauffement tient à l'obliquité plus ou moins grande des rayons solaires par rapport à la surface du globe. Or, la quantité de chaleur reçue par une surface donnée diminue à mesure que cette

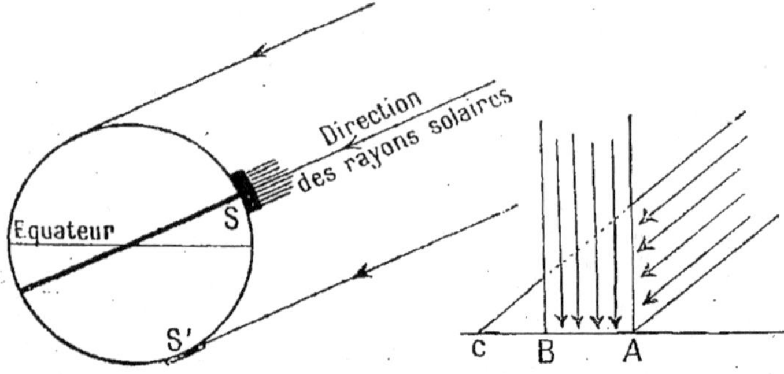

Fig. 101. — A l'équateur, en S, la Terre reçoit les rayons solaires perpendiculairement à sa surface (zone torride); en S′ les rayons solaires sont très obliques par rapport à la surface terrestre (zone glaciale).

Fig. 102. — Influence de l'inclinaison d'une surface par rapport à la direction des rayons calorifiques.

surface devient plus oblique à la direction des rayons calorifiques. Ainsi, une surface formant un angle de 60° avec la direction des rayons solaires reçoit deux fois moins de chaleur que si elle est normale à cette direction.

Soit en effet le faisceau AB, coupé par une surface normale à sa direction (*fig.* 102). La même quantité de chaleur sera répartie sur la surface A*c*, oblique à la direction de ce faisceau.

Il résulte de ceci que la quantité de chaleur reçue par unité de surface, par mètre carré, par exemple, diminue avec l'inclinaison de cette surface par rapport à la direction des rayons lumineux.

L'angle d'une surface et d'un faisceau lumineux est l'angle que forme la normale à cette surface avec la direction des rayons lumineux. (Dans la figure 102, les droites AB, A*c* sont l'intersection de la surface considérée par le plan qui contient la normale à cette surface et un rayon lumineux.)

Or, pour une région déterminée du globe, l'inclinaison des rayons solaires varie :

1° Avec le moment de la journée. A midi, l'inclinaison est minimum ; au lever et au coucher du Soleil, les rayons de celui-ci sont rasants, c'est-à-dire qu'ils ont une inclinaison de 90° ;

2° Avec la période de l'année. Pour préciser, considérons les rayons solaires reçus par la Terre à midi, alors que le Soleil est au *méridien* du lieu (grand cercle de la sphère terrestre contenant ce lieu et les deux pôles de la Terre).

Nous savons que la Terre décrit autour du Soleil une courbe fermée appelée *orbite* terrestre et voisine d'une circonférence dont le Soleil occuperait le centre.

L'axe des pôles de la Terre est incliné de 62°33' sur le plan de l'or-

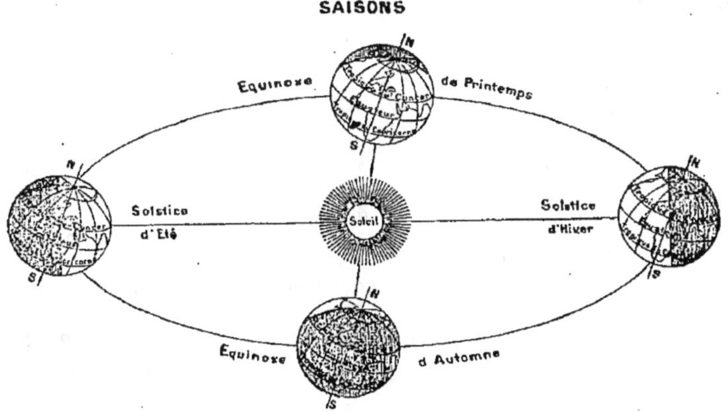

Fig. 103. — Positions de la Terre expliquant les saisons

bite, ou, ce qui revient au même, le plan de l'équateur terrestre forme avec le plan de l'orbite un angle de 23°27'.

En raison de l'éloignement du Soleil (23 400 fois le rayon de la Terre), nous pouvons considérer les rayons reçus par la Terre comme rigoureusement parallèles. Leur direction commune est obtenue en joignant le centre du Soleil au centre de la Terre. En étudiant le mouvement de la Terre, on constate ceci :

A deux époques, dites *équinoxes* (20 mars, 23 septembre), la direction des rayons solaires est parallèle au plan de l'équateur ; autrement dit : le Soleil est dans le plan de l'équateur.

Considérons l'hémisphère nord. Du 20 mars au 21 juin (solstice d'été), le Soleil semble s'élever au-dessus de l'équateur. Pour les régions au-dessus du tropique, l'inclinaison des rayons solaires diminue ; elle est minimum aux environs du 21 juin. Puis l'inclinaison des rayons solaires augmente jusqu'au solstice d'hiver (22 décembre), où elle est maximum.

D'après ce que nous avons dit, l'inclinaison des rayons solaires serait mesurée à midi par l'angle de la verticale du lieu et la ligne qui joint ce lieu au centre du Soleil. Il est d'observation courante que cet angle diminue jusque vers le 21 juin pour augmenter ensuite.

Ainsi, considérons à midi une région de la Terre à la latitude de 45°. En déterminant l'angle des rayons solaires avec cette surface, on trouve qu'aux approches du solstice d'hiver, la quantité de chaleur reçue par unité de surface n'est que 0,4 environ de celle reçue aux environs du solstice d'été pendant un temps donné (*fig.* 104 et 105). A la latitude de 60°, ce rapport tombe à 0,2. — L'axe des pôles étant incliné sur le plan de l'orbite terrestre de 23° 27',

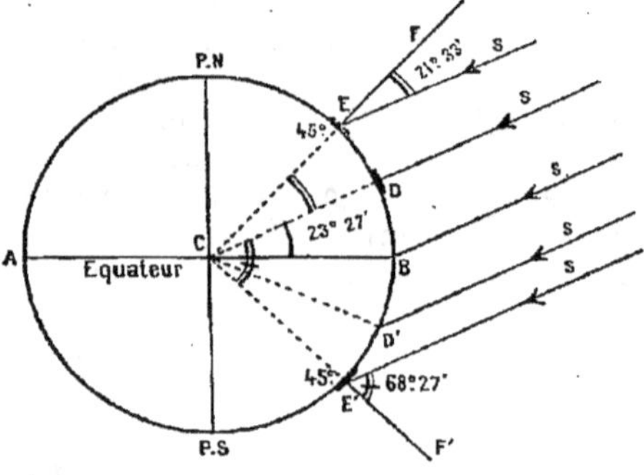

Fig. 104. — Au solstice d'été, pour l'hémisphère nord et à midi, la direction des rayons solaires fait avec le plan de l'équateur un angle de 23° 27'. Pour une région E à la latitude de 45°, prise dans l'hémisphère nord, l'inclinaison des rayons solaires est de 21° 33'; pour une région E', à la même latitude dans l'hémisphère sud, l'inclinaison des rayons solaires est de 68° 27' $(\widehat{FES} = \widehat{ECD},$ et $\widehat{F'E'S} = \widehat{E'CD})$.

il en résulte aux différentes époques de l'année une inclinaison variable des rayons solaires en un lieu donné.

L'inclinaison des rayons solaires augmente avec la latitude. Dans la région dite de la zone torride, l'inclinaison des rayons solaires reste peu importante, ou du moins la variation de la quantité de chaleur reçue par unité de surface est faible. Cette variation augmente à mesure qu'on s'approche des pôles.

Ajoutons encore que pendant l'été, le jour, c'est-à-dire la durée d'échauffement de la Terre, est plus long que la nuit, pendant laquelle la Terre se refroidit par rayonnement, et nous aurons les principaux éléments qui permettent d'expliquer les saisons.

La différence d'échauffement des diverses régions du globe à un moment donné est la cause principale des vents (7e leçon) et des courants marins.

Le Soleil vaporise aussi l'eau de la mer; les vapeurs ainsi formées s'élèvent dans l'air. Transportées par les vents, elles donnent naissance aux nuages. Ces nuages tombent en pluie, en neige et

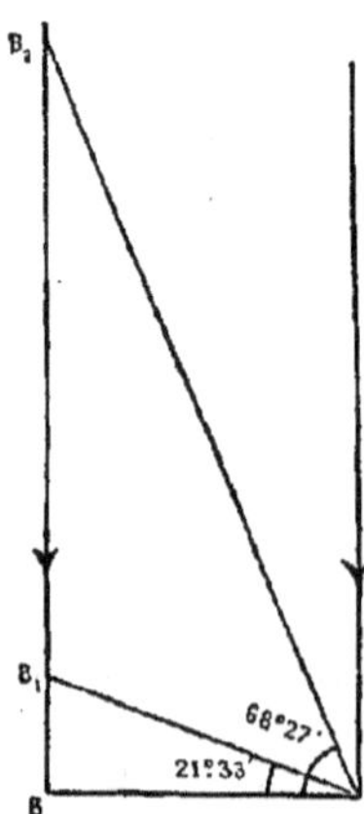

Fig. 105. — Un faisceau lumineux tombant normalement sur AB sera réparti sur une surface proportionnelle à AB₁, inclinée de 21° 33' par rapport à AB, inclinée de 68° 37' par rapport à AB₂. Le rapport $\dfrac{AB_1}{AB_2}$ donnera le rapport des quantités de chaleur reçues par unité de surface sur AB₂ et sur AB₁.

sont l'origine des cours d'eau. Quand l'industrie utilise les chutes d'eau pour faire tourner ses moteurs, c'est, en dernière analyse, le rayonnement solaire qui lui procure l'énergie nécessaire.

On a cherché à utiliser directement le rayonnement solaire, mais jusqu'ici les tentatives n'ont pas donné de résultats pratiques.

106. Chaleur terrestre. — A la surface du sol, la température varie constamment; mais à une certaine profondeur, à 20 mètres au-dessous du sol environ dans nos régions, la température reste invariable. Si on descend ensuite dans le sol, la température croît d'une façon continue. Dans les puits de mine, dans le creusement des tunnels, on a constaté cette élévation de température sur des profondeurs supérieures à 2000 mètres. La moyenne des résultats donne un accroissement de 1° pour 33 mètres. Si cet accroissement se poursuit, on voit qu'à 100 kilomètres la température serait de 3000° environ. Aussi l'on pense que le centre de la Terre est occupé par une masse en fusion. Les manifestations volcaniques, les sources thermales, trouvent leur explication dans cette hypothèse.

La chaleur terrestre commence à être utilisée. Quelques sources thermales (Chaudesaigues, 81°) sont employées pour le chauffage domestique. En Toscane, les gaz chauds qui s'échappent des *suffioni* servent à la concentration des solutions d'acide borique (*fig.* 106).

Sources artificielles.

107. Les combustions. — Dans la pratique, la source de chaleur la plus importante nous est fournie par les combustions. En chimie, nous étudierons les combustibles les plus employés. Nous savons qu'ils renferment deux corps : le carbone et l'hydrogène qui, en brûlant, c'est-à-dire en se combinant à l'oxygène de l'air, dégagent une grande quantité de chaleur. Ainsi, 1 gramme d'hydrogène en brûlant produit 34500 calories, c'est-à-dire une quantité de chaleur suffisante pour porter à l'ébullition 345 grammes d'eau prise à 0° ou pour échauffer de 1 degré 34,5 kilogrammes d'eau. 1 gramme de bon charbon en brûlant dégage environ 8000 calories. Les combustions sont utilisées dans le chauffage domestique et le chauffage industriel.

108. Changements d'état. — Le passage d'un corps de l'état solide à l'état liquide absorbe de la chaleur. Nous avons vu par exemple que 1 kilogramme de glace en fondant absorbe 80 calories. Inversement, un corps fondu qui se solidifie abandonne pendant sa solidification la chaleur absorbée pour fondre.

De même le passage de l'état liquide à l'état gazeux absorbe une énorme quantité de chaleur. Nous avons donné 537 calories comme chaleur de vaporisation de l'eau à 100°.

Inversement, une vapeur qui se liquéfie abandonne de la chaleur. Ainsi 1 kilogramme de vapeur à 100° abandonne 537 calories en se condensant.

Fig. 106 — Les suffioni et lagoni de Volterra (Italie).

109. *Production de chaleur par les actions mécaniques.* — a) **Par le frottement.** La scie du menuisier s'échauffe lorsqu'il coupe une planche; les essieux des voitures s'échauffent si l'on n'a pas soin de procéder au graissage; la lime du serrurier s'échauffe lorsque l'ouvrier façonne le fer. En frottant la tête d'un clou sur une planche, ce clou devient bientôt brûlant. Les peuplades sauvages allument du feu en frottant rapidement un morceau de bois dur contre une planche; aujourd'hui encore, c'est la chaleur produite par le frottement qui enflamme le phosphore des allumettes chimiques.

b) **Par le choc.** Le choc d'un caillou de silex contre un morceau d'acier a été utilisé autrefois pour allumer du feu (briquet) ou pour allumer la poudre (fusil à pierre).

c) **Par la compression des gaz.** Les gaz comprimés s'échauffent. Réciproquement, un gaz comprimé revenant brusquement à son volume primitif absorbe de la chaleur. Ce dernier phénomène a été utilisé pour obtenir des abaissements considérables de température et pour liquéfier les gaz.

110. *Production de chaleur par le courant électrique.* — Le courant électrique traversant un fil très fin le porte à l'incandescence. C'est là une propriété utilisée pour l'éclairage.

Si un courant puissant aboutit à deux charbons qu'on écarte légèrement, une lumière éblouissante en forme d'arc jaillit entre les deux charbons. C'est l'*arc électrique,* employé aussi pour l'éclairage. Si on fait jaillir cet arc dans un creuset en chaux, on a le *four électrique* dû à Moissan (*fig.* 107) et dans lequel tous les corps peuvent être fondus.

Fig. 107. — Four électrique. — L'arc électrique jaillit dans un creuset en chaux entre les pointes de deux charbons, par lesquels arrive le courant.

111. *Idée des transformations de l'énergie.* — Nous avons vu les actions mécaniques produire de la chaleur, et d'autre part la chaleur solaire être l'origine d'actions mécaniques, telles que les vents, les courants marins. Dans la machine à vapeur, c'est la chaleur produite dans le foyer qui est transformée partiellement en travail mécanique; chez les animaux, la combustion des aliments a pour résultat d'entretenir la vie et, par suite, le mouvement. Nous verrons plus tard le travail mécanique, les actions chimiques produire de l'électricité, et le courant électrique à son tour devenir le générateur de chaleur, de réactions chimiques, de travail mécanique.

Lorsqu'un corps est animé de mouvement, on dit qu'il possède de *l'énergie;* il est capable d'accomplir un travail mécanique. Tout phénomène susceptible de produire des actions mécaniques, directement ou indirectement, est une manifestation de l'énergie. Ainsi la chaleur, les actions chimiques, le courant électrique sont des formes d'énergie. Nous apprendrons que ces diverses énergies sont transformables, et qu'à une certaine quantité d'énergie disparue sous une forme correspond une quantité invariable qui apparaît sous une autre forme. *Dans la nature, nous n'étudions que des transformations de l'énergie.*

RÉSUMÉ

1. La chaleur du Soleil est la principale source calorifique dont nous disposons.

Le Soleil n'échauffe pas également les diverses parties de la Terre; la quantité de chaleur reçue par mètre carré dépend principalement de l'inclinaison des rayons solaires. Or, cette inclinaison varie :

a) Suivant le moment de la journée ;
b) Suivant l'époque de l'année.

Les différences d'échauffement de la Terre par le Soleil permettent d'expliquer les vents, les courants marins, les saisons.

2. La chaleur terrestre se manifeste chaque fois qu'on creuse dans le sol un trou suffisamment profond; la température augmente en moyenne de $1°$ quand on descend de 33 mètres.

3. Les principales sources artificielles de chaleur sont les combustions. L'hydrogène est le combustible qui dégage le plus de chaleur.

4. La fusion et la vaporisation absorbent de la chaleur; inversement, la solidification, la condensation abandonnent de la chaleur.

5. Les actions mécaniques, frottement, choc, compression des gaz produisent de la chaleur; la *détente* des gaz comprimés absorbe de la chaleur et permet les refroidissements utilisés pour la liquéfaction des gaz.

6. Le courant électrique échauffe les conducteurs qu'il traverse; le four électrique est la source de chaleur la plus puissante que nous sachions produire.

7. Dans la machine à vapeur, il y a transformation en énergie mécanique de la chaleur produite dans le foyer. *La chaleur est une forme de l'énergie.* Les actions mécaniques, chimiques, électriques, susceptibles de fournir de la chaleur ou du travail mécanique, sont d'autres formes de l'énergie. Toutes ces formes de l'énergie sont transformables les unes dans les autres. *Dans la nature, nous n'étudions que des transformations de l'énergie.*

EXERCICES

I. Refaites une figure analogue à la figure 104. Prenez deux points à la latitude de 60°, l'un dans l'hémisphère nord, l'autre dans l'hémisphère sud. Déterminez l'inclinaison des rayons solaires pour ces deux points, à l'époque du solstice d'été pour notre hémisphère et à l'heure de midi. — Déterminez le rapport des quantités de chaleur reçues dans ces conditions par unité de surface dans ces deux régions.

II. Montrez que le Soleil est la principale source de chaleur dont nous disposons. — Comment varie la quantité de chaleur reçue par une région de la Terre au cours d'une journée — au cours d'une année ? De ceci, tirez une explication des saisons. — Comment se manifeste la chaleur centrale terrestre ? — Quelles sont les sources calorifiques usuelles ? — Montrez par des exemples que le travail mécanique peut, sous diverses formes, produire de la chaleur et que, réciproquement, la chaleur peut produire du travail mécanique.

18ᵉ LEÇON

DIFFÉRENTS MODES DE CHAUFFAGE

MATÉRIEL : Pour cette leçon, on pourra se procurer des gravures de différents types de poêles, cheminées, calorifères, qu'on trouvera soit chez un fumiste de la localité, soit en s'adressant aux grands constructeurs d'appareils de chauffage.

On fera examiner l'installation d'un calorifère, si c'est possible, ainsi que des réchauds, à pétrole, à gaz. — On insistera sur les précautions à prendre en manipulant le gaz, le pétrole, l'alcool. — Montrer le parcours de la flamme dans le fourneau de cuisine. — Pour cette leçon, revoir : dilatation des gaz, 7ᵉ leçon, et charbons naturels et artificiels, 28ᵉ et 29ᵉ leçons de chimie.

Chauffage industriel.

112. Nous indiquerons au fur et à mesure que nous en aurons l'occasion les différents appareils utilisés pour le chauffage industriel.

Dans l'industrie, on vise à économiser le combustible et à obtenir des températures élevées.

Les opérations industrielles s'effectuent dans des fours. (Voir *Fours à chaux, Fours à plâtre, Industrie de la soude, Verrerie, Poteries, Gaz d'éclairage, Industrie du fer et de l'acier, Four électrique.*)

Dans ce qui va suivre, nous ne nous occuperons que du chauffage domestique.

Chauffage domestique.

113. *Combustibles.* — Les combustibles les plus employés sont le bois, la houille, le coke.

Ces combustibles sont utilisés dans divers appareils qui peuvent se ramener à 3 types : 1° les cheminées ; 2° les poêles ; 3° les calorifères.

Quelques appareils de chauffage utilisent aussi le charbon de bois, le pétrole, le gaz d'éclairage.

114. Cheminées. — Les cheminées sont des foyers peu profonds situés le plus souvent dans l'épaisseur des murs. En avant on place généralement un rideau mobile pour activer le tirage. Ce foyer est surmonté d'un tuyau par lequel s'échappent les produits de la combustion. Ce conduit s'appelle aussi lui-même cheminée.

La cheminée échauffe l'air par rayonnement. La chaleur rayonnée par le foyer est absorbée par les murs, les meubles, qui s'échauffent et échauffent l'air à leur contact.

Les cheminées sont peu économiques, car, lorsqu'on chauffe au bois, 6 pour 100 seulement de la chaleur produite sont utilisés pour le chauffage. Avec le coke ou les agglomérés (briquettes, boulets de charbon ou d'anthracite), le rendement atteint 12 pour 100.

Pour accroître le rendement, on place souvent en arrière du foyer une caisse métallique à parois ondu-

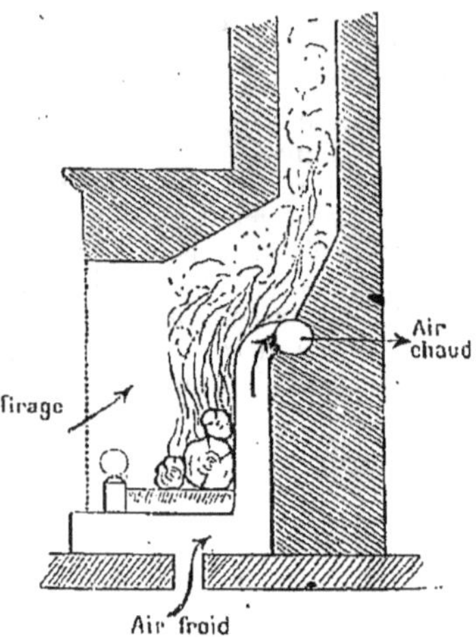

Fig. 108. — Coupe d'une cheminée prenant l'air à l'extérieur.

lées dans laquelle l'air s'échauffe. L'air chaud se répand dans la pièce.

Le système Fondet-Cordier prend l'air à l'extérieur (*fig.* 108); le système Silbermann prend l'air à l'intérieur de la pièce (*fig.* 109 et 110). Dans ces cheminées le rendement atteint 40 pour 100.

Le chauffage par les cheminées est le plus gai et le plus hygiénique, surtout avec le bois comme combustible. Quand le tirage se fait bien, les cheminées produisent une ventilation énergique de la pièce.

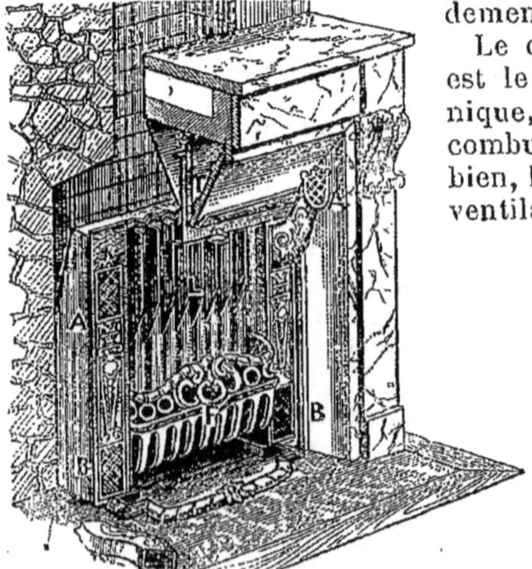

Fig. 109. — Vue d'une cheminée Silbermann.

Fig. 110. — Caisse métallique de la cheminée Silbermann.

115. Poêles. — Ce sont des foyers fermés en fonte, en tôle, en briques réfractaires ou en faïence (*fig.* 111). Ces foyers sont placés à l'intérieur de la pièce et sont munis d'un conduit de fumée. Ils échauffent l'air par rayonnement de l'enveloppe, mais aussi par convection.

Ils donnent un excellent rendement, 70 à 75 pour 100, mais ils sont peu hygiéniques.

Les poêles à enveloppe métallique peuvent être portés au rouge : alors ils grillent les poussières organiques que contient l'air, produisant une odeur désagréable et pénible. De plus, certains savants prétendent que la fonte au rouge se laisse traverser par l'oxyde de carbone. Les poêles métalliques s'échauffent rapidement, mais se refroidissent vite aussi. On munit quelquefois l'enveloppe d'arêtes saillantes qui accroissent le rayonnement.

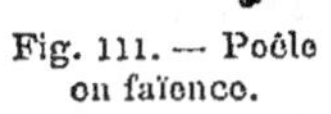

Fig. 111. — Poêle en faïence.

On construit beaucoup aujourd'hui des poêles formés d'une enveloppe métallique en tôle d'acier, garnie intérieurement d'un revêtement en brique réfractaire. Le poêle

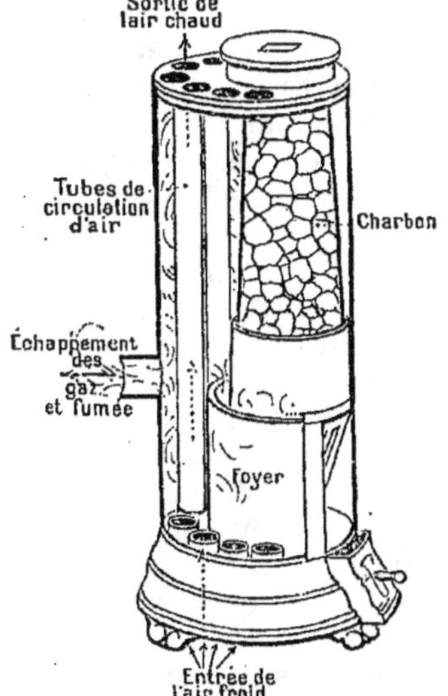

Fig. 112. — Poêle Besson à circulation d'air chaud (coupe).

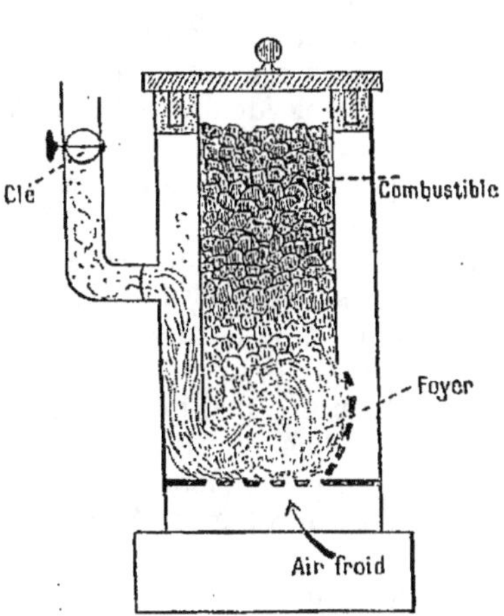

Fig. 113 — Poêle à combustion ralentie (coupe).

peut aussi être muni d'une double enveloppe. Entre les deux enveloppes circule de l'air froid qui s'échauffe et rentre dans la pièce (*fig.* 112).

On peut modérer la combustion de deux façons :

1° En plaçant dans le tuyau une clé qui oblitère plus ou moins complètement le conduit de fumée. Ce procédé est à rejeter, car les produits de la combustion se répandent dans la pièce et vicient l'air;

2° En modérant l'arrivée de l'air sur le foyer. C'est ce dernier moyen qui est employé dans les « poêles à combustion lente » (*fig.* 113). Ces poêles sont constitués par une cavité cylindrique, dans laquelle on verse d'un seul coup le combustible pour une durée de 12 heures ou même de 24 heures. On emploie comme combustible le coke ou l'anthracite. Le combustible ne brûle qu'à la partie inférieure. Les gaz de la combustion circulent dans une deuxième enveloppe métallique avant de se rendre dans le conduit de fumée.

Ces poêles produisent une grande quantité d'oxyde de carbone à cause de l'accès insuffisant d'air. *Ils constituent un danger permanent pour les personnes habitant les pièces où ils sont installés. On doit absolument les proscrire des chambres à coucher et des pièces dont l'aération n'est pas suffisante.*

Plus dangereuse est la pratique qui consiste à transporter un poêle tout allumé d'une pièce chaude dans une pièce froide (poêles mobiles). Le tirage peut alors se renverser et le poêle rejette dans la pièce une grande proportion d'oxyde de carbone.

Il est à remarquer que des cas d'asphyxie ont été constatés dans des appartements voisins de ceux où fonctionnait un poêle à combustion lente ou une cheminée à tirage insuffisant lorsque des fissures pouvaient mettre en communication deux conduits de fumée.

On a cherché à améliorer les poêles précédents en provoquant la combustion de l'oxyde de carbone dans la double enveloppe.

116. Calorifères. — Dans les calorifères, ce n'est plus par rayonnement direct du foyer que se produit l'échauffement de l'air. On emploie un intermédiaire, un *vecteur* de la chaleur du foyer.

a) **Calorifères à air chaud.** La cheminée Fondet-Cordier, la cheminée Silbermann, le poêle Besson sont déjà en quelque sorte des calorifères à air chaud installés dans une pièce unique. Dans les grands calorifères à air chaud, le principe est le même. L'air du dehors passe dans une série de tubes chauffés directement par le foyer et se répand par une canalisation dans les pièces à chauffer.

Ce mode de chauffage présente de graves inconvénients :

Il dessèche l'air ;

Il grille les poussières organiques de l'air si les tuyaux sont portés au rouge ;

Il peut devenir dangereux si des fissures se produisent dans les tuyaux du foyer; les produits de la combustion se mélangeraient à l'air.

b) **Calorifères à eau chaude.** Principe. L'eau d'un réservoir inférieur est portée par le foyer à une température élevée; en raison de la diminution de densité due à sa dilatation, elle circule de bas en haut dans une canalisation (*fig.* 114) où elle se refroidit en abandonnant à l'air la chaleur qu'elle a empruntée au foyer.

Dans les pièces à chauffer sont installés des *radiateurs* de formes diverses, destinés à augmenter la surface rayonnante (*fig.* 115).

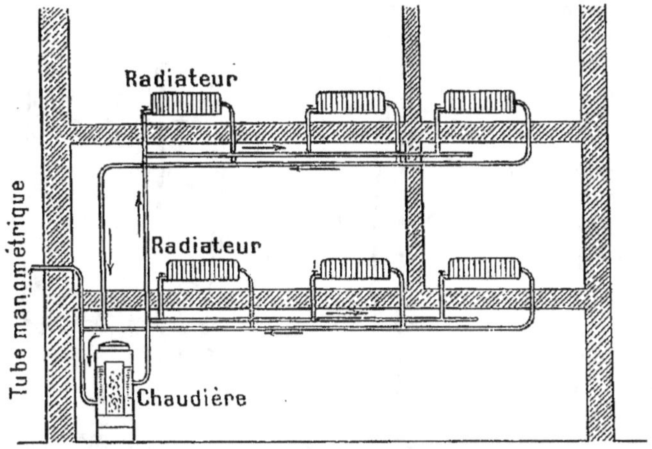

Fig. 114. — Schéma de l'installation d'un calorifère à eau chaude.

L'eau qui s'est refroidie revient à la chaudière par une autre canalisation.

La figure 114 montre une installation, schématique. Ce mode de chauffage est excellent; son seul inconvénient est la possibilité de rupture d'une canalisation, ce qui amène des fuites d'eau dans l'habitation.

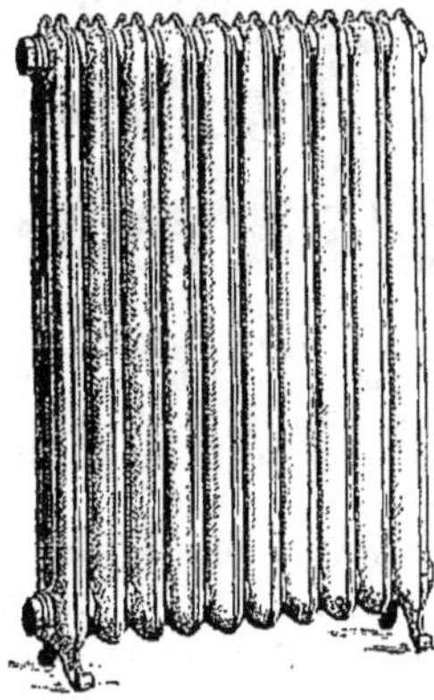

c) **Calorifères à vapeur.** Principe. De l'eau est portée à l'ébullition dans une chaudière. La vapeur formée circule dans une canalisation où elle se condense en abandonnant la chaleur absorbée au foyer pour obtenir la vaporisation de l'eau. (On sait qu'à 100° un kilogramme d'eau absorbe pour se vaporiser 537 calories.) La canalisation traverse les pièces à chauffer. Dans celles-ci sont installés des radiateurs pour augmenter la surface de chauffe.

d) L'installation des calorifères est coûteuse. Les constructeurs d'appareils pour chauffage domestique ont cherché à tirer parti de la chaleur perdue dans les poêles pour chauffer une ou plusieurs pièces voisines.

Fig. 115. — Un modèle de radiateur.

Ce résultat a été obtenu dans les appareils Choubersky en entourant le foyer d'une chaudière où l'eau est portée à une température voisine de l'ébullition et va échauffer une pièce voisine.

Les ingénieurs Ducharme et Bocquillon ont utilisé le fourneau de cuisine, qu'ils ont modifié de façon à en faire aussi un calorifère à vapeur pouvant chauffer, outre la cuisine, une ou plusieurs pièces de l'appartement (*fig.* 116).

117. Chauffage au gaz, au pétrole. — Dans les villes où l'on a le gaz, on chauffe parfois de petites pièces, des cabinets de travail, au moyen de *radiateurs* à gaz. Le gaz brûle dans des brûleurs analogues aux brûleurs Bunsen et échauffe des tubes en terre réfractaire. Ce sont ces tubes qui rayonnent la chaleur; ils sont perforés pour permettre le dégagement des produits gazeux. La figure 117 représente un de ces radiateurs.

Depuis quelques années, on construit des radiateurs à vapeur très intéressants. Une petite

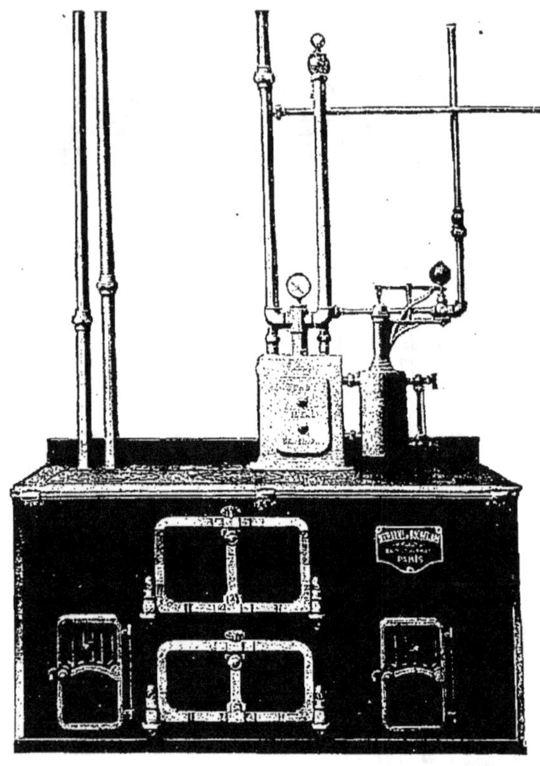

Fig. 116. — Transformation d'un fourneau de cuisine, permettant le chauffage à la vapeur d'une ou de plusieurs pièces et donnant en outre distribution d'eau chaude dans l'appartement. (Ducharme et Bocquillon.)

chaudière placée à la partie inférieure renferme de l'eau qu'un brûleur à gaz porte à l'ébullition. C'est la vapeur provenant de cette eau qui circule dans le radiateur et abandonne en se condensant la chaleur qui a été absorbée pour la produire.

Il existe aussi pour la cuisine divers types de fourneaux ou de réchauds à gaz. Là où l'on ne peut utiliser le gaz, on emploie des réchauds à pétrole ou à alcool soit pour la cuisine, soit pour le chauffage des petites pièces, cabinets de toilette, de travail, etc.

Au point de vue hygiénique, ces divers appareils présentent un inconvénient commun : les produits de la combustion se dégagent dans la pièce à chauffer et vicient l'air. A cet inconvénient, il faut ajouter les dangers qui résultent d'une imprudence, d'une négligence dans la manipulation du gaz ou des liquides combustibles.

Le chauffage à l'électricité serait l'idéal s'il n'était pas si coûteux ; mais les appareils coûtent très cher et le prix de l'énergie électrique ne permet pas le développement de ce mode de chauffage. A Marseille, cependant, la Compagnie du gaz et de l'électricité cherche à développer le chauffage électrique en fournissant l'énergie à 0 fr. 15 le kilowatt pour cet usage.

Fig. 117. — Radiateur à gaz. — A droite, l'un des tubes en terre réfractaire dans lesquels brûle le gaz.

RÉSUMÉ

1. Le chauffage domestique s'effectue par les cheminées, les poêles, les calorifères.

2. Les cheminées sont des foyers ouverts surmontés d'un conduit pour le départ des produits de la combustion.

Les cheminées qui tirent bien sont hygiéniques, elles provoquent une énergique ventilation de la pièce, mais elles sont peu économiques.

On en améliore le rendement en plaçant autour du foyer une caisse métallique dans laquelle circule de l'air. Cet air s'échauffe et se répand dans la pièce.

3. Les poêles sont des foyers fermés placés à l'intérieur de la pièce et munis d'un conduit de dégagement des produits de la combustion. Les parois sont en fonte, en faïence, en terre réfractaire.

Ils sont économiques, mais peu hygiéniques.

Les poêles à *combustion lente sont dangereux ;* ils peuvent répandre dans la pièce l'oxyde de carbone qui provient de la combustion incomplète du combustible ; *on doit les proscrire des chambres à coucher et des pièces dont l'aération est insuffisante.*

4. Les calorifères échauffent les appartements en y apportant de la chaleur empruntée au foyer par l'intermédiaire :

a) De l'air chaud, qui se répand directement dans les pièces à échauffer ;

b) De l'eau chaude, qui circule dans une canalisation traversant les pièces à chauffer;

c) De la vapeur, qui circule aussi dans une canalisation où elle se condense, abandonnant la chaleur empruntée au foyer pour la vaporisation de l'eau.

5. Il existe encore des appareils de chauffage moins importants que les précédents, où l'on utilise le gaz, le pétrole, l'alcool.

Le chauffage par le courant électrique est encore trop coûteux pour entrer dans la pratique courante.

EXERCICES

I. Examiner un fourneau de cuisine; en faire une coupe verticale :
a) dans le sens de la longueur;
b)　　　　—　　　　largeur.

Remarquer le trajet de la flamme. Utilisation des différentes parties du fourneau de cuisine.

II. Quels appareils servent au chauffage domestique? — Décrivez une cheminée. — Quels combustibles brûle-t-on dans la cheminée? — Comment la cheminée échauffe-t-elle la pièce? — Avantages et inconvénients de la cheminée. — Comment peut-on augmenter le rendement d'une cheminée? — Quels sont les différents poêles que vous connaissez? — Faites pour chacun une coupe verticale qui passe par l'axe du tuyau de dégagement. — Quels combustibles brûle-t-on dans les poêles? — Avantage des poêles. — Inconvénients des poêles en fonte ordinaire, dangers des poêles à combustion lente. — Qu'est-ce qu'une cheminée mobile? — Est-il prudent de transporter une de ces cheminées d'une chambre chaude dans une chambre froide? — Doit-on laisser la nuit une cheminée ou un poêle allumé dans une chambre à coucher? — Donnez une idée de l'installation d'un calorifère à air chaud, à eau chaude, à vapeur. Avantages et inconvénients de ces appareils. — Avez-vous vu des réchauds à gaz, des radiateurs à gaz, des réchauds à alcool, au pétrole? Faites comprendre leur fonctionnement. — Quelles précautions faut-il prendre dans la manipulation du gaz ou des liquides combustibles?

II. CHIMIE

1ʳᵉ LEÇON

CORPS SIMPLES ET CORPS COMPOSÉS

Matériel : A défaut d'une cornue en terre réfractaire, mettre dans une casserole en fer *sans soudure* 25 grammes de craie ; placer cette casserole plusieurs heures sur un feu bien ardent, après l'avoir couverte d'un couvercle en fer. — Chlorate de potassium. — Appareil à dégagement, représenté par la figure 1. — 2 ou 3 piles électriques en série et voltamètre pour la décomposition de l'eau. (Avec de l'eau acidulée, il faut des électrodes en platine, mais on peut prendre pour électrode positive un crayon de charbon des cornues et pour électrode négative une lame de cuivre ; avec une solution de soude caustique, on peut prendre des électrodes en fer.)

Corps composés. — Leur décomposition.

1. *Décomposition de la craie.* — Dans une casserole en fer battu, nous avons mis 25 grammes de craie. La casserole a été placée plusieurs heures sur un bon feu. Pesons à nouveau son contenu : nous trouvons de 15 à 16 grammes. Cependant l'aspect des morceaux de craie n'a pas changé ; il semble que la substance retirée du feu soit la même qu'auparavant.

Mais jetons cette substance dans l'eau : elle produit un bruit analogue à celui d'un fer rouge ; nous la voyons se fendre, tomber en poussière, et si nous agitons, nous obtenons un liquide blanc comme du lait ; cette substance s'est délayée dans l'eau.

Ainsi, la chaleur a transformé la craie en une substance nouvelle, la *chaux*, identique à celle dont se servent les maçons.

Nous avons de plus constaté une importante diminution de poids. Quelque chose s'est échappé de la craie. Nous aurions pu nous arranger pour recueillir ce qui s'est échappé, et nous aurions obtenu un gaz que nous étudierons plus tard. C'est le *gaz carbonique,* qu'on appelle encore d'une façon incorrecte « acide carbonique ». Nos 25 grammes de craie auraient fourni 5 litres de ce gaz, formant un poids d'environ 10 grammes.

Ainsi, la craie, sous l'influence de la chaleur, donne de la chaux et du gaz carbonique : c'est un *composé*. On dit que la chaleur *décompose* la craie.

Des expériences plus difficiles à réaliser ont montré que la chaux elle-même est formée d'un gaz appelé *oxygène* et d'un métal, le *calcium;* le gaz carbonique est formé de *charbon* et d'*oxygène*. La chaux, le gaz carbonique sont encore des corps composés.

2. *Décomposition du chlorate de potassium.* — Voici un corps que l'on appelle *chlorate de potassium.* J'en mets 10 grammes dans ce tube, fermé à un bout et qu'on appelle *tube à essais* (*fig.* 1). Je tare le tube et son contenu sur une balance. Puis je le ferme avec un bouchon traversé par un tube recourbé.

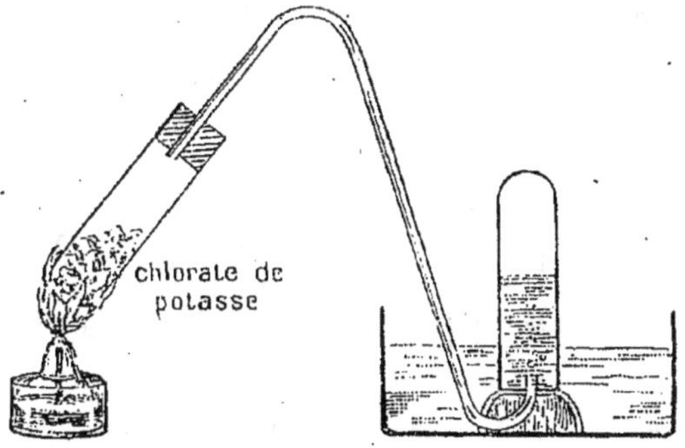

Fig. 1. — Appareil à dégagement pour recueillir un gaz.

L'extrémité de ce tube plonge dans l'eau d'une terrine ou d'une assiette; elle est recouverte d'une petite capsule renversée. Cette capsule porte un trou en son centre, comme un pot à fleurs, et une ouverture latérale pour laisser passer le tube. On l'appelle *têt à gaz.* Ce têt sert de support à un flacon ou à une *éprouvette,* tube large et à parois épaisses. On a rempli d'eau le flacon, et on l'a retourné dans la terrine, sur le têt à gaz. L'appareil précédent, que nous retrouverons fréquemment, est dit *appareil à dégagement de gaz.*

Chauffons le tube à essais. Des bulles de gaz s'échappent par l'extrémité du tube à dégagement, sous le têt à gaz, montent dans le flacon et chassent l'eau. Bientôt le flacon est rempli de gaz. Je le soulève un peu et je passe sous l'ouverture maintenue dans l'eau une petite soucoupe. Je retire ainsi le

Fig. 2. — Moyen de conserver un gaz dans un flacon.

flacon et la soucoupe, et le gaz est emprisonné dans le flacon (*fig.* 2).

Recueillons ainsi trois flacons de ce gaz, et continuons à chauffer jusqu'à ce qu'il ne se dégage plus rien. A ce moment, enlevons le tube à essais et pesons-le de nouveau. Son poids a diminué de 3 à 4 grammes. Si nous avions recueilli tout le gaz qui s'est dégagé, nous verrions que son poids est justement égal à la différence constatée.

Prenons un flacon du gaz qui s'est dégagé, allumons une allumette, éteignons-la, et quand il reste encore un point rouge, introduisons-la dans le flacon. Elle se rallume, et brille avec un vif éclat. Ce gaz qui rallume ainsi une allumette n'ayant plus qu'un point rouge a été appelé *oxygène*.

Ainsi, la chaleur *décompose* le chlorate de potassium et il se dégage de l'oxygène. Il reste dans le tube à essais un corps appelé *chlorure de potassium,* qui est lui-même formé de *chlore* et d'un métal, le *potassium.*

Le chlorate de potassium, le chlorure de potassium sont des corps composés.

3. Décomposition de l'eau. — Voici plusieurs appareils qu'on appelle des *piles électriques* (nous les étudierons plus tard) [*fig.* 3]. Ces piles produisent un *courant électrique* qui est conduit par un fil de cuivre. Voici, d'autre part, un verre dont le fond est percé de deux trous par lesquels passent deux fils de métal. Ce verre s'appelle un *voltamètre.* Versons dans le verre de l'eau addition-née d'un peu

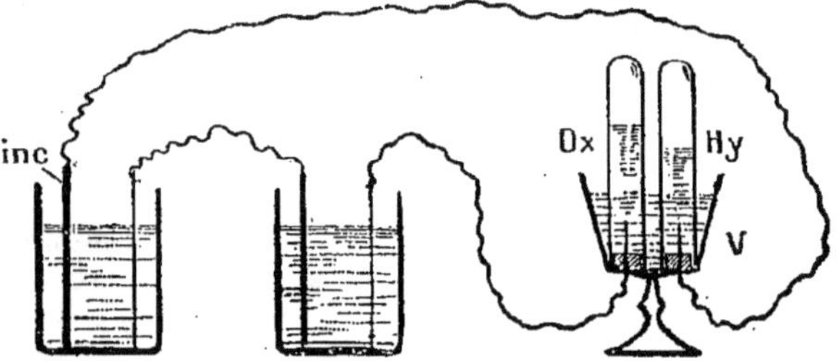

Fig. 3. — Décomposition de l'eau par le courant électrique dans un voltamètre V.

d'acide sulfurique, et recouvrons chaque fil d'un tube à essais plein d'eau. Réunissons les deux bouts du fil de cuivre aux fils du volta-mètre.

Nous constatons que des bulles se forment sur les fils, puis s'élèvent dans les éprouvettes. L'une des éprouvettes se remplit deux fois plus vite que l'autre; le gaz qu'elle contient brûle avec une flamme bleue. Ce gaz s'appelle *hydrogène.* L'autre éprouvette renferme un gaz qui rallume une allumette n'ayant plus qu'un point rouge : c'est de l'*oxygène.*

Ainsi, le *courant électrique* a décomposé l'eau en *hydrogène* et en *oxygène. L'eau est donc un corps composé.*

4. Définition. — Nous avons vu que, de la craie, du chlorate de potassium, de l'eau, etc., on peut retirer plusieurs substances diffé-rentes : ce sont des *corps composés.* Au contraire, de l'oxygène, de l'hydrogène, du chlore, du charbon, on n'a pu *jusqu'à ce jour* retirer qu'une seule et même substance. Ces corps sont dits *simples. Un corps simple est donc un corps que jusqu'ici on n'a pu décomposer.*

On connaît à l'heure actuelle environ 80 corps simples. Le nombre des corps composés formés par l'union de deux ou plusieurs corps simples est considérable.

5. *Le soufre s'unit à l'oxygène.* — Voici un petit morceau de soufre, c'est un corps simple. Je le place dans une coupelle en terre maintenue par un fil de fer (*fig.* 4), je l'allume et je le plonge dans un flacon rempli d'oxygène. On le voit brûler avec une belle flamme bleuâtre. Le flacon est maintenant rempli d'un gaz à odeur suffocante. Ce gaz résulte de l'union du soufre et de l'oxygène : on l'appelle *gaz sulfureux.*

Fig. 4. — Combustion du soufre dans l'oxygène.

6. *Le charbon s'unit à l'oxygène.* — Voici un morceau de fusain maintenu par un fil de fer. Je chauffe au rouge l'extrémité et je l'introduis dans un flacon d'oxygène. Il brûle avec de vives étincelles. Quand le charbon cesse de brûler, le flacon est rempli d'un gaz qui provient de l'union du charbon et de l'oxygène. C'est le *gaz carbonique.*

Je verse de *l'eau de chaux* (1) dans le flacon : cette eau se trouble. Le gaz carbonique s'est uni à la chaux pour former un corps identique à la craie. C'est ce corps qui trouble l'eau dans laquelle il reste en suspension.

7. *Le soufre s'unit au cuivre, au fer.* — Dans un tube à essais, je fais fondre du soufre, puis j'introduis dans le tube un morceau de tournure de cuivre (copeaux qui se détachent pendant qu'on travaille le cuivre au tour). On voit le cuivre rougir. Je le retire, et vous voyez qu'il est transformé en un corps noir, cassant. Ce corps est formé par l'union du cuivre et du soufre; on l'appelle *sulfure de cuivre.* — Chauffer de même de la fleur de soufre et de la limaille de fer : on obtient du *sulfure de fer.*

8. *But de la chimie.* — Ces exemples suffisent pour montrer comment les corps simples s'unissent les uns aux autres pour former des corps composés. La *chimie* est la science qui étudie les propriétés des corps simples et la façon dont ils s'unissent pour former des corps composés. Elle fait connaître les procédés employés pour obtenir les différents corps simples ou composés, ainsi que les applications pratiques qui résultent de la connaissance des propriétés de ces corps.

RÉSUMÉ

1. En chauffant la *craie*, on peut en retirer du *gaz carbonique* et de la *chaux.* La craie est un *corps composé.* La chaux elle-

---

(1) *L'eau de chaux* est obtenue en filtrant le lait de chaux de l'expérience indiquée au nᵒ 1. Le liquide clair qui filtre renferme de la chaux en dissolution.

même est formée d'*oxygène* et d'un métal appelé *calcium;* le gaz carbonique renferme du *carbone* et de l'*oxygène.*

2. En chauffant le *chlorate de potassium*, on en retire un gaz appelé *oxygène*, qui rallume une allumette n'ayant plus qu'un point rouge, et il reste un corps appelé *chlorure de potassium*, formé de *chlore* et de *potassium*.

3. Le *courant électrique* traversant l'eau permet d'en retirer de l'*hydrogène* et de l'*oxygène.*

4. On appelle *corps composés* ceux desquels on peut retirer plusieurs substances différentes. Un *corps simple* est un corps que jusqu'ici on n'a pas pu décomposer.

5. Les corps simples s'unissent pour former des corps composés. Ainsi le soufre s'unit à l'oxygène pour donner le *gaz sulfureux;* le charbon et l'oxygène donnent le *gaz carbonique;* le soufre et le fer ou le cuivre, du *sulfure de fer, de cuivre*, etc.

6. La *chimie* étudie les corps simples et les corps composés qui résultent de leur union. Elle s'occupe de la préparation de ces corps, de leurs propriétés et de leurs applications.

EXERCICES

Qu'appelez-vous corps simples, corps composés? — Citez des corps simples, des corps composés. — De quoi sont formés les corps suivants: craie, chlorate de potasse, eau? — Comment montre-t-on la composition des corps précédents? — Montrez, par des exemples, que des corps simples peuvent s'unir pour donner des corps composés.

2e LEÇON

COMBINAISON. — MÉLANGE

MATÉRIEL : Sulfure de fer. — Soufre en fleur, limaille de fer. — Eau bouillante. — Aimant. — Acide sulfurique. — Sulfure de carbone. — Pour dissoudre le soufre dans le sulfure de carbone, *chauffer légèrement au bain-marie.*

Combinaison. — Ses caractères.

9. *Changement de propriétés.* — Dans la précédente leçon, nous avons vu les corps simples s'unir pour donner des corps composés. Cette union porte le nom de *combinaison chimique.* Nous allons examiner quels sont ses caractères.

Considérons la craie, corps solide. Nous avons vu qu'en la chauffant on en retire un gaz, le gaz carbonique, et un autre corps, la chaux, dont les propriétés ne sont pas les mêmes que celles de la craie.

Voyons maintenant l'eau, corps liquide. Nous savons déjà qu'elle est formée d'hydrogène et d'oxygène, corps gazeux ayant des propriétés bien différentes de celles de l'eau.

Voici encore du sulfure de fer, obtenu dans la dernière leçon. Nous savons qu'il est formé de soufre et de fer. Mais on ne reconnaît plus dans le sulfure de fer les propriétés des corps précédents. Ainsi ce morceau de soufre se dissout dans le sulfure de carbone, le sulfure de fer ne s'y dissout pas. — Je verse de l'acide sulfurique sur le soufre : il ne se produit rien. J'en verse sur le fer ; il se dégage un gaz que nous étudierons plus tard : c'est l'hydrogène, qui est inodore. Mais, si je verse de l'acide sulfurique sur le sulfure de fer, il se dégage un gaz à odeur désagréable d'œufs pourris. Le sulfure de fer a donc aussi des propriétés bien différentes de celles du soufre et du fer. — Comparez de même le soufre, l'oxygène et le gaz sulfureux, le carbone, l'oxygène et le gaz carbonique.

Nous voyons ainsi que, quand deux corps se combinent, *le corps composé résultant de leur combinaison a des propriétés différentes de celles des composants.*

10. Dégagement de chaleur. — Nous avons vu le soufre, le charbon brûler dans l'oxygène. Cette union, cette combinaison des deux corps se fait avec un vif éclat et un grand dégagement de chaleur. Nous avons vu aussi le cuivre et le soufre s'unir avec un grand dégagement de chaleur qui portait le métal au rouge. De même lorsque le fer s'unissait au soufre. On peut donner à cette dernière combinaison une forme saisissante. On prend 40 grammes de limaille de fer et 20 grammes de fleur de soufre, qu'on triture ensemble de façon à les bien mélanger. On met le tout dans un ballon et on verse de l'eau chaude jusqu'à ce que l'on ait une pâte épaisse. Au bout de quelque temps on voit se dégager des torrents de vapeur; c'est que le fer et le soufre se sont unis, et que le dégagement de chaleur a fait vaporiser l'eau.

La plupart des combinaisons se produisent comme les précédentes avec un dégagement de chaleur plus ou moins grand. On a pu mesurer ce dégagement, qui est parfois considérable.

Ainsi 3 grammes d'hydrogène, en brûlant dans l'oxygène pour former de l'eau, dégagent assez de chaleur pour porter de 0° à 100° un litre d'eau.

Lorsque deux corps se combinent avec grand dégagement de chaleur, on dit qu'ils ont beaucoup d'*affinité* l'un pour l'autre. Ainsi, le soufre, le charbon ont beaucoup d'affinité pour l'oxygène; le soufre a de l'affinité pour le fer, le cuivre, etc.

11. Rapports constants entre les poids des composants. — Nous avons vu que le courant électrique décompose l'eau et donne un volume d'hydrogène double de celui d'oxygène. Chaque fois qu'on décompose l'eau, on trouve le même rapport. En tenant compte du poids du litre d'oxygène et du poids du litre d'hydrogène, on trouve que l'eau renferme 1 gramme d'hydrogène pour 8 grammes d'oxygène. Dans l'eau, le rapport du poids d'hydrogène au poids d'oxygène est constant.

Ce fait est général. Ainsi, pour le gaz sulfureux, 32 grammes de soufre s'unissent à 32 grammes d'oxygène ; pour le gaz carbonique, on trouve 32 grammes d'oxygène et 12 grammes de carbone ; pour le sulfure de fer, 32 grammes de soufre et 56 grammes de fer ; pour la craie, 56 grammes de chaux et 44 grammes de gaz carbonique, etc.

Donc, quand deux corps s'unissent pour former un composé, il existe un *rapport constant* entre les poids des corps qui se combinent.

Mélange.

12. *Caractères du mélange.* — Quand deux corps sont réunis, sans présenter les caractères précédents, on dit qu'ils sont *mélangés*.

Exemple : J'ai réuni de la fleur de soufre et de la limaille de fer : j'ai fait un mélange. Ainsi, le fer de ce mélange est attiré par l'aimant, le soufre se dissout dans le sulfure de carbone, l'acide sulfurique versé sur le mélange laisse dégager de l'hydrogène comme si le fer était seul. Chacun des corps conserve donc ses propriétés. On n'a observé aucun dégagement de chaleur.

Les corps ont été réunis dans des proportions quelconques. Nous verrons bientôt que l'air est formé de plusieurs gaz simplement mélangés, tandis que nous avons vu l'eau formée de deux gaz combinés.

Décomposition.

13. *Décomposition. Réaction. Analyse. Synthèse.* — La *décomposition* est évidemment l'inverse de la combinaison. Nous avons vu précédemment des exemples de décomposition. Comme la combinaison se fait en général avec dégagement de chaleur, la décomposition, au contraire, exige qu'on fournisse de la chaleur au corps qu'on veut décomposer. Ex. : décomposition de la craie, du chlorate de potassium. Pour l'eau, nous avons fourni un courant électrique ; mais nous apprendrons que la chaleur et l'électricité sont des formes d'*énergie* qu'on peut transformer l'une dans l'autre, et que fournir de l'énergie électrique ou fournir de la chaleur, c'est en définitive apporter une certaine énergie, capable de provoquer la décomposition.

On désigne sous le nom général de *réactions chimiques* les phénomènes de combinaison ou de décomposition que nous étudierons dans ce cours.

Quand nous décomposerons un corps pour reconnaître ses composants, nous ferons une *analyse*.

Quand nous combinerons deux ou plusieurs corps pour former un composé, nous effectuerons la *synthèse* de ce composé.

Premières notions sur les atomes, les molécules, les symboles chimiques.

14. Pour des raisons que nous ne pouvons exposer dans ce cours, les chimistes ont été amenés à admettre que les corps simples sont formés par l'association de particules extrêmement petites appelées *atomes*. Ces particules sont indivisibles, d'où précisément leur nom. *Pour un corps donné, les atomes sont tous identiques et ont un poids invariable.*

Les atomes des différents corps simples s'unissent pour former des groupements plus complexes appelés *molécules*.

L'atome est la plus petite particule d'un corps simple; la molécule est la plus petite particule d'un corps composé.

On ne sait pas déterminer le poids d'un atome, mais il est possible, en s'appuyant sur des considérations dont nous dirons quelques mots en 2ᵉ année, de déterminer le rapport entre le poids de l'atome d'un corps simple et le poids de l'atome d'hydrogène. C'est ce rapport qu'on appelle *poids atomique* de l'élément.

Pour simplifier l'écriture, on a pris l'habitude de représenter les corps simples par un symbole qui est généralement la première lettre du nom.

Ainsi, le symbole de l'oxygène est O; celui du soufre S; celui du phosphore P. Quand les noms de plusieurs corps commencent par la même lettre, on convient de représenter l'un par sa lettre initiale, les autres par un symbole formé de la première lettre associée à une autre lettre du nom.

Exemples : Le symbole du charbon est C; celui du chlore, Cl; celui du cuivre, Cu. La première lettre du symbole est toujours une majuscule.

On convient aussi que ce symbole représentera un poids du corps proportionnel au poids de l'atome, ou poids atomique du corps.

Ainsi, le symbole C veut dire non seulement du carbone, mais encore il représente un poids de carbone proportionnel au nombre 12, poids atomique du carbone. De même O veut dire un poids d'oxygène proportionnel à 16.

Les symboles des corps composés s'obtiennent en juxtaposant les symboles des corps qui les constituent, et en plaçant à droite et en haut de chaque symbole un exposant qui indique le nombre d'atomes qui entrent dans la molécule du corps composé.

Ainsi, l'eau a pour symbole H^2O, ce qui signifie : dans une molécule d'eau, il y a 2 atomes d'hydrogène et 1 atome d'oxygène; or, comme le poids atomique de l'hydrogène est 1, celui de l'oxygène 16, ce symbole indique immédiatement que pour former de l'eau, 2 grammes d'hydrogène s'unissent à 16 grammes d'oxygène.

En ajoutant le poids des atomes des différents corps simples qui figurent dans le symbole d'un composé, on a le *poids moléculaire* de ce composé. Ainsi, le poids moléculaire de l'eau est 18.

Ces notions seront développées en 2° année; nous donnerons, au fur et à mesure que nous en ferons l'étude, les symboles des différents corps simples ou composés dont nous parlerons.

15. *Tableau des symboles et des poids atomiques des corps simples usuels.*

Nom du corps.	Symbole.	Poids atomique.	Nom du corps.	Symbole.	Poids atomique.
Hydrogène...	H.	1	Cuivre.....	Cu.	63
Chlore.....	Cl.	35,5	Plomb.....	Pb.	207
Potassium...	K.	39	Mercure....	Hg.	200
Sodium.....	Na.	23	Azote.....	Az.	14
Argent,....	Ag.	108	Phosphore...	P.	31
Oxygène....	O.	16	Or........	Au.	196
Soufre.....	S.	32	Carbone.....	C.	12
Calcium.....	Ca.	40	Silicium.....	Si.	28
Magnésium...	Mg.	24	Platine.....	Pt.	195
Fer......	Fe.	56	Étain......	Sn.	118
Zinc.......	Zn.	65	Aluminium...	Al.	27

REMARQUE. Le symbole K du potassium vient de *kalium;* celui du sodium, Na, vient de *natron;* celui du mercure, Hg, de *hydrargyrum;* celui de l'or, Au, de *aurum...*, etc., noms latins ou anciens des corps simples considérés (1).

RÉSUMÉ

1. Lorsque deux corps s'unissent pour donner un corps nouveau, on dit que ces deux corps se combinent; leur union s'appelle *combinaison.*

2. Les caractères de la combinaison sont les suivants :

a) Les propriétés du composé sont différentes de celles des composants;

b) L'union des composants s'effectue généralement avec dégagement de chaleur;

c) Pour former un même composé, les poids des composants s'unissent dans un rapport bien déterminé et invariable.

3. Quand l'union de deux corps ne présente pas les caractères précédents, ces corps sont simplement *mélangés.*

4. La *décomposition* est l'inverse de la combinaison. On appelle

---

(1) Dès qu'il l'aura jugé opportun, le professeur introduira l'usage des symboles et des formules pour désigner les corps simples et les corps composés. Les élèves seront exercés à se servir du tableau des poids atomiques sans se préoccuper des conventions qui ont permis de dresser ce tableau; il suffira qu'ils puissent appliquer aux formules les recherches numériques sur les poids et les volumes que comporte leur emploi. (Instructions annexées aux programmes de 1909.)

réaction tout phénomène de combinaison ou de décomposition. On *analyse* un composé quand on le décompose en corps plus simples; on en fait la *synthèse* quand on provoque la combinaison des éléments qui le constituent.

5. On admet que les corps ne sont pas divisibles à l'infini. Les plus petites particules des corps simples sont des *atomes*. Les atomes d'un corps donné sont tous identiques et chacun de ces atomes a un poids invariable. Plusieurs atomes de corps différents peuvent s'unir pour former une *molécule* d'un corps composé.

Le *poids atomique* (1) d'un corps simple est le rapport entre le poids d'un atome de ce corps et le poids de l'atome d'hydrogène; le *poids moléculaire* d'un corps composé est égal à la somme des poids des atomes qui entrent dans une molécule de ce composé.

EXERCICES

Qu'appelle-t-on combinaison de deux corps? — Montrez, par des exemples, les caractères de la combinaison. — Qu'appelle-t-on mélange de deux corps?— Donnez des exemples de mélanges, de combinaisons et justifiez ce que vous dites. — Qu'appelle-t-on décomposition, réaction, analyse, synthèse? — Donnez des exemples de ces divers phénomènes. — Qu'appelle-t-on atome d'un corps simple, molécule d'un corps composé, poids atomique, poids moléculaire?

3ᵉ LEÇON
EAUX NATURELLES. — EAU POTABLE. — PURIFICATION DES EAUX. — EAUX MINÉRALES

MATÉRIEL : Eau calcaire : dans de l'eau de chaux, faire barboter un courant de gaz carbonique, puis filtrer. — Eau chargée de plâtre : faire bouillir quelques minutes de l'eau avec du plâtre, filtrer. — Eau salée. — Solution alcoolique de campêche. — Solution d'oxalate d'ammonium dans l'eau de pluie, de chlorure de baryum, d'azotate d'argent, de permanganate de potassium. — Eau additionnée de purin. — Solution de savon. — Appareil (*fig.* 5). — Eau bouillie. — Eau de pluie.

Eaux naturelles.

16. *Substances que renferme l'eau.* — L'eau ordinaire renferme en dissolution des gaz et des matières solides. Elle renferme souvent des matières en suspension.

---

(1) Nous employons le terme *poids* dans le sens de *masse*, comme on le fait dans le langage courant. Voir en physique la distinction entre poids et masse. En chimie, cette confusion ne présente pas d'inconvénient. Il n'en serait pas de même en physique, où, dans la mesure des pressions, c'est le poids d'une colonne de mercure et non sa masse qui mesure la pression.

Gaz dissous dans l'eau. Expérience. Chauffer de l'eau à l'ébullition pendant quelques minutes dans l'appareil (*fig.* 5). Le ballon et le tube de dégagement ont été au préalable remplis d'eau. On recueille sous l'éprouvette de 20 à 25 centimètres cubes de gaz, comprenant un peu de gaz carbonique, de l'oxygène et de l'azote. — Ces gaz étaient dissous dans l'eau.

Solides dissous dans l'eau. Expériences. I. Verser dans l'eau chargée de calcaire, de sulfate de calcium, une solution d'*oxalate d'ammonium*. Il se forme un précipité blanc. L'oxalate d'ammonium permet de caractériser les sels de calcium. On dit que c'est le *réactif* de ces sels.

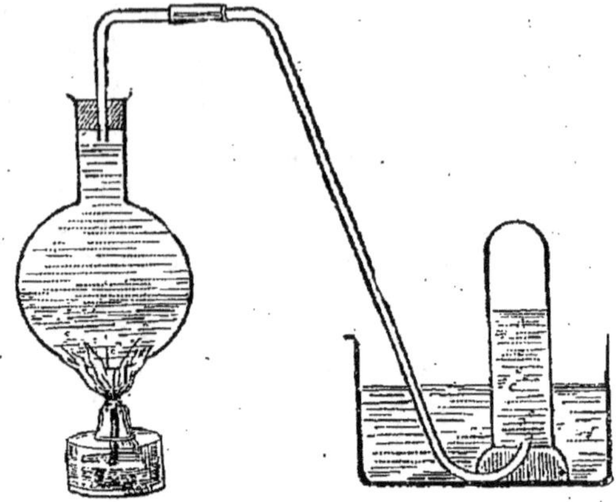

Fig. 5. — Quand on porte l'eau du ballon à l'ébullition, les gaz dissous se dégagent et se rendent dans l'éprouvette.

II. Verser dans l'eau calcaire une solution de *campêche dans l'alcool*. La solution prend une belle couleur rose violacé. Cette solution est le *réactif* du calcaire.

III. Verser dans l'eau chargée de plâtre une solution de *chlorure de baryum*. Il se forme un précipité blanc. Le chlorure de baryum est le *réactif* du plâtre.

IV. Dans l'eau salée, verser une solution d'*azotate d'argent*. Précipité blanc qui noircit à la lumière. L'azotate d'argent est le *réactif* du sel marin.

V. Dans l'eau additionnée de quelques gouttes de purin, ajouter une solution de *permanganate de potassium* et chauffer à l'ébullition. La solution, d'un beau violacé, se décolore. Le permanganate de potassium est le *réactif* des matières organiques.

VI. Sur une lampe métallique bien propre, mettre une goutte d'eau ordinaire. Chauffer. Quand le liquide est évaporé, il reste sur le métal un dépôt blanchâtre. Ce dépôt est formé des substances minérales dissoutes.

Recommencer l'expérience avec l'eau de pluie : on n'observe aucun dépôt.

Rechercher, à l'aide des réactifs précédents, les matières dissoutes dans l'eau ordinaire.

Matières en suspension. L'eau renferme souvent en suspension des matières terreuses. Celles-ci se déposent par le repos. Elle peut aussi renfermer les germes de maladies contagieuses redoutables, comme ceux de la fièvre typhoïde et du choléra.

Eau potable.

17. *Caractères de l'eau potable*. — L'eau est dite « potable » quand elle est agréable à boire et qu'elle ne renferme aucune substance nuisible à la santé. Elle doit en outre être propre au savonnage et cuire les légumes.

Goûter de l'eau de pluie. Est-elle bonne à boire? — Goûter de l'eau ordinaire bouillie. Est-elle bonne à boire? — L'eau chaude ou très froide est-elle bonne à boire? — Peut-on boire de l'eau renfermant du purin ou d'autres matières organiques? — de l'eau que l'on suppose renfermer des germes de maladie? — (Les élèves trouveront facilement les réponses à ces questions.)

En résumé : *Une eau potable doit être fraîche, sans être froide, renfermer de l'air dissous et des matières minérales en petite quantité :* 0 gr. 5 par litre au maximum. Elle ne doit pas renfermer de substances organiques.

Expérience. Verser dans une dissolution de savon : de l'eau chargée de calcaire, de l'eau chargée de plâtre, de l'eau de pluie. Les premières eaux donnent des grumeaux; elles ne dissolvent pas le savon. L'eau de pluie, au contraire, dissout le savon.

Les eaux chargées de calcaire ou de plâtre sont donc impropres au savonnage ; elles ne cuisent pas non plus les légumes.

Les eaux trop chargées de plâtre sont dites *séléniteuses*, celles qui sont trop chargées de calcaire sont *crues*. La quantité de calcaire que renferment les eaux peut être assez considérable pour que ces eaux abandonnent le calcaire sur les objets qu'elles rencontrent. On a alors des sources incrustantes, comme celle de Saint-Allyre, à Clermont-Ferrand.

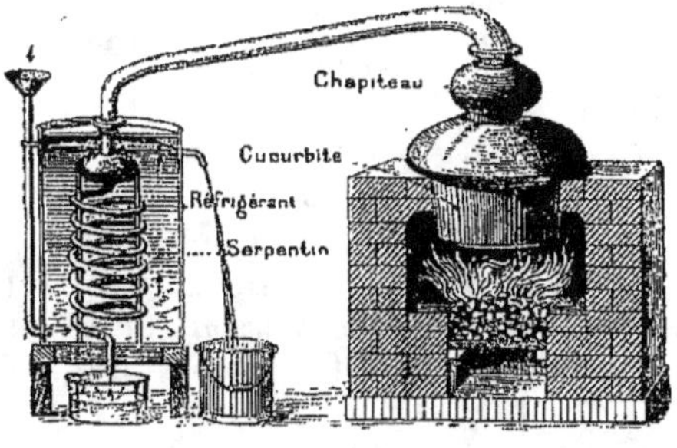

Purification des eaux.

18. *Distillation*. — On débarrasse l'eau des substances minérales qu'elle renferme par la distillation. La figure 6 représente l'appareil employé dans ce but.

19. *Filtration. Stérilisation*. — Lorsque l'eau renferme des matières organiques qui y ont été entraînées, on dit

Chapiteau
Cucurbite
Réfrigérant
Serpentin

Fig. 6. — Alambic pour la distillation de l'eau. — L'eau est portée à l'ébullition dans une chaudière. La vapeur passe par un serpentin entouré d'eau froide et s'y condense.

qu'elle est *contaminée*. Elle est particulièrement dangereuse à boire lorsqu'elle peut renfermer des germes de la fièvre typhoïde. La plupart des épidémies de fièvre typhoïde se propagent par l'eau.

L'eau suspecte d'avoir été contaminée doit être *filtrée*, c'est-à-dire

qu'on la fera passer à travers une substance qui retiendra les matières
étrangères. Les filtres les plus pratiques sont en porcelaine dégour-
die, analogue à la terre de pipe. Cette porcelaine est poreuse et l'eau
peut passer à travers les pores, mais non les microbes.

Les filtres en porcelaine poreuse portent le nom de *filtres Chamberland* (*fig.* 7), du nom du disciple de Pasteur
qui les a inventés. Ils sont formés d'un nombre
plus ou moins grand de cylindres creux, ou *bougies*, qui plongent dans l'eau à
filtrer (*fig.* 8).

On peut se proposer de détruire les germes qui existent
dans la plupart des eaux de
rivière. On dit qu'on *stérilise*
l'eau. Actuellement, plusieurs
grandes villes stérilisent à l'o-
zone l'eau qui sert à l'alimentation. On a même construit des
stérilisateurs pour les usages
domestiques.

Mais si on n'a ni filtre, ni sté-
rilisateur, et que l'eau d'alimentation soit suspecte, il faut
la porter à l'ébullition pendant
une demi-heure environ. Ce
procédé de stérilisation est efficace. Il présente toutefois un
inconvénient. L'eau bouillie ne
renferme plus de gaz dissous :
elle est fade et indigeste. Pour

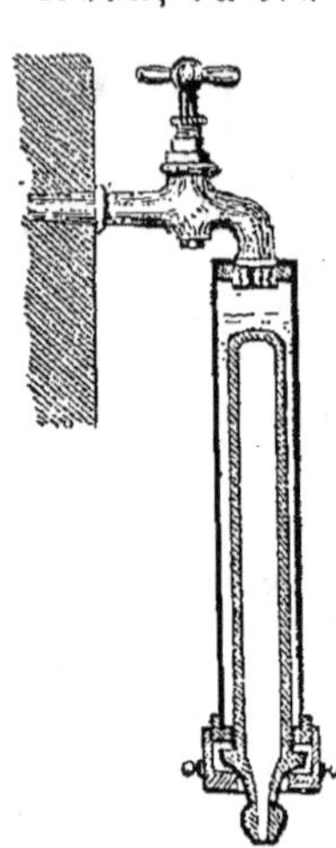

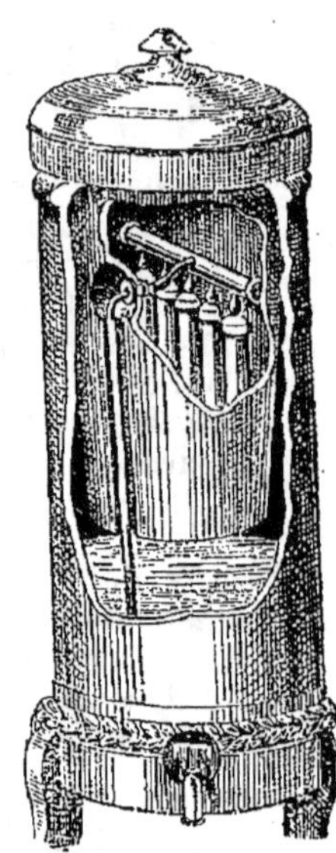

Fig. 7. — Filtre Cham-
berland à une bou-
gie. — L'eau arrive
sous pression à l'ex-
térieur de la bougie.

Fig. 8. — Filtre sans
pression. — Les bou-
gies plongent dans
l'eau à filtrer.

s'en servir comme boisson, il faut la laisser s'aérer ou mieux la
battre à l'air ou bien l'additionner de café ou d'autres boissons
aromatiques. Dans les régions où les eaux risquent d'être contaminées à la suite des pluies, des inondations, on ne saurait trop répéter
aux habitants : *Faites bouillir votre eau de boisson.* Cette précaution
est indispensable quand une épidémie de fièvre typhoïde éclate dans
une localité.

Eaux minérales.

20. *Diverses sortes d'eaux minérales.* — Certaines eaux renferment
en dissolution des substances qui les font employer en médecine : ce
sont des *eaux minérales.* Celles qui sont chaudes sont appelées *thermales.* Ainsi, à Chaudesaigues (Cantal), une source fournit de l'eau à
81°. Les eaux de Plombières (Vosges) sont à 74°.

Les *eaux gazeuses* renferment du gaz carbonique (eau de Seltz).

Les *eaux alcalines* renferment du bicarbonate de sodium ou sel de
Vichy (eau de Vichy, Vals).

Les *eaux salines* renferment du chlorure de sodium ou sel marin. Quelques-unes, renfermant du sulfate de magnésium ou du sulfate de sodium, sont purgatives (eau de Sedlitz, de Hunyadi Janos).

Les *eaux sulfureuses* ont une odeur qui rappelle celle des œufs pourris. Elles contiennent de l'hydrogène sulfuré ou du sulfure de sodium (Enghien, Eaux-Bonnes, Cauterets).

Les *eaux ferrugineuses* contiennent des sels de fer (Bussang, Forges-les-Eaux, Spa).

RÉSUMÉ

1. L'eau ordinaire renferme en dissolution :

a) des gaz : oxygène, azote, gaz carbonique ;

b) des substances minérales solides, généralement des sels de calcium : carbonate de calcium ou calcaire, sulfate de calcium ou plâtre.

Elle peut contenir des matières organiques et en particulier les germes de maladies contagieuses : fièvre typhoïde.

Quelquefois elle tient en suspension des matières terreuses.

2. L'*eau potable* peut être employée comme boisson. Elle doit cuire les légumes et être propre au savonnage.

L'eau, pour être potable, doit être fraîche, mais non froide, aérée, et contenir des matières minérales en dissolution, 0 gr. 5 par litre au maximum. Elle ne doit renfermer ni matières organiques ni germes de maladies contagieuses. Une eau trop chargée de calcaire ou de plâtre ne cuit pas les légumes, elle ne dissout pas le savon.

3. On purifie les eaux par *distillation*.

L'eau chargée de matières organiques est dite *contaminée*.

On purifie les eaux contaminées en les *filtrant*. Les filtres les plus pratiques sont les *bougies Chamberland*, en porcelaine poreuse. On peut aussi détruire les germes dangereux soit par l'ozone, soit par simple ébullition prolongée une demi-heure. Il est prudent de faire bouillir l'eau de boisson quand elle risque d'être contaminée et surtout pendant les épidémies de fièvre typhoïde.

4. Les *eaux minérales* renferment des substances qui permettent de les utiliser en médecine. Elles sont *chaudes* (*eaux thermales*) ou *froides*.

Les eaux minérales comprennent : des *eaux gazeuses* (Seltz), *alcalines* (Vichy), *salines* (Sedlitz), *sulfureuses* (Cauterets), *ferrugineuses* (Forges-les-Eaux).

EXERCICES

Quelles substances l'eau naturelle peut-elle contenir en dissolution ? — Comment peut-on montrer que l'eau renferme des gaz dissous ; quels sont ces gaz ?

— Comment peut-on montrer que l'eau renferme des sels de calcium, du calcaire, du plâtre, des chlorures, des matières organiques? — Qu'appelle-t-on
eau potable? — Quelles sont les qualités d'une eau potable? — Qu'appelle-t-on
eaux crues, eaux séléniteuses? — Action de ces eaux sur une solution de savon. — Qu'appelle-t-on eau contaminée? — Comment peut-on purifier les eaux
contaminées? — Décrivez un filtre que vous connaissez. — Quelle précaution
faut-il prendre quand on craint la contamination de l'eau et qu'on n'a pas de
filtre? — Qu'appelle-t-on eaux minérales, thermales? — Citez des eaux minérales alcalines, salines, ferrugineuses, sulfureuses, et dites quelle est la substance principale qu'elles renferment.

4ᵉ LEÇON

EAU. — SA COMPOSITION

Matériel : Si on a un eudiomètre, on pourra faire la synthèse eudiomé-
trique. On remplacera le mercure par l'eau. — Oxyde de cuivre. — Appareil
à dégagement d'hydrogène, tube en verre vert effilé (*fig.* 10). — Appareil pour
produire l'étincelle électrique (bouteille de Leyde
chargée, électrophore ou bobine de Ruhmkorff).

Composition en volume.

21. *Analyse.* — L'expérience signalée au
nº 3 est une analyse de l'eau en volume;
elle nous a montré que de l'eau on peut retirer deux gaz, l'hydrogène et l'oxygène,
dans la proportion de deux volumes du 1ᵉʳ
pour un volume du 2ᵉ.

22. *Synthèse.* — Quand on a décomposé
l'eau en hydrogène et oxygène, on n'est pas
absolument sûr qu'elle ne renferme que
ces deux corps. Mais si on parvient à combiner de l'hydrogène et de l'oxygène pour
former de l'eau, on sera sûr que l'eau ne
renferme que ces deux gaz. C'est en cela
que consiste la *synthèse* de l'eau.

On fait la synthèse en volume au moyen
de l'*eudiomètre* (*fig.* 9). C'est un tube de verre
à parois très résistantes et gradué en parties d'égal volume, en centimètres cubes

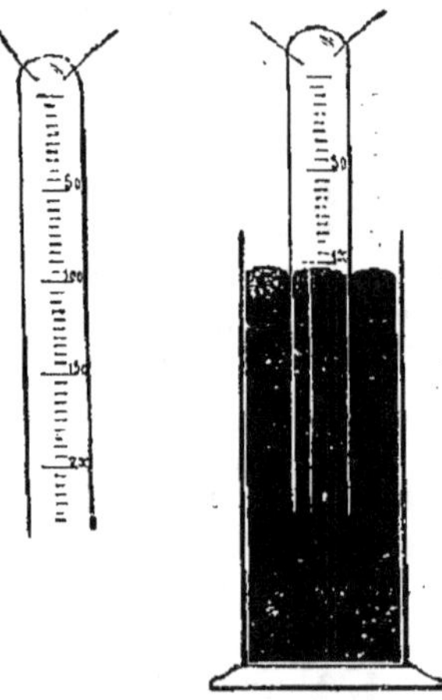

Fig. 9. — Eudiomètre. — A
droite, moyen de mesurer
le volume d'un gaz dans
l'eudiomètre. Le niveau du
liquide est le même à l'intérieur et à l'extérieur du
tube.

par exemple. Le tube est fermé à une de ses extrémités, mais cette
extrémité est traversée par deux fils de platine. Entre ces deux fils,
on peut faire jaillir une étincelle électrique.

Pour faire une expérience, voici comment on procède. On remplit
l'eudiomètre de mercure, et on le retourne dans une cuve profonde

renfermant du mercure. On introduit dans le tube 100 centimètres cubes d'hydrogène et 100 centimètres cubes d'oxygène. On a soin, pour chaque mesure, de vérifier si le niveau de mercure est le même à l'intérieur et à l'extérieur du tube. De cette façon, le volume du gaz est mesuré sous la pression atmosphérique.

On fait jaillir l'étincelle électrique entre les deux fils de platine. Il se produit une détonation. On aperçoit quelques gouttelettes d'eau à la surface du mercure, et une buée s'est déposée à l'intérieur du tube. On enfonce le tube dans la cuve jusqu'au moment où le niveau est le même à l'intérieur et à l'extérieur. On trouve qu'il reste 50 centimètres cubes de gaz. Ce gaz est de l'oxygène, qu'on peut absorber en totalité par le phosphore.

Ainsi, 100 centimètres cubes d'hydrogène se sont unis à 50 centimètres cubes d'oxygène, pour former de l'eau.

On a mis l'oxygène en excès, car si on faisait l'expérience avec 100 centimètres cubes d'hydrogène et 50 centimètres cubes d'oxygène, le mercure remplissant brusquement tout le tube après l'explosion pourrait le briser.

REMARQUE. Si on avait entouré l'eudiomètre d'un manchon à la température de 100°, l'eau formée serait restée à l'état de vapeur. On aurait trouvé que 100 centimètres cubes d'hydrogène et 50 d'oxygène donnent 100 centimètres de vapeur d'eau.

CONCLUSIONS. — 1° *L'eau est formée d'hydrogène et d'oxygène et rien que de ces deux gaz ;*

2° *L'eau est formée de deux volumes d'hydrogène pour un volume d'oxygène ;*

3° *Deux volumes d'hydrogène et un volume d'oxygène donnent deux volumes de vapeur d'eau.*

Composition en poids.

23. *Synthèse de l'eau.* — PROBLÈME : Sachant que l'eau renferme 2 volumes d'hydrogène pour 1 d'oxygène, que le poids de 1 litre d'hydrogène est 0 gr. 089, celui de 1 litre d'oxygène 1 gr. 43, trouver la composition en poids de l'eau, c'est-à-dire les poids d'hydrogène et d'oxygène contenus dans 100 grammes d'eau. (Nous laissons aux élèves le soin de résoudre ce problème.)

EXPÉRIENCE. Faire passer de l'hydrogène (n° 32) sur de l'oxyde de cuivre chauffé

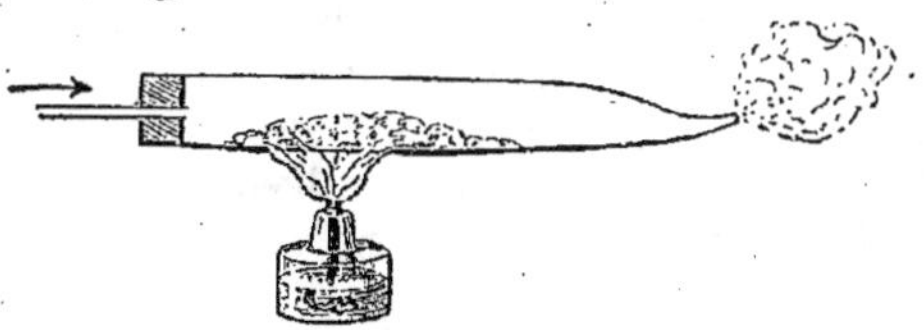

Fig. 10. — Synthèse de l'eau par l'action de l'hydrogène sur le cuivre chauffé.

(*fig.* 10). On constate qu'il se forme du cuivre. De la vapeur d'eau se dégage par le tube. L'oxyde de cuivre, comme son nom l'indique, est une combinaison d'oxygène et de cuivre. (Nous laissons aux élèves le soin de trouver l'explication de cette expérience.)

Appareil de Dumas. La composition de l'eau en poids a été établie par le chimiste français Dumas. L'appareil qu'il a employé à cet effet est très compliqué (*fig.* 11) : nous n'en indiquerons que le principe.

De l'hydrogène *pur* et *sec* passe sur de l'oxyde de cuivre chauffé. Il se forme de l'eau, qui est recueillie dans un ballon et dans des tubes desséchants. La diminution de poids de l'oxyde de cuivre donne le

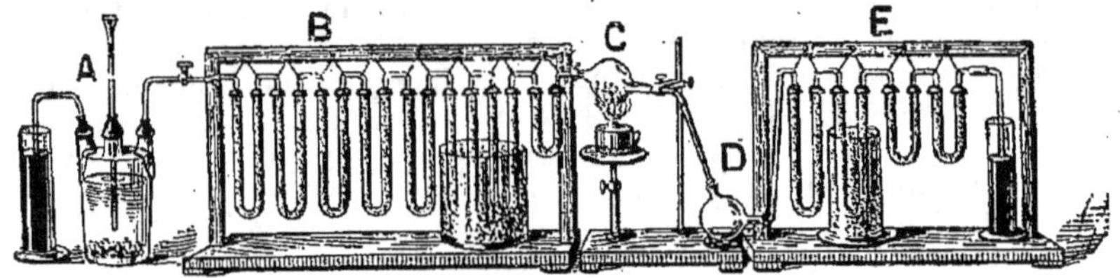

Fig. 11. — Appareil de Dumas pour la synthèse de l'eau. — A, appareil à préparer l'hydrogène ; B, tubes pour purifier le gaz ; C, ballon à oxyde de cuivre ; D et E, appareils pour absorber la vapeur d'eau formée.

poids d'oxygène entraîné. L'augmentation du poids du ballon et des tubes desséchants donne le poids d'eau formée. Le poids de l'hydrogène s'obtient en faisant la différence.

Dumas a trouvé que *l'eau est formée de 1 gramme d'hydrogène uni à 8 grammes d'oxygène.*

REMARQUE. L'eau était autrefois considérée comme un corps simple, comme un *élément*. C'est seulement vers 1780 que l'on fut fixé sur sa véritable composition. L'expérience de décomposition de l'eau par le courant électrique date de 1800 ; celle de Dumas est de 1843.

24. Symbole chimique de l'eau. — L'eau est représentée par le symbole H^2O, ce qui signifie : dans une molécule d'eau, il y a deux atomes d'hydrogène unis à un atome d'oxygène.

Les savants ont été amenés à admettre que pour les corps simples gazeux, dans des conditions identiques de température et de pression, le volume de l'atome est le même. De même, le volume d'une molécule aurait une valeur identique pour tous les corps gazeux.

Le symbole moléculaire de l'eau H^2O est d'accord avec cette hypothèse. En effet, la composition en volume de l'eau nous montre que dans une molécule d'eau, il y a un volume d'hydrogène double du volume d'oxygène, soit 2 atomes d'hydrogène pour 1 atome d'oxygène.

RÉSUMÉ

1. On fait l'*analyse* de l'eau en volume en la décomposant à l'aide du *voltamètre* par le courant électrique. On en fait la *synthèse* en combinant de l'hydrogène et de l'oxygène dans l'*eudiomètre*.

2. L'eau est formée d'hydrogène et d'oxygène. Elle renferme

2 *volumes d'hydrogène pour* 1 *volume d'oxygène.* — 2 volumes d'hydrogène se combinent à 1 volume d'oxygène et ne forment que 2 volumes de vapeur d'eau.

3. Pour établir la composition de l'eau en poids, on fait passer de l'hydrogène *pur* et *sec* sur de l'oxyde de cuivre chauffé. Il se forme de l'eau, qu'on recueille et qu'on pèse. La diminution du poids de l'oxyde de cuivre donne le poids d'oxygène qui a servi à former cette eau. Le poids d'hydrogène s'obtient par différence.

En poids, *l'eau est formée de* 1 *gramme d'hydrogène pour* 8 *grammes d'oxygène.*

Le symbole chimique de l'eau est H^2O; son poids moléculaire est 18.

EXERCICES

Comment fait-on l'analyse de l'eau en volume? — Décrivez l'expérience et faites-en connaître les résultats. — Comment fait-on la synthèse de l'eau en volume? — Comment établit-on la composition de l'eau en poids? — Résultats. — Quel est le symbole chimique de l'eau? — Son poids moléculaire?

5e LEÇON

PROPRIÉTÉS DE L'EAU

MATÉRIEL : Eau de pluie. — Sel, sucre. — Ammoniaque. — Appareils (*fig.* 13 et 14). — Potassium. — Bocal. — Tournesol rougi. — Charbons bien ardents. — Si on dispose d'un fourneau à réverbère, on pourra monter l'appareil (*fig.* 16). — Alcool, benzine, pétrole.

Propriétés physiques.

25. Changements d'état. — L'eau se rencontre dans nos régions sous trois états physiques. Généralement, elle est à l'état liquide. Incolore sous une faible masse, elle paraît bleue sous une grande épaisseur. La coloration verdâtre de certaines rivières est due aux matières que l'eau tient en suspension.

L'eau à l'état solide constitue la neige, la glace. La neige est formée de petits cristaux souvent disposés en étoiles hexagonales et d'aspect varié.

L'eau à l'état de vapeur se trouve dans l'atmosphère, les gaz des volcans (*fig.* 12). La condensation de cette vapeur forme les nuages, la pluie, etc.

On a *choisi* le point de fusion de la glace pour point fixe inférieur dans la graduation du thermomètre centigrade. La température de la vapeur d'eau bouillante, lorsque la pression extérieure est de 760 millimètres, a été *choisie* comme point fixe supérieur.

Fig. 12. — Nuée ardente sortant de la Montagne-Pelée (Martinique).
Phot. de M. A. Lacroix, extraite de *La Montagne-Pelée* (Masson et Cie).

L'eau présente à 4° centigrades un *maximum de densité*. On a *choisi* pour unité de poids le poids de 1 décimètre cube d'eau à 4°. C'est le *kilogramme*.

Pour mesurer les quantités de chaleur, on a *choisi* la quantité de chaleur nécessaire pour élever de 1 degré centigrade la température de 1 gramme d'eau. C'est la *calorie*.

L'eau augmente de volume en se solidifiant; sa chaleur de fusion est de 80 calories. La chaleur de vaporisation de l'eau est 537 calories à la température de 100° (Voir *Physique*).

26. L'eau est un dissolvant. — EXPÉRIENCES. I. Mettre un morceau de sucre, une pincée de sel dans un verre d'eau de pluie et agiter : le sel, le sucre disparaissent; ils se sont dissous dans l'eau. *L'eau dissout donc des solides.* Chauffer sur une lame de couteau une goutte d'eau sucrée ou salée, il y a un résidu solide.

L'eau ne dissout pas tous les corps

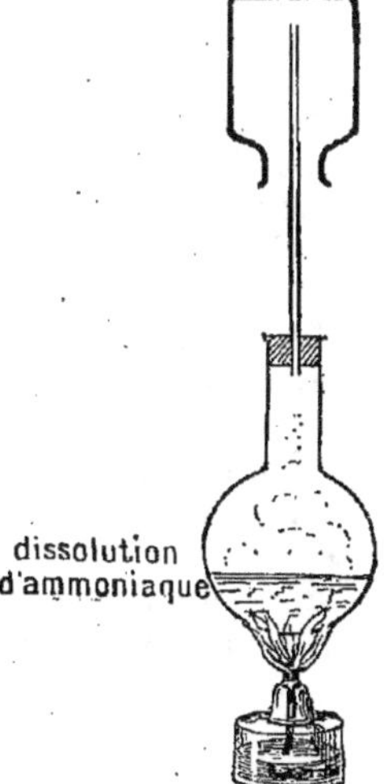

Fig. 13. — Moyen de recueillir le gaz ammoniac par déplacement d'air.

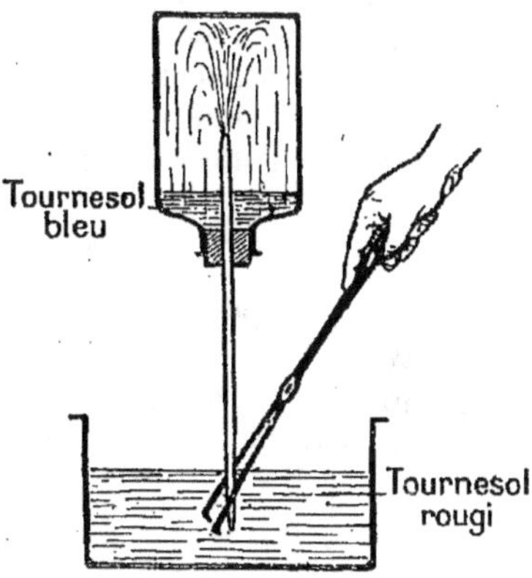

Fig. 14. — Jet d'eau produit par suite de la solubilité du gaz ammoniac.

solides. — Citer des corps solubles dans l'eau et des corps insolubles dans l'eau.

II. Constater que l'eau se mêle à l'alcool, à la glycérine, qu'elle ne se mêle pas à l'huile, à la benzine, au pétrole.

III. Remplir un flacon de gaz ammoniac. (Il suffit de chauffer la solution du commerce dans un ballon, comme le montre la figure 13.) Le gaz ammoniac chasse l'air du ballon. Quand celui-ci est plein de gaz, ce qu'on sent à l'odeur d'ammoniac qui se dégage, on ferme le flacon avec un bouchon terminé par un tube effilé à ses deux extrémités. L'une des extrémités est fermée à la lampe. On la plonge dans l'eau et on brise la pointe. On voit un jet d'eau se produire dans le flacon. — (Explication : V. *fig*. 14.)

On peut donner à l'expérience précédente une forme plus simple. Il suffit de remplir de gaz ammoniac un tube à essais. On le ferme avec le doigt, on plonge dans l'eau l'extrémité ouverte et on enlève le doigt. L'eau remplit presque tout le tube.

L'eau dissout donc les gaz. Le gaz ammoniac, le gaz chlorhydrique, le gaz sulfureux sont extrêmement solubles ; le chlore, le gaz carbonique sont assez solubles ; l'oxygène, l'azote, l'hydrogène, sont très peu solubles. (V. ces différents corps.)

Propriétés chimiques.

27. *Action de la chaleur et de l'électricité.* — Au-dessus de 1 000 degrés, l'eau est partiellement décomposée par la chaleur. Ce phénomène porte le nom de *dissociation*. Nous avons vu (n° 3) l'action du courant électrique.

28. *Action des métaux.* — **Action du potassium.** Jeter dans l'eau un morceau de potassium (*fig*. 15). On voit le métal courir à la surface du liquide. Le potassium réagit sur l'eau avec dégagement d'hydrogène. Ce gaz en se dégageant soulève le métal. La chaleur produite par la combinaison est suffisante pour enflammer l'hydrogène. Lorsque la réaction est terminée, verser dans l'eau de la teinture de tournesol rougie par un acide.

Fig. 15. — Action du potassium sur l'eau.

Le tournesol bleuit. L'eau renferme donc une *base :* c'est la *potasse* résultant de l'union du potassium avec l'oxygène et la moitié de l'hydrogène de l'eau. *La moitié de l'hydrogène seulement s'est dégagée.*

Action du fer rouge. On fait passer de la vapeur d'eau dans un tube de porcelaine chauffé au rouge dans un fourneau à réverbère (*fig*. 16).

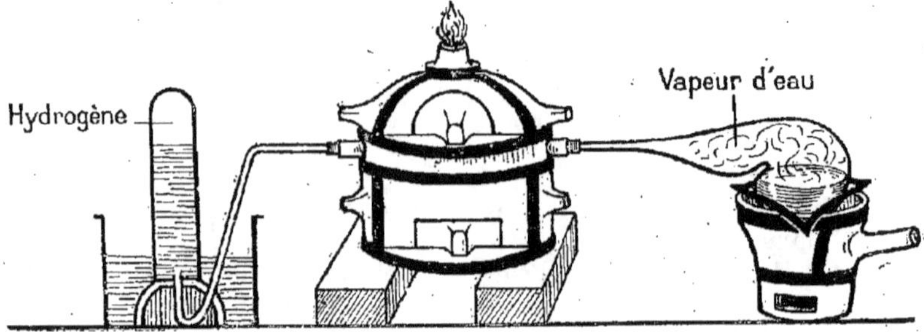

Fig. 16. — Action du fer rouge sur la vapeur d'eau.

Le tube a été au préalable rempli avec des tortillons de fil de fer. On recueille le gaz qui se dégage : c'est de l'hydrogène. Ainsi, le fer au rouge a absorbé l'oxygène de l'eau. Il s'est formé de l'oxyde de fer

29. *Application à la détermination du symbole de l'eau.* — Dans l'action du fer au rouge sur l'eau, *tout* l'hydrogène se dégage ; dans l'action du potassium, au contraire, *la moitié* seulement de l'hydrogène est éliminée. Ces deux réactions nous font concevoir la nécessité d'admettre dans la constitution de la molécule d'eau deux atomes d'hydrogène pour un atome d'oxygène.

Les faits précédents nous montrent encore le vrai caractère d'un symbole chimique d'un corps : c'est une écriture conventionnelle qui rend compte d'un certain nombre de réactions auxquelles le corps donne lieu.

Fig. 17. — Décomposition de l'eau par le charbon ardent.

30. *Action du charbon.* — Prendre des charbons ardents, et au moyen d'une pince en fer les introduire brusquement sous une cloche remplie d'eau et retournée dans l'eau d'un cristallisoir (*fig.* 17). Des gaz se rendent à la partie supérieure de la cloche. Ces gaz sont inflammables. Ils renferment de l'hydrogène, de l'*oxyde de carbone* provenant de la combinaison du charbon avec l'oxygène de l'eau, et divers autres gaz. Nous trouverons une application industrielle de cette expérience dans la fabrication du gaz de coke.

RÉSUMÉ

1. L'eau existe à l'état solide, à l'état liquide ou à l'état gazeux (vapeur). Elle présente à 4° un maximum de densité. A cette température, le poids du décimètre cube a été choisi pour définir le *kilogramme*.

Le point de fusion de la glace a été choisi pour le point 0 ; la température de la vapeur d'eau bouillante sous la pression de 76 centimètres de mercure a été choisie pour le point 100 dans la graduation du thermomètre centigrade.

La quantité de chaleur nécessaire pour élever de 1° la température d'un gramme d'eau s'appelle *calorie*.

2. L'eau est un *dissolvant*. Elle dissout un grand nombre de corps solides ; elle se mélange en toutes proportions avec certains liquides, l'alcool par exemple ; elle dissout des gaz (gaz ammoniac, sulfureux, chlorhydrique, carbonique, chlore, etc.).

3. L'eau est décomposée par la chaleur. Le courant électrique la décompose en oxygène et hydrogène. Le potassium la décompose à froid. La moitié de l'hydrogène se dégage : il se forme de la potasse en dissolution.

Le fer décompose l'eau au rouge : tout l'hydrogène se dégage. Le charbon incandescent décompose l'eau. Il se forme des gaz combustibles. C'est là le principe de la préparation industrielle du gaz des gazogènes.

EXERCICES

Montrez que l'eau existe sous trois états physiques. — Comment passe-t-elle de l'un à l'autre? — Quelle particularité l'eau présente-t-elle dans sa dilatation, dans sa solidification? — Comment ont été choisis : le kilogramme, le point zéro et le point 100 du thermomètre centigrade, la calorie? — Citez des corps qui se dissolvent dans l'eau, d'autres qui ne se dissolvent pas dans ce liquide. — Indiquez l'action sur l'eau de la chaleur, du courant électrique, du fer au rouge, du charbon au rouge

---

6ᵉ LEÇON

HYDROGÈNE
Symbole = H. — *Poids atomique* = **1.**

MATÉRIEL : Appareil à dégagement (*fig.* 18) ou, simplement (*fig.* 19), 5 ou 6 éprouvettes ou flacons qu'on remplira d'hydrogène. Tube effilé pour monter l'appareil représenté par la figure 23. — Chalumeau oxhydrique. Si on dispose de vases poreux (vases à piles), on pourra monter l'un des appareils (*fig.* 21 et 22) ou les deux. — Préparer un flacon d'oxygène pour le mélange détonant. — Zinc, acide sulfurique ou chlorhydrique.

Recommandation importante : Ne pas allumer à l'extrémité du tube à dégagement avant que tout l'air de l'appareil ait été entraîné. (On recueille de l'hydrogène dans un tube à essais et on s'assure que le gaz brûle sans explosion.)

État naturel et préparation.

31. *État naturel.* — L'hydrogène est un des éléments constituants de l'eau. Il entre dans la composition de toutes les substances organiques. On le trouve dans les acides, dans les bases et dans un grand nombre de composés.

32. *Préparation.* — 1° **Dans les laboratoires.** On fait agir un acide sur un métal. On emploie d'habitude du zinc en grenaille et de l'acide sulfurique. On pourrait employer aussi le zinc et l'acide chlorhydrique. — On recueille l'hydrogène par *déplacement d'eau* dans l'appareil que représente la figure 18.

Quand on ne dispose pas de flacon à deux tubulures, on peut cons-

truire un appareil à dégagement *par déplacement d'air*, au moyen d'un
bocal à cornichons et d'un verre de lampe. Cet appareil est représenté par la figure 19.

2° **Dans l'industrie.** On utilise l'action de l'acide sulfurique sur de

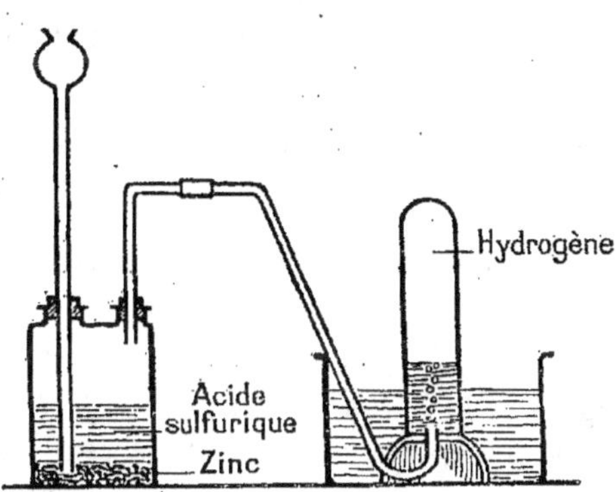

Fig. 18. — Appareil à préparer l'hydrogène.
Le gaz est recueilli par déplacement d'eau.

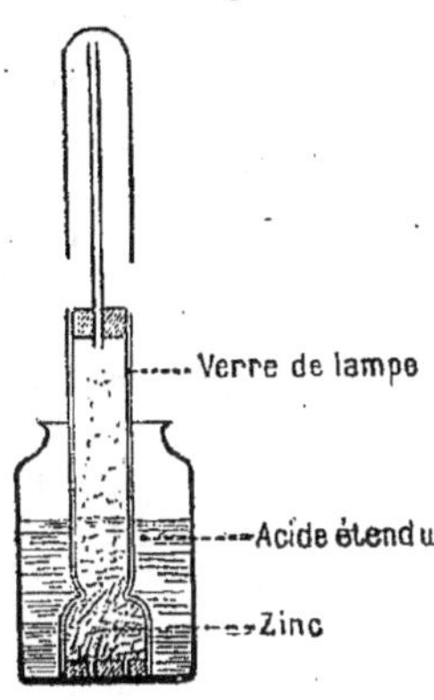

Fig. 19. — Appareil simple
pour recueillir l'hydrogène
par déplacement d'air.

vieil'es ferrailles, ou bien, quand on veut avoir de l'hydrogène plus
pur, on décompose l'eau par un courant électrique très intense. Ce
courant est fourni par des dynamos.

Propriétés.

33. *Propriétés physiques.* — L'hydrogène pur
est un gaz incolore, inodore. (Celui qu'on prépare avec l'acide sulfurique et le zinc a le plus
souvent une odeur désagréable, à cause des
impuretés que renferme le métal.)

Fig. 20. — L'hydrogène,
très léger, se transvase
de l'éprouvette infé-
rieure dans l'éprouvette
supérieure.

EXPÉRIENCES. I. Recueillir de l'hydrogène dans
une éprouvette et approcher une allumette de
l'orifice. L'hydrogène brûle avec une flamme
bleu pâle, peu éclairante. Cette propriété nous
permettra de caractériser l'hydrogène.

II. Retourner une éprouvette pleine d'hydrogène, l'orifice en haut. Au bout de quelques
minutes, approcher une allumette : aucun résultat. L'hydrogène s'est échappé ; il est donc
plus léger que l'air. — On peut le transvaser
d'une éprouvette inférieure dans une éprouvette supérieure comme
le montre la figure 20.

Les bulles de savon gonflées à l'hydrogène s'élèvent dans l'air. Il en est de même des petits ballons en baudruche gonflés à l'hydrogène.

L'hydrogène est le plus léger de tous les gaz. A 0° et sous la pression de 760 millimètres, il faut 11 lit. 15 pour peser 1 gramme.

Densité des gaz. Nous avons vu qu'on exprime la densité des solides et des liquides par rapport à l'eau. Si on procédait de même pour les gaz, la densité de ceux-ci serait représentée par des nombres très faibles. Ainsi, la densité de l'hydrogène serait par rapport à l'eau $\dfrac{1}{11\,150}$ ou 0,000 089, puisque 11 l. 15 d'eau pèsent 11 150 grammes et que 11 l. 150 d'hydrogène pèsent 1 gramme.

On est convenu de prendre la densité des gaz par rapport à **un autre gaz, l'air généralement.**

On appelle densité d'un gaz par rapport à l'air le rapport des masses de volumes égaux de ce gaz et d'air, dans les mêmes conditions de température et de pression.

Dire que la densité de l'hydrogène par rapport à l'air est 0,069 signifie : la masse de 1 litre d'hydrogène est 0,069 de la masse d'un litre d'air dans les mêmes conditions.

A 0° et sous 760 millimètres, 1 litre d'air pèse 1 gr. 3 ; 1 litre d'hydrogène pèse 1 gr. 3 $\times$ 0,069 = 0,089.

On prend aussi la densité des gaz par rapport à l'hydrogène. La densité de l'air par rapport à l'hydrogène est 14,4. Cela signifie par exemple : à 0° et sous 760 millimètres, 1 litre d'air pèse 14,4 fois autant que 1 litre d'hydrogène. La densité de l'oxygène est 16 par rapport à l'hydrogène, celle de l'azote est 14, etc.

EXPÉRIENCE. Boucher l'orifice d'une éprouvette remplie d'hydrogène avec du papier buvard. Retourner l'éprouvette et approcher une allumette au-dessus du papier. L'hydrogène brûle au-dessus du papier. Le gaz a donc traversé le buvard. Il traverse ainsi tous les corps poreux. On peut le montrer par les deux expériences que représentent les figures 21 et 22. On exprime ce fait en disant que l'hydrogène est *très diffusible.* Cette propriété a empêché longtemps de l'utiliser pour gonfler les aérostats. Depuis quelques années, on a pu fabriquer des enveloppes qui sont suffisamment imperméables pour permettre son emploi.

L'hydrogène est peu soluble dans l'eau. Il est très difficilement

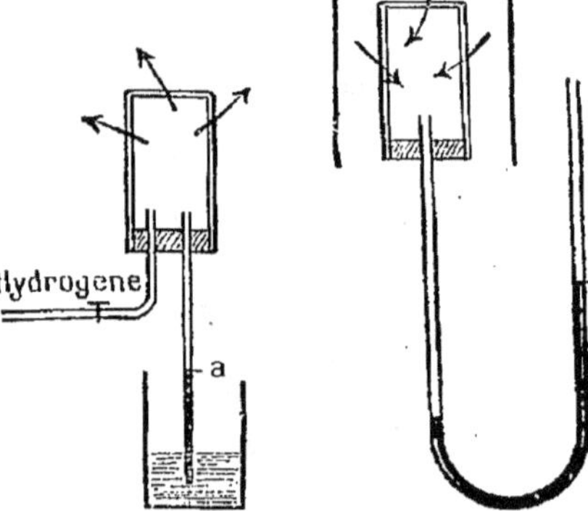

Fig. 21 et 22. — A gauche, l'hydrogène enfermé dans le vase en porcelaine poreuse s'échappe par les pores plus rapidement que l'air ne rentre ; il en résulte une diminution de pression. — A droite, le phénomène est inverse.

liquéfiable. L'évaporation de l'hydrogène liquide abaisse la température à — 252°.

34. *Propriétés chimiques.* — Expériences. I. Faire un mélange de 2/3 d'un flacon d'hydrogène et 1/3 d'oxygène. Entourer le flacon d'un linge et l'approcher d'une flamme. Il se produit une explosion violente. Quelquefois le flacon est brisé. On peut également faire un mélange détonant avec 1/3 d'hydrogène et 2/3 d'air, mais l'explosion est moins forte.

II. Remplacer le tube à dégagement par un tube effilé (*fig.* 23). Allumer l'hydrogène à l'extrémité du tube. On a une flamme peu éclairante (sa couleur jaune est due à des vapeurs de sodium, métal qui entre dans la constitution du verre). — Mettre un fil de fer fin dans cette flamme : il est porté à l'incandescence et fondu. Cette flamme est donc très chaude. — Couvrir la flamme d'un verre très sec : on voit une buée se déposer sur les parois du verre, et bientôt des gouttelettes d'eau ruisseler.

Ainsi, *l'hydrogène brûle dans l'air ou dans l'oxygène en donnant de l'eau. Sa flamme est peu éclairante, mais très chaude.*

Lavoisier réalisa la synthèse de l'eau en faisant brûler de l'hydrogène dans un ballon où arrivait également de l'oxygène.

III. En faisant passer un courant d'hydrogène sur de l'oxyde de cuivre ou de l'oxyde de fer chauffé, l'hydrogène enlève l'oxygène pour former de l'eau, et il reste le métal (n° 23). — On appelle *corps réducteurs* ceux qui enlèvent ainsi de l'oxygène à un composé. *L'hydrogène est donc un réducteur.*

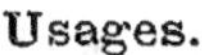

Fig. 23. — L'hydrogène brûle en donnant de l'eau.

IV. Plonger une bougie allumée dans une éprouvette remplie d'hydrogène. La bougie s'éteint. Ainsi *l'hydrogène n'entretient pas la combustion.* Il n'entretient pas non plus la respiration, mais ce n'est pas un poison; si les animaux meurent dans une atmosphère d'hydrogène, c'est simplement par manque d'oxygène.

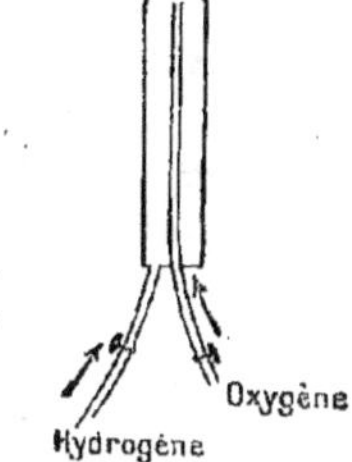

Fig. 24. — Chalumeau oxhydrique.

Usages.

35. *Gonflement des aérostats.* — Depuis qu'on est parvenu à obtenir des enveloppes à peu près imperméables à l'hydrogène, ce gaz est employé pour le gonflement des aérostats, surtout pour les dirigeables.

36. *Chalumeau oxhydrique. Lumière Drummond.* — On obtient au moyen du chalumeau oxhydrique une température qui peut atteindre

2 000 degrés. Cet appareil est représenté par la figure 24. Le mélange d'hydrogène se fait à l'endroit même où la combustion se produit.

En dirigeant le jet du chalumeau sur un crayon de chaux, on porte cette substance à l'incandescence et on a une lumière éblouissante, dite *lumière Drummond* ou *lumière oxhydrique*.

RÉSUMÉ

1. L'hydrogène se prépare dans les laboratoires en faisant agir le zinc sur l'acide sulfurique ou sur l'acide chlorhydrique étendu. On recueille le gaz par déplacement d'eau ou par déplacement d'air.

Dans l'industrie, on fait agir le fer sur l'acide sulfurique, ou bien on décompose l'eau par un courant électrique très intense.

2. L'hydrogène est un gaz incolore, inodore quand il est pur, peu soluble dans l'eau. C'est de tous les gaz le plus difficile à liquéfier. C'est *le plus léger de tous les gaz*. Il en faut plus de 11 litres pour peser 1 gramme. Il passe facilement à travers les corps poreux : on dit qu'il est *très diffusible*.

3. La densité d'un gaz par rapport à l'hydrogène est le rapport entre les masses de volumes égaux de ce gaz et d'hydrogène, pris à la même température et à la même pression.

4. L'hydrogène brûle dans l'air ou dans l'oxygène avec une flamme bleue, *peu éclairante, mais très chaude. Le produit de sa combustion est de l'eau.*

5. L'hydrogène peut enlever de l'oxygène à un grand nombre de corps qui en renferment : c'est un *réducteur*.

6. On emploie l'hydrogène au gonflement des ballons, en raison de sa faible densité. — Dans le *chalumeau oxhydrique*, on enflamme un mélange d'hydrogène et d'oxygène, et l'on obtient une température très élevée. Le jet de ce chalumeau, projeté sur un crayon de chaux, donne une lumière éblouissante : c'est la *lumière oxhydrique*.

EXERCICES

I. Comment prépare-t-on l'hydrogène dans les laboratoires, dans l'industrie? — Décrivez l'appareil utilisé dans les laboratoires. — Quelles sont les propriétés physiques caractéristiques de l'hydrogène? — Citez les expériences qui mettent ces propriétés en évidence. — L'hydrogène est-il combustible? Propriétés de sa flamme. — Application au chalumeau oxhydrique, à la lumière oxhydrique. — Dessinez un chalumeau oxhydrique. — Pourquoi emploie-t-on l'hydrogène au gonflement des aérostats? — Qu'appelle-t-on densité d'un gaz par rapport à l'air, par rapport à l'hydrogène? — Densité de quelques gaz par rapport à l'hydrogène? — Qu'appelez-vous corps réducteurs? Montrez que l'hydrogène est un corps réducteur.

II. Connaissant la densité d'un gaz par rapport à l'hydrogène, comment peut-on trouver la densité par rapport à l'air? — Problème inverse.

III. Quel est le poids de 1 litre d'hydrogène à 0° et sous la pression de 760 millimètres? — Quel est le poids de 11 l. 15 d'azote, d'oxygène, d'air dans les mêmes conditions?.

7° LEÇON

OXYGÈNE

Matériel : Appareils à dégagement (*fig.* 25 à 29). Recueillir quelques flacons d'oxygène. Prendre un fil de fer fin. L'enrouler en spirale, fixer une extrémité dans un bouchon, adapter à l'autre extrémité un morceau d'amadou ou même de papier. — Magnésium. — Morceau de charbon, de soufre, de phosphore blanc, si on veut recommencer les expériences de combustion dans l'oxygène.

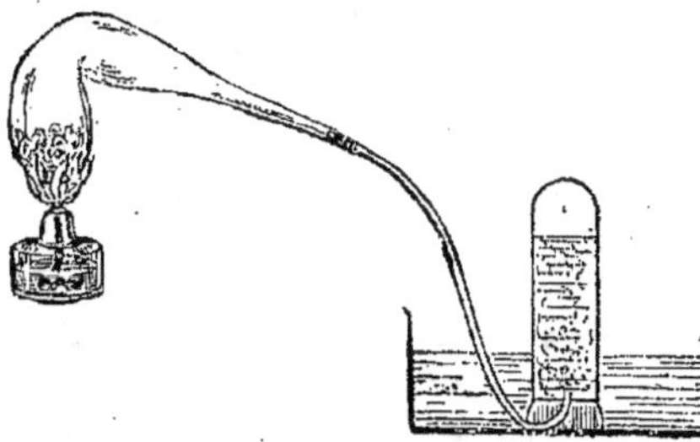
Fig. 25. — Appareil à préparer l'oxygène.

État naturel et préparation.

37. *Préparation dans les laboratoires.* — L'oxygène existe dans la plupart des corps qui nous entourent; il se rencontre dans l'eau, dans l'air.

Expérience. Dans les laboratoires, on prépare l'oxygène en chauffant le chlorate de potassium dans l'appareil indiqué au n° 2. Quand on veut obtenir une grande quantité de ce gaz, on met le chlorate dans une *cornue* (*fig.* 25). Le dégagement est plus régulier quand on ajoute au chlorate un poids égal d'un corps appelé *bi-oxyde de manganèse*, dont le rôle ici n'est pas bien connu. On peut se dispenser de recueillir le gaz par déplacement d'eau, comme au n° 2 : il suffit de faire arriver le tube à dégagement au fond des flacons dans lesquels on veut recueillir le gaz (*fig.* 26). L'oxygène chasse l'air. Le gaz

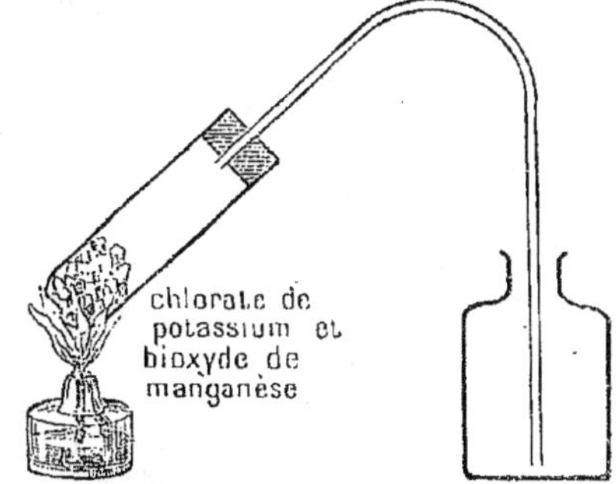

Fig. 26. — Appareil à déplacement d'air.

est alors recueilli par *déplacement d'air*. Caractériser l'oxygène en rallumant une allumette n'ayant plus qu'un point rouge.

Remarque. On dispose actuellement d'un corps, appelé *oxylithe*, qui agit sur l'eau avec dégagement d'oxygène. Ce corps, mélange de peroxyde de potassium et de sodium, dont le mode de fabrication est tenu secret, donne comme produit de la réaction un mélange de potasse et de soude caustique en dissolution. Le liquide se colore en bleu par suite de la présence de cuivre dans ce composé. La réaction est tumultueuse; aussi est-il bon de recueillir l'oxygène dans un flacon de grand volume, 3 à 4 litres, de manière à l'utiliser selon les besoins.

Les figures 27 à 29 indiquent suffisamment comment on peut procéder.

Même si on prépare l'oxygène par le chlorate de potassium, il est bon de recueillir ce gaz comme plus haut et d'en faire une provision

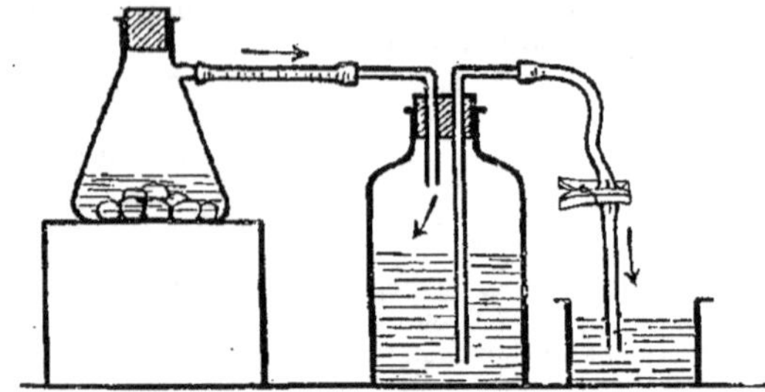

Fig. 27. — Production de l'oxygène au moyen de l'oxylithe.

dans un flacon-gazomètre (*fig.* 28). En additionnant l'eau de quelques centimètres cubes de glycérine, on modère la réaction. L'oxylithe coûte actuellement 5 francs le kilogramme; avec 1 kilogramme, on peut facilement préparer 120 litres d'oxygène.

38. *Préparation industrielle.* — **1° Par électrolyse de l'eau.** Dans l'industrie, on obtient l'oxygène en décomposant l'eau au moyen d'un puissant courant électrique fourni par des *dynamos*. Cette opération s'appelle *électrolyse*. On recueille en même temps de l'hydrogène. L'oxygène est comprimé dans des tubes en fer forgé.

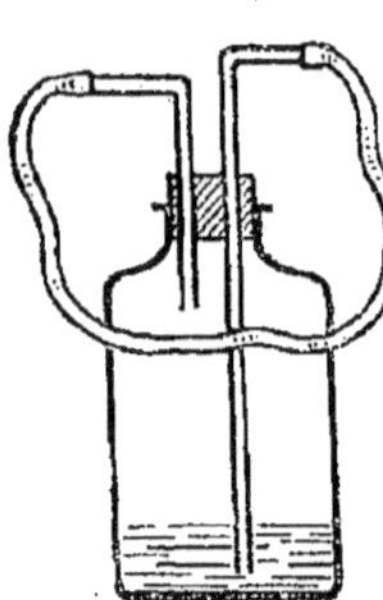

Fig. 28. — Manière de conserver un gaz. — Le flacon, d'une contenance de 3 à 4 litres, constitue un gazomètre peu coûteux et facile à construire.

2° Au moyen de l'air liquide. M. Claude a montré que, lors de la liquéfaction de l'air, l'oxygène se liquéfie le premier. Il a construit des appareils qui permettent par ce moyen de séparer de l'air l'oxygène et l'azote. La société *L'Air liquide*, à Boulogne-sur-Seine, possède deux machines, l'une permettant d'établir, par jour, 700 mètres cubes, et l'autre 1 000 mètres cubes d'oxygène presque pur (96 à 98 pour 100).

Propriétés.

39. *Propriétés physiques.* — L'oxygène est un gaz incolore, inodore, peu soluble dans l'eau. Un litre d'eau dissout, à 0°, 40 centimètres cubes d'oxygène.

Ce gaz est difficilement liquéfiable. A 0° et sous 760 millimètres de mercure, 1 litre d'oxygène pèse 1 gr. 43.

Ozone. Sous l'action d'étincelles électriques, l'oxygène subit une sorte de condensation et se transforme en *ozone*, dont les propriétés oxydantes sont plus énergiques encore que celles de l'oxygène. En particulier, l'ozone détruit les organismes que l'eau peut renfermer : d'où son utilisation pour la désinfection de l'eau dans les grandes villes.

40. *Propriétés chimiques.* — EXPÉRIENCES. I. Faire brûler du charbon, du soufre, du phosphore dans l'oxygène. *L'oxygène entretient
donc les combustions.*

II. Contourner en spirale un fil de fer fin (*fig.* 30). Fixer à l'extrémité un morceau d'amadou. Allumer l'amadou et plonger le fil dans
un flacon rempli d'oxygène. Le fer brûle avec de brillantes étincelles. Des globules noirâtres se détachent et vont s'incruster dans le verre.
Ils sont formés *d'oxyde de fer* résultant de la combinaison du fer et de l'oxygène.

III. Allumer l'extrémité d'un ruban de *magnésium* et plonger

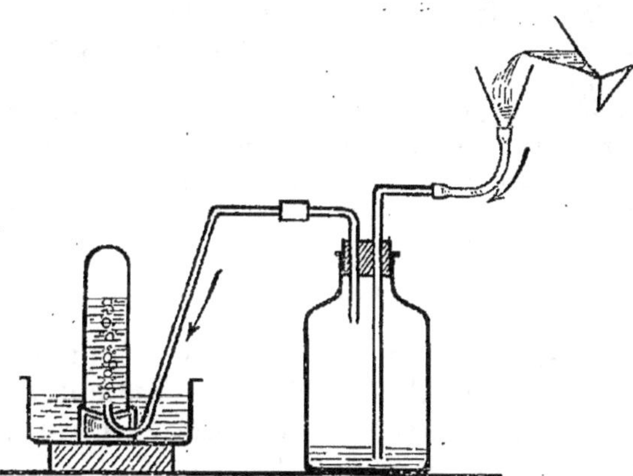

Fig. 29. — Moyen d'utiliser le gaz recueilli dans le gazomètre.

ce ruban dans un flacon rempli d'oxygène. Le métal brûle avec une
flamme éblouissante. Le résidu de la combustion est une poudre
blanche appelée *magnésie :* c'est un *oxyde de magnésium.*

41. *Propriétés physiologiques.* — L'oxygène est indispensable à la
vie de tous les êtres vivants. En particulier, un animal privé d'oxygène
meurt par *asphyxie.* Mais, dans l'oxygène pur, les phénomènes respiratoires deviennent très intenses, et
lorsqu'on fait vivre un animal dans l'oxygène pur
sous la pression de 4 à 5 atmosphères, la mort arrive
rapidement. — Sous des pressions qui ne dépassent pas 1 atmosphère, on peut respirer sans danger
de l'oxygène pur pendant un temps assez long. —
Quand la présence de l'oxygène dans l'air devient
trop faible, par exemple dans les ascensions en ballon, on éprouve une grande gêne pour respirer, et
l'asphyxie peut même se produire. Les aéronautes
emportent des ballonnets pleins d'oxygène pur et
respirent ce gaz lorsqu'ils sont à des altitudes très
grandes.

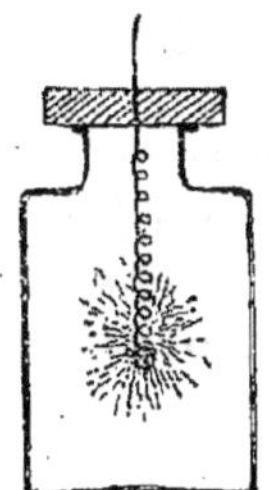

Fig. 30. — Com
bustion du
fer dans l'oxy-
gène.

On peut quelquefois ramener à la vie des personnes
ayant subi un commencement d'asphyxie, en pratiquant la respiration artificielle. On fait respirer alors de l'oxygène pur. Les hommes

qui ont à séjourner dans une atmosphère irrespirable sont munis
d'appareils leur permettant de respirer de l'oxygène pur.

Applications.

42. *Usages de l'oxygène.* — L'oxygène est employé industriellement
pour obtenir des températures élevées. Sa consommation augmente
rapidement depuis qu'on le fabrique à bon compte. Actuellement,
elle atteint par jour un millier de mètres cubes. L'oxygène vaut
aujourd'hui environ 4 francs le kilogramme.

Transformé en ozone, l'oxygène sert à la désinfection des eaux.
— On fait respirer l'oxygène pur aux personnes ayant subi un commencement d'asphyxie. Les aéronautes l'utilisent pour respirer aux
hautes altitudes. Les ouvriers qui doivent séjourner dans des gaz
dangereux respirent de l'oxygène pur.

RÉSUMÉ

1. On prépare l'oxygène dans les laboratoires en chauffant le
chlorate de potassium. Dans l'industrie, on l'obtient par la
décomposition de l'eau au moyen du courant électrique, ou
encore dans la préparation de l'air liquide.

2. L'oxygène est un gaz incolore, inodore, peu soluble dans
l'eau, difficilement liquéfiable. Sa densité par rapport à l'air
est de 1,10.

3. L'oxygène possède la propriété caractéristique de rallumer un
copeau, une allumette n'ayant plus qu'un point rouge. Il entretient énergiquement les combustions. Le charbon, le soufre, le
phosphore, le fer, le magnésium brûlent dans l'oxygène avec un
vif éclat. Il est nécessaire à la vie des animaux et des plantes.

4. L'oxygène sert dans l'industrie à obtenir de hautes températures. Transformé en *ozone*, il sert à désinfecter les eaux.

L'oxygène pur peut ramener à la vie des personnes ayant subi
un commencement d'asphyxie. Les aéronautes en emportent
dans les ascensions. Il permet aux sauveteurs de séjourner dans
des atmosphères irrespirables.

EXERCICES

Comment prépare-t-on l'oxygène dans les laboratoires, dans l'industrie? —
Décrivez l'appareil qui sert à préparer l'oxygène dans les laboratoires. —
Faites connaître les propriétés physiques de l'oxygène, sa propriété chimique
caractéristique. — Quel est le rôle de l'oxygène dans la nature, dans l'industrie?

8ᵉ LEÇON

ANHYDRIDES. — OXYDES BASIQUES. — ACIDES. — BASES

MATÉRIEL : Potasse ou soude caustique, ammoniaque. — Grenaille de zinc. — Vinaigre blanc ou vinaigre décoloré par du noir animal, ou acide acétique. — Teinture bleue de tournesol. — Acide sulfurique. — Acide chlorhydrique. — Craie. — Eau de chaux. — Sel marin. — Soufre. — Alcool. — Phosphore. — Magnésium. — Dans 4 bocaux bien secs de 250 centimètres cubes au moins, faire brûler du soufre, du phosphore, du magnésium. Dans l'un d'eux, introduire un petit morceau de papier imbibé d'alcool et enflammé. Quand le papier s'éteint, le flacon renferme du gaz carbonique en quantité suffisante pour réaliser les expériences de la leçon. — Il est bon d'avoir aussi une solution de phénolphtaléine dans l'alcool. Ce réactif, d'une extrême sensibilité, se colore en rouge très intense sous l'action des bases. La solution d'orangé n° 3 (spécial pour analyses) se colore en rouge sous l'action des acides. — Nous supposerons que l'on n'a à sa disposition que du tournesol bleu. — Les expériences sur la combustion du soufre, du charbon, du phosphore, du magnésium seront faites dans l'oxygène si l'on a une provision suffisante de ce gaz et si le temps ne fait pas défaut. La combustion dans l'air est d'ailleurs suffisante.

Acides. — Anhydrides.

43. *Propriétés caractéristiques des acides.* — EXPÉRIENCE. Voici du vinaigre blanc. Il a une saveur piquante. J'en verse quelques gouttes dans un tube qui contient de la teinture bleue de tournesol. La teinture passe au rouge.

EXPÉRIENCE. Dans le tube à essais (*fig.* 31) j'ai mis de la craie. J'y verse du vinaigre. Des bulles se forment sur la craie et s'échappent en faisant bouillonner le liquide. On dit que la craie fait *effervescence* avec le vinaigre. J'introduis dans le tube une allumette enflammée : elle s'éteint; je ferme le tube par un bouchon auquel est adapté un tube à dégagement. Ce tube à dégagement plonge dans l'eau de chaux. On voit l'eau se troubler; il se forme un précipité blanc. Nous reconnaissons là la présence du gaz carbonique.

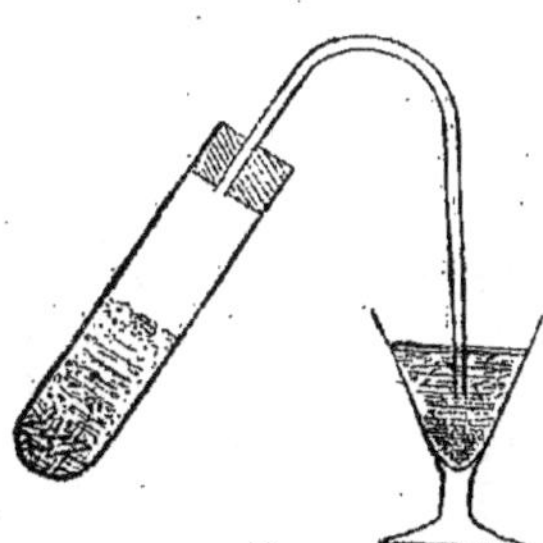

Fig. 31. — Le vinaigre fait effervescence avec la craie ; il se dégage un gaz qui trouble l'eau de chaux : gaz carbonique.

CONCLUSION : Dans le vinaigre nous trouvons un corps à saveur piquante, rougissant la teinture bleue de tournesol, produisant avec la craie une effervescence et un dégagement de gaz carbonique. Ce corps est un *acide*. On appelle *acides*, en chimie, les corps qui possèdent les propriétés précédentes.

Exemples : Mettre quelques gouttes d'acide chlorhydrique, d'acide sulfurique dans un verre d'eau. Constater la saveur piquante analogue à celle du vinaigre. Constater l'action de ces corps sur la teinture bleue de tournesol, sur la craie.

44. Anhydrides. — EXPÉRIENCE. Voici trois bocaux. Dans l'un, j'ai fait brûler du soufre : il renferme un gaz à odeur suffocante.

Dans le deuxième, j'ai fait brûler du phosphore : il est rempli de fumées blanches.

Dans le troisième, j'ai fait brûler du charbon dans l'oxygène, ou même, simplement, un morceau de papier imbibé d'alcool. Ce flacon renferme du gaz carbonique qui trouble l'eau de chaux.

Dans chacun de ces flacons, je verse un peu de liquide bleu qu'on appelle teinture de tournesol.

Le tournesol passe au rouge.

Au contact de l'eau, le gaz sulfureux, le gaz carbonique, les fumées blanches provenant de la combustion du phosphore, se sont dissous en donnant un corps qui possède les propriétés d'un acide, puisqu'il rougit la teinture de tournesol.

On appelle *anhydrides* les corps qui résultent ainsi de la combinaison du soufre, du phosphore, du carbone avec l'oxygène. Les anhydrides s'unissent à l'eau pour former des acides.

L'anhydride phosphorique a pour formule P^2O^5; en s'unissant à l'eau, il donne l'acide phosphorique, de formule PO^4H^3; l'anhydride carbonique a pour formule CO^2; sa combinaison avec l'eau est l'acide carbonique CO^3H^2; l'anhydride sulfureux a pour symbole SO^2; son acide, l'acide sulfureux, est SO^3H^2.

Ces deux derniers acides n'ont pas été isolés; à propos du soufre et du charbon, nous préciserons ce que signifient les expressions acide carbonique, acide sulfurique.

Bases.

45. *Propriétés caractéristiques des bases.* — EXPÉRIENCE. Voici de l'eau de chaux. Mettez-en un peu sur la langue. Vous ne constatez pas la saveur piquante des acides. J'en verse dans le tournesol bleu : sa couleur ne change pas. J'en verse maintenant dans le tournesol rougi par un acide : il redevient bleu. Je verse de l'eau de chaux sur la craie : je n'observe rien.

CONCLUSION : L'eau de chaux n'a pas de saveur piquante; elle est sans action sur la craie, mais elle ramène au bleu la teinture de tournesol rougie par un acide. Elle est le type d'un certain nombre de corps qu'on appelle en chimie des *bases*.

Exemples : Vérifier que la potasse, la soude en solution, l'ammoniaque possèdent les propriétés précédentes. Ce sont des bases.

EXPÉRIENCE. Dans le flacon où a brûlé le magnésium, je verse du tournesol rouge : la couleur passe au bleu. Le produit de la combustion du magnésium se comporte donc comme une base en présence de l'eau. Ce produit est un oxyde basique, dont le symbole est MgO ; on l'appelle *magnésie*.

Corps neutres.

46. *Les corps neutres sont sans action sur le tournesol.* — EXPÉ-RIENCE. Jetons du sel marin dans l'eau : il se dissout. Versons une partie de la solution dans le tournesol bleu : le liquide reste bleu ; versons l'autre dans du tournesol rouge : le tournesol reste rouge. Le sel marin est sans action sur le tournesol : on dit que c'est un *corps neutre*.

Métalloïdes. — Métaux.

47. *Propriété caractéristique des métaux.* — Les corps comme le fer, le cuivre, l'or, l'argent, etc., que nous désignons couramment sous le nom de *métaux*, nous apparaissent bien différents du soufre, du charbon, de l'oxygène, de l'hydrogène. Ils sont brillants quand ils sont polis, ils se laissent étirer en lames, en fils, ils sont bons conducteurs de la chaleur et de l'électricité. Les corps qui ne possèdent pas ces propriétés sont des *métalloïdes*. Mais certains corps sont difficiles à classer parmi l'une ou l'autre catégorie. Il a donc fallu chercher un caractère distinctif des métaux. Rappelons-nous que la chaux est une combinaison de l'oxygène et d'un métal : le calcium ; c'est un *oxyde de calcium*. De même, la potasse est un *oxyde de potassium*, la soude un *oxyde de sodium*. Ces trois corps dissous sont des *bases* énergiques. La magnésie, ou oxyde de magnésium, est aussi une base énergique.

Ainsi les corps nettement caractérisés comme métaux donnent avec l'oxygène des composés qui jouent le rôle de bases ; les métalloïdes nettement caractérisés donnent, au contraire, avec l'oxygène des *anhydrides* qui, en se dissolvant dans l'eau, forment des acides. On a *choisi* la propriété de donner avec l'oxygène un composé jouant le rôle de base pour *caractériser* les *métaux*.

Ainsi, *nous rangerons parmi les métaux tout corps qui, en se combinant avec l'oxygène, nous donnera au moins un composé jouant le rôle de base.* Les autres corps seront des *métalloïdes*.

RÉSUMÉ

1. Les acides sont caractérisés par les propriétés suivantes : *a*) Ils ont une saveur piquante ; *b*) Ils font effervescence avec la craie, avec dégagement de gaz carbonique ; *c*) Ils rougissent la teinture bleue de tournesol.

2. Les *bases* n'ont pas de saveur acide ; elles sont sans action sur la craie, mais elles *ramènent au bleu la teinture de tournesol rougie par un acide.*

3. Les acides les plus importants sont l'*acide sulfurique*, l'*acide* *chlorhydrique*, l'*acide azotique*. Les bases les plus importantes sont : l'*eau de chaux*, la *potasse*, la *soude*, l'*ammoniaque* ou *alcali volatil*.

4. On divise les corps simples en *métalloïdes* et en *métaux*. On range parmi les métaux tout corps qui, en se combinant avec l'oxygène, donne au moins un composé pouvant jouer le rôle de base.

Les métalloïdes se combinent avec l'oxygène pour donner le plus souvent des *anhydrides*. Ces anhydrides se dissolvent dans l'eau et forment des acides.

EXERCICES

I. La dissolution de gaz carbonique fait-elle effervescence avec la craie? Y a-t-il une différence entre la coloration que prend la teinture de tournesol lorsqu'on l'agite avec la solution précédente et avec l'acide sulfurique?

II. Quand on aura des violettes, en tremper quelques-unes dans de l'eau acidulée : elles rougissent. En tremper quelques-unes dans de l'ammoniaque : elles verdissent. De cette expérience, tirer un moyen de caractériser les acides et les bases.

III. Comment reconnaissez-vous un acide? — Quels sont les acides les plus importants? — Comment reconnaissez-vous une base? — Quelles sont les bases que vous connaissez? — Quels corps range-t-on parmi les métaux? — Citez des métaux, des métalloïdes. — Qu'est-ce qu'un anhydride? — Citez des anhydrides. — Quel corps obtient-on en dissolvant un anhydride dans l'eau? — Exemples.

9e LEÇON

SELS MÉTALLIQUES. — ÉQUATIONS CHIMIQUES

MATÉRIEL : Acide sulfurique, acide chlorhydrique. — Potasse ou soude caustique, ammoniaque. — Grenaille de zinc. — Tournesol bleu ou phénolphtaléine.

Sels métalliques.

48. *Première définition des sels.* — EXPÉRIENCES. I. Voici dans un verre de l'acide sulfurique étendu, coloré en rouge par le tournesol. J'y verse avec précaution une solution étendue de potasse, jusqu'au moment où le liquide passe du rouge au bleu. Je verse ce liquide dans une capsule en porcelaine, et je chauffe de manière à réduire l'eau en vapeur. Il reste dans la capsule un corps blanc, neutre au tournesol. Ce corps, que l'on appelle *sulfate de potassium*, résulte de l'union de la potasse et de l'acide. C'est un *sel métallique*. On dit que la potasse a *neutralisé* l'acide.

II. Neutraliser de même l'acide chlorhydrique étendu par la soude. Après évaporation du liquide, il reste un dépôt de sel ordinaire. Le sel marin s'appelle en chimie *chlorure de sodium*.

III. Dans un tube à essais, mettre une solution un peu concentrée de potasse ou de soude. Verser avec précaution de l'acide étendu de son volume d'eau environ. On constate que le tube devient brûlant (les projections d'acide étant à craindre, se servir d'une pipette). La combinaison de l'acide et de la base s'est donc faite avec grand dégagement de chaleur.

Ainsi, *un sel peut être considéré comme résultant de la combinaison d'un acide et d'une base.*

49. *Deuxième définition d'un sel.* — EXPÉRIENCES. I. Dans un tube à essais (*fig.* 32), j'ai mis dans de l'eau quelques fragments de rognure de zinc. J'ajoute quelques gouttes d'acide sulfurique. Je vois se produire un bouillonnement qui annonce un dégagement de gaz. Je puis enflammer ce gaz à l'orifice du tube. En fermant le tube par un bouchon muni d'un tube à dégagement, je puis recueillir ce gaz comme je l'ai fait déjà (n° 2).

Ce gaz qui brûle avec une flamme bleue est de l'*hydrogène.*

J'ajoute de l'acide jusqu'à ce que le métal ait disparu complètement, et je fais évaporer le liquide obtenu. Il reste un corps blanc qu'on appelle *sulfate de zinc;* c'est encore un sel. Le métal a pris la place d'une certaine quantité d'hydrogène que renfermait l'acide. On dit qu'il s'est *substitué* à l'hydrogène.

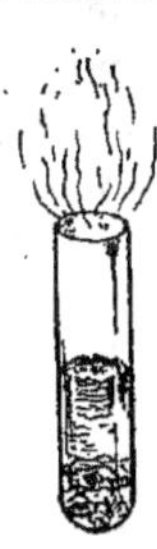

Fig. 32. — Le zinc avec l'acide sulfurique étendu donne lieu au dégagement d'un gaz qu'on peut enflammer: l'hydrogène.

II. Recommencer l'expérience précédente en mettant de l'acide chlorhydrique à la place de l'acide sulfurique. Mêmes résultats : le résidu solide, provenant de la substitution du zinc à l'hydrogène de l'acide chlorhydrique, est du *chlorure de zinc.*

Ainsi, nous pouvons encore définir un sel : *Le résultat de la substitution d'un métal à l'hydrogène d'un acide.*

Tout l'hydrogène de l'acide peut être remplacé par le métal, ou bien une partie seulement a été remplacée. Dans ce dernier cas, le sel est encore acide au tournesol : on l'appelle *sel acide.*

Acides. — Bases. — Nouvelles définitions.

50. *Nouvelle définition des acides.* — Nous venons de voir que le zinc se substitue à l'hydrogène de l'acide chlorhydrique, de l'acide sulfurique. Tous les acides renferment de l'hydrogène qui peut être remplacé par un métal. Ainsi, *un acide est un composé qui renferme de l'hydrogène remplaçable par un métal.*

Les acides comme l'acide chlorhydrique ne renferment pas d'oxygène. Ils sont formés d'hydrogène uni à un autre corps. Ainsi, l'acide chlorhydrique est formé de chlore et d'hydrogène. C'est un *hydracide.* Quand un métal se substitue à l'hydrogène, le sel est formé du métal uni au chlore : c'est un *chlorure* du métal.

L'acide sulfurique renferme de l'oxygène. C'est un *oxacide*. Il renferme aussi de l'hydrogène et du soufre, soit trois corps simples. Quand un métal se substitue à l'hydrogène, le sel renferme encore du soufre, de l'oxygène unis au métal. Ce sel est un *sulfate*.

51. *Nouvelle définition des bases.* — Il nous est possible de définir une base par son action sur le tournesol dans le cas où la base est soluble. Mais si la base n'est pas soluble, les réactifs colorés ne nous permettent pas de la caractériser. Que la base soit soluble ou non, nous pouvons en donner la définition générale suivante : *Une base est un corps qui, en se combinant à un acide, donne un sel.*

Ce sel est d'ailleurs identique à celui qui serait obtenu en faisant agir sur l'acide le métal correspondant à la base. Exemple : Le zinc se combine à l'oxygène pour former un oxyde. Cet oxyde de zinc s'unit à l'acide sulfurique pour donner du sulfate de zinc. L'oxyde de zinc est une base. Le sulfate résultant de cette combinaison est le même que celui obtenu en faisant agir le zinc sur l'acide sulfurique. L'expérience serait aussi concluante avec du cuivre et de l'acide azotique.

Symboles des acides, des bases, des sels.
Équations chimiques.

52. *Symboles des acides, des bases, des sels.* — Considérons l'acide sulfurique, dont le symbole est SO^4H^2; cet acide a deux atomes d'hydrogène remplaçables par un acide.

Quand on fait agir sur cet acide le fer, le zinc, *tout* l'hydrogène se dégage et est remplacé par le métal. On obtient alors un *sulfate*. L'analyse de ce sulfate montre que les deux atomes d'hydrogène de l'acide ont été remplacés par un atome de métal.

On connaît aussi les sulfates de calcium, de magnésium, de baryum, de plomb, de mercure, dans lesquels un atome de métal remplace deux atomes d'hydrogène.

On connaît d'autre part des sels de l'acide sulfurique dans lesquels l'hydrogène est remplacé par du potassium ou du sodium. Il existe deux sulfates de potassium, deux sulfates de sodium. Pour l'un de ces sulfates, les deux atomes d'hydrogène sont remplacés par deux atomes de métal : c'est le sulfate *neutre*. Pour l'autre, un atome d'hydrogène seulement a été remplacé; ce sel renferme donc encore un atome d'hydrogène remplaçable : c'est un *bisulfate* ou sulfate acide.

Ainsi, le potassium, le sodium peuvent remplacer l'hydrogène d'un acide atome pour atome; on dit que ces métaux sont *monovalents.* — Le fer, le zinc, qui se substituent à deux atomes d'hydrogène, sont *divalents.*

D'après cela nous pouvons écrire les formules des sels des différents acides.

EXEMPLES : L'acide chlorhydrique H Cl, l'acide azotique AzO³H, n'ont dans leur molécule qu'un atome d'hydrogène remplaçable.

Les formules de leurs sels de potassium et de sodium seront :

$$ClK, \quad \text{chlorure de potassium.}$$
$$ClNa, \quad \text{chlorure de sodium.}$$
$$AzO^3K, \quad \text{azotate de potassium.}$$
$$AzO^3Na, \quad \text{azotate de sodium.}$$

Les formules des sels des métaux divalents s'obtiendront en doublant la molécule de l'acide, de façon à obtenir deux atomes d'hydrogène à remplacer par un atome de métal.

Les sels de calcium s'écrivent :

$$Cl^2Ca, \quad \text{chlorure de calcium.}$$
$$(AzO^3)^2Ca, \quad \text{azotate de calcium.}$$

53. *Équations chimiques.* — Quand on fait réagir deux corps l'un sur l'autre, on peut écrire, sous forme d'une égalité, un symbole qui indique, d'une part les corps réagissants, d'autre part les produits de la réaction.

On devra avoir aussi dans les deux membres de l'égalité la même quantité de matière; on vérifiera pratiquement que l'on trouve dans les deux membres le même nombre d'atomes de chacun des corps.

EXEMPLES : 1° Dans l'action du zinc sur l'acide sulfurique pour la préparation de l'hydrogène, nous pouvons écrire :

$$SO^4H^2 \quad + \quad Zn \quad = \quad SO^4Zn \quad + \quad H^2.$$

| Acide sulfurique (1 molécule). | Zinc (1 atome). | Sulfate de zinc (1 molécule). | Hydrogène (2 atomes). |

2° Dans la préparation de l'oxygène par le chlorate de potassium, nous avons :

$$ClO^3K \quad = \quad ClK \quad + \quad O^3.$$

| Chlorate de potassium (1 molecule). | Chlorure de potassium (1 molécule). | Oxygène (3 atomes). |

3° Quand on fait agir l'acide sulfurique sur la soude, par exemple, on a la réaction :

$$SO^4H^2 \quad + \quad 2NaOH \quad = \quad SO^4Na^2 \quad + \quad 2H^2O.$$

| Acide sulfurique (1 molécule). | Soude caustique (2 molécules). | Sulfate neutre de sodium (1 molécule). | Eau (2 molécules). |

Ces égalités sont des *équations chimiques.*

54. *Relations entre le poids moléculaire et la densité des gaz.* — Nous verrons en 2° année que le poids moléculaire d'un corps composé, le poids atomique d'un corps simple sont des rapports, mais on a pris l'habitude d'exprimer en grammes la valeur de ces rapports.

Nous nous contentons cette année d'énoncer les résultats suivants :

1° Si on exprime en grammes le poids moléculaire d'un composé *gazeux*, ce composé occupe un volume d'environ 22 litres (la température étant supposée à 0° et la pression de 76 centimètres);

2° Si on exprime en grammes le poids atomique d'un corps simple *gazeux*, ce corps occupe (à 0° et sous 76 centimètres) un volume d'environ 11 litres.

Exemples : CO^2 est le symbole de la molécule du gaz carbonique, CO celui de l'oxyde de carbone. CO^2 représente 44 grammes d'anhydride carbonique; CO, 28 grammes d'oxyde de carbone; mais ces symboles représentent aussi 22 litres de chacun des gaz précédents (à 0° et sous 76 centimètres).

O représente 16 grammes d'oxygène; H, 1 gramme d'hydrogène, mais ces symboles s'appliquent aussi à un volume de 11 litres de gaz.

Conséquences. Connaissant le poids moléculaire d'un composé gazeux, on pourra trouver :

1° la masse du litre en divisant le poids moléculaire par 22;

2° la densité du gaz par rapport à l'hydrogène en divisant par 2 le poids moléculaire.

En effet, la densité d'un gaz par rapport à l'hydrogène est le rapport entre les masses de volumes égaux de ce gaz et d'hydrogène à la même température et à la même pression.

Si M est le poids moléculaire d'un gaz, cela signifie que la masse de 22 litres est M grammes. Or, la masse de 22 litres d'hydrogène est 2 grammes; d'où : densité du gaz par rapport à l'hydrogène $= \dfrac{M}{2}$;

3° La densité du gaz par rapport à l'air s'obtient en divisant par 28,8 le poids moléculaire. En effet, la densité de l'air par rapport à l'hydrogène est 14,4; cela signifie que la masse de 22 litres d'air est 2 gr. $\times$ 14,4, d'où : densité du gaz par rapport à l'air $= \dfrac{M}{2 \times 14,4}$;

4° Connaissant le poids atomique d'un corps simple gazeux, on obtiendrait de même :

la masse du litre en divisant le poids atomique par 11;

la densité par rapport à l'hydrogène, égale au poids atomique;

la densité par rapport à l'air, égale au quotient du poids atomique par 14,4.

Ces résultats sont *extrêmement importants à retenir* : nous aurons souvent à les utiliser dans la suite du cours.

RÉSUMÉ

1. Un sel est le résultat de la combinaison d'un acide et d'une base.

Un acide renferme toujours un ou plusieurs atomes d'hydrogène qui peuvent être remplacés par un métal.

Un sel est le résultat de la substitution d'un métal à l'hydrogène d'un acide.

2. Certains métaux : potassium, sodium, se substituent atome pour atome à l'hydrogène d'un acide. On les appelle *monovalents*. La plupart des autres métaux : fer, zinc, plomb, calcium, etc., se substituent à l'hydrogène, de façon que 1 atome de métal remplace 2 atomes d'hydrogène ; ces métaux sont *divalents*.

3. On peut traduire les réactions chimiques par des égalités conventionnelles ou *équations chimiques*. Dans un membre, on écrit les symboles des corps réagissants ; dans l'autre membre, les symboles des corps résultant de la réaction. Il faut constater que dans les deux membres on a le même nombre d'atomes de chaque corps.

4. Quand on exprime en grammes le poids moléculaire d'un composé gazeux, cette masse de gaz occupe un volume de 22 litres.

Pour un corps gazeux, le poids atomique exprimé en grammes est le poids de 11 litres de ce gaz.

5. Pour un composé gazeux, on obtient :

a) La densité par rapport à l'hydrogène en divisant par 2 le poids moléculaire ;

b) La densité par rapport à l'air en divisant par 28,8 le poids moléculaire.

Pour un gaz simple, le poids atomique est la densité de ce gaz par rapport à l'hydrogène.

EXERCICES

I. Dans les exemples donnés au n° 53, trouver pour les deux premières réactions :

1° Les poids des corps réagissants (Utiliser le tableau n° 15) ;
2° Les volumes de gaz obtenus.

II. Déterminer le poids moléculaire, le poids du litre, la densité par rapport à l'air et par rapport à l'hydrogène des gaz suivants :

Anhydride carbonique $= CO^2$;
Oxyde de carbone $= CO$;
Ammoniaque $= AzH^3$;
Anhydride sulfureux $= SO^2$.

III. Qu'est-ce qu'un sel métallique ? — Donnez des exemples de la formation de sels métalliques. — De l'action du zinc sur l'acide sulfurique, déduire une nouvelle définition d'un acide, d'un sel. — Montrez, par des exemples, comment on est amené à concevoir des métaux monovalents, divalents. — Quels sont les métaux monovalents, divalents ? — Qu'appelez-vous équation chimique ? — Donnez un exemple d'équation chimique. — Quel est le volume occupé par le poids moléculaire en grammes d'un composé gazeux ? Exemples.

— Même question pour le poids atomique d'un gaz simple. — Comment peut-on trouver immédiatement la densité par rapport à l'hydrogène, par rapport à l'air, d'un composé gazeux, d'un gaz simple?

10ᵉ LEÇON

AIR ATMOSPHÉRIQUE. — SA COMPOSITION

MATÉRIEL : Bocal, assiette, bougie. — Eau de chaux ou, si possible, eau de baryte. — Bouteille froide ou, mieux, mélange réfrigérant (azotate d'ammonium : 100 grammes; eau : 100 grammes). — Phosphore. — Cloche graduée. — Acide pyrogallique. — Potasse ou soude caustique. — Oxyde rouge de mercure. — Tube de verre de 2 centimètres environ de diamètre et de 60 centimètres de long, fermé à un bout.

Analyse qualitative.

55. *L'air renferme de l'oxygène et de l'azote.* — EXPÉRIENCE. Sur le fond d'une assiette ou d'une terrine (*fig.* 33), placer une bougie allumée. Verser un peu d'eau dans l'assiette et retourner sur la bougie un bocal. Au bout de peu de temps la bougie s'éteint. L'eau

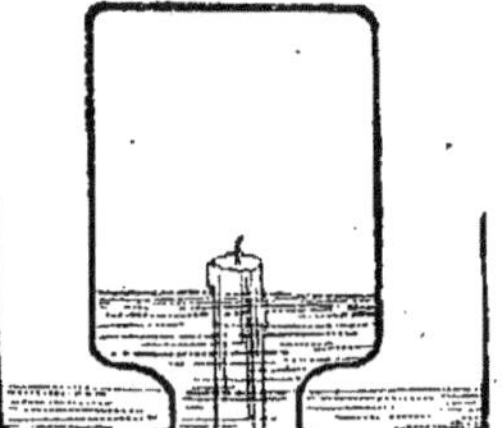

Fig. 33. — La bougie en brûlant a absorbé l'oxygène de l'air.

monte dans le bocal. Nous voyons que l'eau a monté de 1/5 environ. La bougie en brûlant a donc absorbé 1/5 du gaz du bocal. Ce gaz, qui dans l'air permet aux corps de brûler, est de *l'oxygène.*

Expérience de Lavoisier.

— Autrefois, on croyait que l'air était un corps simple. Il formait l'un des *éléments* des alchimistes. C'est Lavoisier, chimiste français, qui en précisa la constitution, en 1774, au moyen de la mémorable expérience suivante :

1° Dans l'appareil que représente la figure 34, Lavoisier chauffa à l'ébullition du mercure pendant 12 jours. Il vit se former à la surface du mercure de petites paillettes rouges et, en laissant refroidir l'appareil, il constata que le

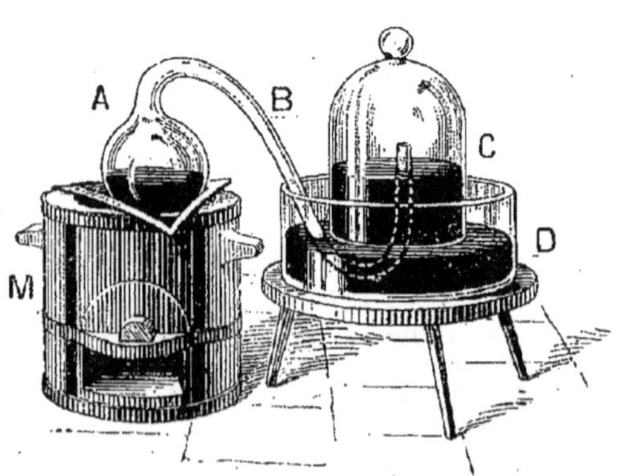

Fig. 34. — Expérience de Lavoisier. — M, fourneau en terre réfractaire ; A, cornue en verre contenant du mercure ; B, tube faisant communiquer l'air de la cornue et l'air de la cloche C ; D, cuve à mercure.

volume de l'air avait diminué environ de 1/5. Le gaz qui restait sous la cloche et dans le ballon éteignait une bougie allumée : c'était de *l'azote ;*

2° Lavoisier recueillit les paillettes rouges et les chauffa à une température assez élevée. Il vit se régénérer le mercure, et il put recueillir un gaz capable de rallumer une allumette n'ayant plus qu'un point rouge. Ce gaz était l'*oxygène*, qui s'était uni au mercure pour donner des paillettes rouges d'*oxyde de mercure*. En mélangeant l'oxygène et l'azote de l'expérience précédente, Lavoisier reconstitua un gaz ayant toutes les propriétés de l'air atmosphérique.

EXPÉRIENCE. On peut recommencer facilement la deuxième partie de l'expérience de Lavoisier. On chauffe dans un tube à essais des paillettes rouges d'oxyde de mercure. On voit bientôt se former sur la paroi froide du tube un anneau brillant dû à la condensation du mercure. Si alors on introduit dans le tube un copeau ayant été allumé et ne présentant plus qu'un point rouge, ce copeau se rallume. L'oxyde de mercure s'est décomposé sous l'action de la chaleur en mercure et en oxygène.

Le gaz qui reste, quand on a enlevé l'oxygène de l'air, est incapable de faire brûler les corps. Une bougie allumée qu'on y plonge s'éteint. Ce gaz n'entretient pas non plus la vie. Un animal, souris, oiseau, qu'on y plonge y meurt asphyxié. On l'appelle *azote*, c'est-à-dire gaz qui n'entretient pas la vie.

Ainsi, l'air contient de l'oxygène et de l'azote.

56. L'air *renferme du gaz carbonique* et *de la vapeur d'eau.* — EXPÉRIENCES. I. Laisser de l'eau de chaux, ou mieux de l'eau de baryte exposée à l'air dans un verre pendant une huitaine de jours. Il se forme à la surface du liquide une croûte blanchâtre de carbonate de calcium provenant de l'union du gaz carbonique et de la chaux. (Voir *Chimie, 1re leçon,* n° 2.) Si on a pris de l'eau de baryte, on a du carbonate de baryum.

L'air renferme donc du gaz carbonique.

II. Apporter dans la salle une bouteille froide. On voit se déposer une buée sur la bouteille. Cette buée est produite par la vapeur d'eau que contient l'air, vapeur qui se *condense* sur la bouteille froide. L'expérience est plus frappante encore en mettant dans un verre un mélange réfrigérant. On voit de la glace se déposer à la surface du verre.

57. L'air *renferme des poussières.* — Dans la chambre noire, faire tomber un rayon de soleil par une ouverture percée dans un volet. Ce rayon éclaire sur son passage d'innombrables poussières qui permettent d'en reconnaître la direction. Parmi ces poussières, il peut se trouver les germes ou *spores* d'êtres très petits qui sont les agents des maladies contagieuses. C'est ainsi que les germes de la tuberculose, de la scarlatine, de la diphtérie sont surtout propagés par l'air. Ces poussières renferment aussi les germes qui produisent la putréfaction des matières organisées, les moisissures diverses et les phénomènes de fermentation.

58. *Nouveaux gaz de l'air.* — Depuis quelques années on a découvert que l'air renferme en petite quantité des gaz, que nous étudierons en parlant de l'azote. Le plus important de ces gaz est l'*argon*.

Analyse quantitative.

59. *Définitions.* — Les expériences précédentes nous ont permis de déterminer la *nature* des corps que renferme l'air; nous avons fait une *analyse qualitative*, mais nous pouvons nous proposer aussi de trouver les proportions suivant lesquelles ces différents corps existent dans l'air. Nous ferons alors une *analyse quantitative*. Comme les corps dont nous avons signalé-la présence sont tous gazeux, nous pouvons chercher à déterminer le volume de chacun contenu dans 100 volumes d'air; nous ferons l'*analyse en volume*. Nous pouvons aussi déterminer le poids de chacun contenu dans 100 grammes d'air; nous ferons une *analyse en poids*.

60. *Dosage de l'oxygène et de l'azote.* — **Analyse en volume.** Expériences. I. Prenons une éprouvette graduée en parties d'égal volume, en centimètres cubes par exemple (*fig.* 35). Retournons-la sur une terrine et, avec un tube recourbé, aspirons de l'air jusqu'à ce que le niveau de l'eau à l'intérieur et à l'extérieur affleure à la division 100 (1). Introduisons dans le tube un morceau de phosphore tenu par un fil de fer (2). Au bout de quelques jours le phosphore a enlevé tout l'oxygène, formant un anhydride qui s'est dissous dans l'eau. Enlevons le phosphore. Enfonçons le tube dans l'eau jusqu'à ce que le niveau du liquide soit le même à l'intérieur et à l'extérieur. Nous voyons qu'il reste 79 centimètres cubes de gaz (3). Ce gaz est de l'azote.

Ainsi, en volume, *l'air renferme 21 volumes d'oxygène pour 79 volumes d'azote.*

Comme il est difficile de se procurer du phosphore et que la manipulation de ce corps est dangereuse, on pourra remplacer l'expérience précédente par cette autre

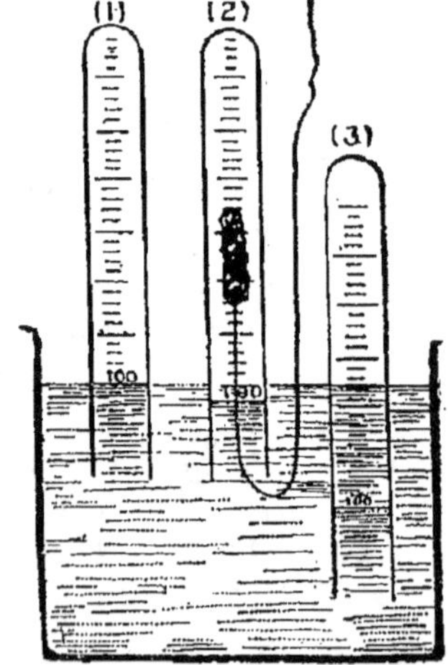

Fig. 35. — Analyse de l'air en volume par le phosphore, à froid.

qui utilise deux corps : l'acide pyrogallique, bien connu des amateurs photographes, et la potasse ou la soude caustique, produits qu'on peut se procurer facilement.

II. Prenons un tube de 60 centimètres de long environ, fermé à un bout (*fig.* 36). Versons jusqu'à une hauteur de 10 centimètres une solution d'acide pyrogallique; jetons dans le tube un petit morceau de potasse caustique; bouchons le tube avec le doigt et agitons. Le liquide prend une teinte brune qui devient de plus en plus foncée et passe au noir; on constate de plus que le tube adhère au doigt. Il s'est donc produit dans ce tube un vide partiel. Retournons le tube dans une haute éprouvette pleine d'eau et enlevons le doigt. L'eau monte dans le tube. Ramenons le niveau du liquide à être le même à l'intérieur qu'à l'extérieur du tube : le gaz qui reste dans le tube occupe le volume $a'b$. Avant l'expérience, il occupait le volume ab. On constate que $aa' = 1/5$ de ab. Ainsi, ce qui a été enlevé, c'est l'oxygène de l'air du tube. Il reste l'azote.

Il existe d'autres procédés d'*analyse en volume* de l'air. Dans tous, on absorbe l'oxygène et il reste l'azote.

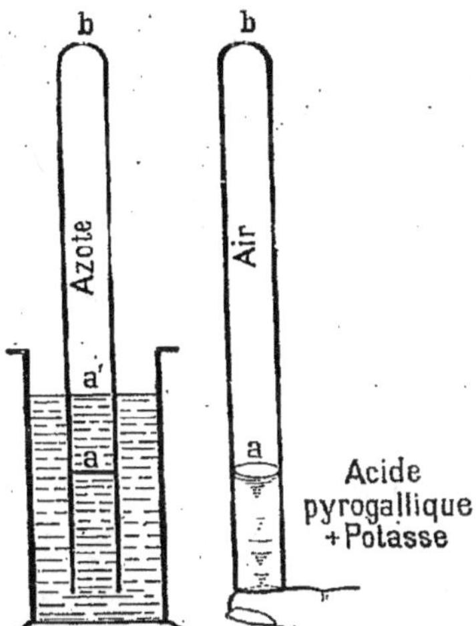

Fig. 36. — Analyse de l'air par l'acide pyrogallique et la potasse. — Avant l'expérience, le volume ab est occupé par l'air; après l'expérience, le gaz n'occupe plus que le volume $a'b$.

Analyse en poids. L'analyse en poids de l'air a été faite par deux chimistes français, Dumas et Boussingault.

Principe : De l'air, débarrassé du gaz carbonique et de la vapeur d'eau, passe dans un tube T renfermant du cuivre porté au rouge (*fig.* 37). Le cuivre absorbe l'oxygène. L'azote se rend dans un

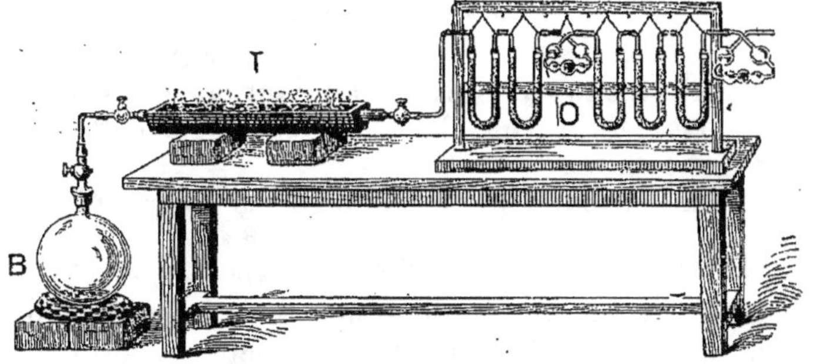

Fig. 37. — Appareil de Dumas pour l'analyse de l'air en poids. — L'air est débarrassé du gaz carbonique et de la vapeur d'eau dans les tubes O, passe sur du cuivre chauffé T qui retient l'oxygène. L'azote se rend dans un ballon B.

ballon-vide B. Le tube avait été pesé vide d'air; après l'expérience, on le pèse de nouveau. L'augmentation de poids est due au poids de l'oxygène fixé. L'augmenlation P′ de poids du ballon donne le poids de l'azote que ce ballon renferme.

Les expériences de Dumas ont été reprises récemment par M. Leduc. On a trouvé pour la composition en poids les nombres suivants : Pour un poids de 100 grammes d'air, il y a 23 gr. d'oxygène et 77 gr. d'azote.

La figure 37 montre l'appareil de Dumas pour l'analyse de l'air en poids.

61. *Dosage du gaz carbonique et de la vapeur d'eau.* — PRINCIPE : Pour doser le gaz carbonique, on fait passer un volume connu d'air dans des tubes renfermant de la potasse ou de la soude, qui absorbe le gaz carbonique. L'augmentation de poids de ces tubes donne le poids de gaz carbonique renfermé dans l'air. On a trouvé que la quantité de gaz carbonique dans l'air est à peu près constante, et voisine de $\dfrac{3}{10\,000}$ (3 litres pour 10 000 litres d'air). [Voir *Gaz carbonique*.]

La quantité de vapeur d'eau que renferme l'air est très variable. Son dosage est étudié en physique.

RÉSUMÉ

1. L'air renferme principalement de l'*oxygène* et de l'*azote*.

Il contient aussi de l'acide carbonique, de la vapeur d'eau, des poussières en suspension et une petite quantité de gaz découverts récemment, dont le principal est l'*argon*.

2. En volume, l'air renferme pour 100 volumes :

79 volumes d'azote,

24   —   d'oxygène.

En poids, il renferme, pour 100 grammes :

77 grammes d'azote,

23   —   d'oxygène.

L'analyse en volume se fait d'habitude par le phosphore à froid ; l'analyse en poids s'effectue en absorbant l'oxygène par le cuivre au rouge.

3. La proportion en volume de gaz carbonique dans l'air est à peu près constante et égale à $\dfrac{3}{10\,000}$.

On dose le gaz carbonique dans l'air en faisant passer un volume connu d'air dans des appareils renfermant de la potasse, qui absorbe le gaz carbonique.

La quantité de vapeur d'eau contenue dans l'air est très variable. Sa détermination est l'objet de l'*hygrométrie*.

EXERCICES

1. 100 litres d'air renferment 79 litres d'azote et 24 litres d'oxygène. Sachant qu'un litre d'oxygène pèse 1 gr. 43, un litre d'azote 1 gr. 25, en déduire la

composition de l'air en poids, c'est-à-dire le poids d'oxygène et le poids d'azote contenus dans 100 grammes d'air.

II. Quels sont les deux gaz principaux que renferme l'air? — Comment peut-on déterminer la proportion de ces deux gaz dans l'air : en volume, en poids? — Résultats? — Quels sont les autres corps que l'on trouve encore dans l'air? — Comment reconnaît-on la présence dans l'air : du gaz carbonique, de la vapeur d'eau, des poussières? — Comment dose-t-on le gaz carbonique de l'air? — Résultats? — Danger que peuvent présenter les poussières de l'air.

11ᵉ LEÇON

PROPRIÉTÉS DE L'AIR ATMOSPHÉRIQUE

MATÉRIEL : Ballon de 2 litres environ. — Bonne balance. — Machine pneumatique, si on en a une.

Propriétés physiques.

62. *Poids de l'air.* — EXPÉRIENCES. I. Prendre un ballon de 1 litre au moins (*fig.* 38), le tarer plein d'air sur l'un des plateaux d'une balance sensible. Enlever l'air de ce ballon. Constater qu'il pèse moins qu'auparavant. Laisser rentrer l'air : l'équilibre est rétabli. Ainsi, l'air est pesant.

II. Sans machine pneumatique, on peut montrer que l'air est pesant par l'expérience suivante. Prendre un ballon de 2 litres environ. Préparer un bouchon qui ferme bien le col. Mettre au fond du ballon un peu d'eau qu'on porte à l'ébullition pendant quelques minutes. La vapeur chasse l'air du ballon. Fermer alors le ballon, le placer sur un plateau d'une balance (sensible au 1/2 gramme au moins), faire la tare. Laisser rentrer l'air : le ballon pèse plus qu'auparavant.

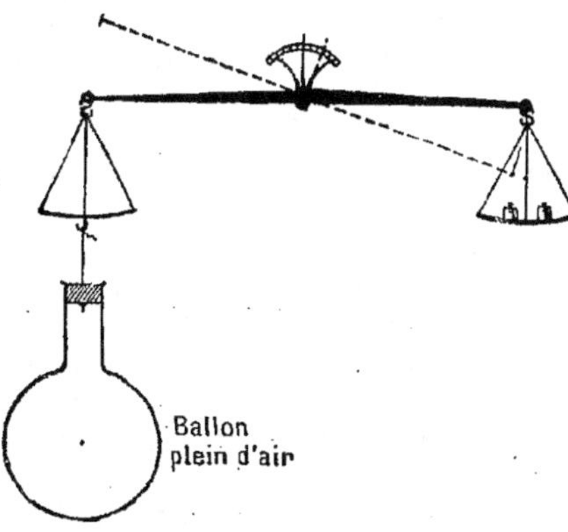

Fig. 38. — Le ballon vide d'air pèse moins que le ballon plein de gaz.

On a déterminé le poids du litre d'air. A la température de 0° et sous la pression de 76 centimètres de mercure, 1 litre d'air pèse 1 gr. 293. On prend approximativement 1 gr. 3 dans les calculs. En physique (Voir *Dilatation des gaz*), nous avons vu l'influence de la température sur le poids du litre d'air. Plus tard, nous étudierons l'influence de la pression.

63. *Solubilité de l'air*. — L'air se dissout dans l'eau. L'eau ordinaire renferme environ 20 à 25 centimètres cubes d'air dissous par litre (Voir 5° *leçon*). Mais si on analyse l'air dissous dans l'eau, on trouve que les proportions d'oxygène et d'azote ne sont plus les mêmes que pour l'air atmosphérique. Pour 100 centimètres cubes d'air dissous, on trouve :

> Oxygène, 33 centimètres cubes environ.
> Azote,   67   —   —   — —

soit $\frac{1}{3}$ d'oxygène et $\frac{2}{3}$ d'azote.

Chacun des gaz se dissout comme s'il était seul. Ceci nous montre que dans l'air nous avons affaire à un *mélange* de deux gaz. Si ces gaz étaient combinés, en effet, on trouverait toujours des proportions identiques pour les volumes des composants.

64. *Liquéfaction de l'air*. — L'air a été longtemps considéré comme un gaz permanent; il n'y a qu'une trentaine d'années qu'on a montré la possibilité de le liquéfier. Les premiers essais de liquéfaction ont été réalisés par le physicien français Cailletet. L'appareil de Cailletet fut perfectionné par l'Allemand Linde, qui rendit pratique la préparation de l'air liquide. Enfin un nouveau perfectionnement dû à l'ingénieur français Claude a mis l'air liquide au rang des produits industriels.

Pour liquéfier de la vapeur d'eau, vous savez qu'il suffit de la refroidir. On pourrait arriver au même résultat en la comprimant. Enfin, on peut utiliser à la fois la compression et le refroidissement. Pour tous les gaz, il existe une température au-dessus de laquelle la liquéfaction est impossible. Ainsi, au-dessus de 31° on ne peut plus liquéfier le gaz carbonique. Cette température est appelée *température critique*. Pour l'air, cette température est de 140° au-dessous de zéro (—140°). A — 191°, l'air se liquéfie sous la pression atmosphérique ordinaire.

On arrive à obtenir cet abaissement énorme de température par un procédé très ingénieux. Quand on comprime un gaz, il s'échauffe. Inversement, quand un gaz comprimé revient à la pression ordinaire, quand il *se détend*, il se refroidit. C'est ce refroidissement d'un gaz par *détente* que l'on utilise dans l'appareil de Linde et de Claude.

Supposez une pompe ou *compresseur* C (*fig.* 39) qui prenne de l'air comprimé déjà à 16 atmosphères par un autre appareil. Cette pompe comprime le gaz jusqu'à 200 atmosphères. Comme l'air s'est beaucoup échauffé par cette compression, il passe dans un réfrigérant, où il reprend la température ordinaire. L'air à 200 atmosphères et refroidi arrive alors par un tube T dans un récipient où il se détend jusqu'à

16 atmosphères. Il se refroidit donc. L'air ainsi refroidi chemine dans le manchon M, lequel entoure le tube T. Il refroidit l'air qui va se détendre. La température s'abaisse ainsi progressivement jusqu'au moment où le gaz commence à se liquéfier. Une partie du liquide obtenu se vaporise et est ramenée au compresseur après avoir traversé le manchon M; l'autre partie, liquéfiée, s'écoule dans des vases spéciaux V, dont la paroi est constituée par une double enveloppe avec vide parfait entre les deux enveloppes. De plus, ces deux enve-

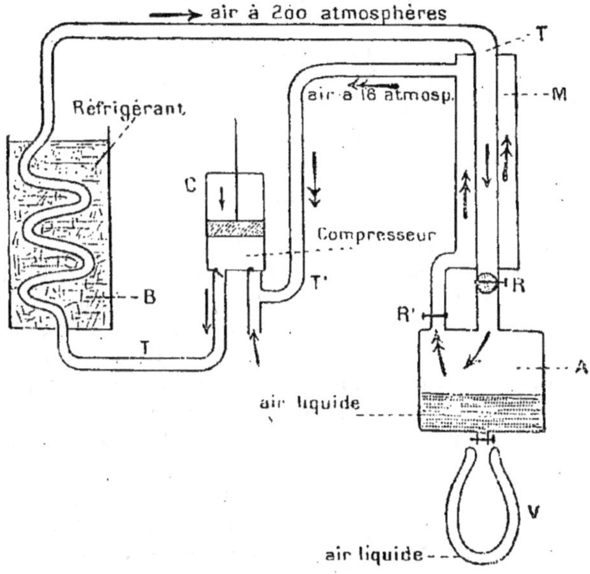

Fig. 39. — Schéma de l'appareil de Linde. — En réalité, le tube T et le manchon M sont deux serpentins concentriques.

loppes sont argentées. Les apports de chaleur par conductibilité et par rayonnement sont très faibles, et on peut, dans ces vases, conserver pendant 1 mois un litre d'air liquide à une température de — 190°.

M. Claude est parvenu à liquéfier l'air en le comprimant à 40 atmosphères seulement. De plus, le gaz en se détendant agit sur un piston et actionne un moteur à air comprimé. On récupère ainsi une partie du travail exigé pour la compression. M. Claude a ainsi rendu économique la fabrication de l'air liquide.

Quand on laisse évaporer l'air liquide, l'azote se vaporise plus rapidement que l'oxygène. On peut séparer par distillation l'oxygène et l'azote à peu près purs. C'est là un phénomène analogue à la distillation d'un mélange d'eau et d'alcool.

Propriétés chimiques.

65. *L'air entretient la combustion et la respiration.* — Le soufre, le charbon, le phosphore et bien d'autres corps brûlent dans l'air. Ce phénomène est appelé *combustion. L'air entretient donc les combustions.* C'est l'oxygène qui permet aux corps de brûler. Les combustions dans l'air sont moins vives que dans l'oxygène pur : nous l'avons vu pour le charbon et le soufre. Cela tient à la présence de l'azote, qui dilue l'oxygène et modère son action.

L'air, surtout lorsqu'il est humide, agit sur les métaux. Il se forme à la surface du métal une couche d'*oxyde.*

Les êtres vivants ont besoin d'air pour vivre; ils *respirent.* Nous verrons que la respiration n'est qu'une sorte de combustion. *L'air entretient donc la respiration.* Mais ici encore, l'oxygène pur produit sur l'organisme une action trop vive; l'azote modère son action. Les deux gaz, oxygène, azote, conservent donc dans l'air leurs propriétés respectives.

L'air est un mélange.

66. *Dans l'air, l'oxygène et l'azote sont mélangés.* — 1° L'oxygène et l'azote conservent dans l'air leurs propriétés caractéristiques;

2° On peut faire un mélange d'oxygène et d'azote dans les proportions voisines de celles de l'air atmosphérique, et obtenir un gaz qui a les mêmes propriétés que l'air, qui entretient la combustion et la respiration tout comme l'air. La combinaison, au contraire, est caractérisée par des proportions fixes des composants;

3° Le mélange d'oxygène et d'azote se fait sans dégagement de chaleur;

4° Quand l'air se dissout dans l'eau, chaque gaz se dissout comme s'il était seul; quand on fait évaporer de l'air liquide, l'azote se vaporise plus rapidement que l'oxygène. Dans le cas où deux corps sont combinés, au contraire, les proportions des composants sont *fixes,* que le corps soit pris à l'état gazeux, à l'état liquide ou qu'il soit dissous. Ainsi, l'oxygène et l'azote sont simplement mélangés dans l'air.

RÉSUMÉ

1. L'air est pesant. A 0° et sous la pression de 76 centimètres de mercure, 1 litre d'air pèse 1 gr. 3.

2. L'air se dissout dans l'eau; 1 litre d'eau contient de 20 à 25 centimètres cubes de ce gaz. L'air dissous dans l'eau est plus riche en oxygène que l'air atmosphérique : il contient 1/3 d'oxygène et 2/3 d'azote.

3. Depuis quelques années on a pu liquéfier l'air. On obtient le refroidissement nécessaire à la liquéfaction au moyen de la *détente.* L'air liquide sert à obtenir de basses températures et à

préparer industriellement l'oxygène. En évaporant l'air liquide, l'azote se vaporise plus rapidement que l'oxygène et il reste bientôt de l'oxygène presque pur.

4. L'air est un *mélange* d'oxygène et d'azote, car chacun des gaz conserve dans l'air ses propriétés caractéristiques. L'air entretient comme l'oxygène les combustions et la respiration, mais l'action de l'oxygène se trouve modérée par la présence de l'azote.

EXERCICES

Comment montre-t-on que l'air est pesant? — Poids du litre d'air? — Comment montre-t-on que l'air se dissout dans l'eau? — Composition de l'air dissous dans l'eau? — Exposez le principe de la liquéfaction de l'air. — Que se produit-il pendant l'évaporation de l'air liquide? — Montrez que l'air est un mélange d'oxygène et d'azote, non une combinaison.

12ᵉ LEÇON

COMBUSTION. — SES CARACTÈRES. — RESPIRATION

MATÉRIEL : Eau de chaux. — Bougie. — Alcool. — Pétrole. — Tampon de coton au bout d'un fil de fer. — Fer rouillé.

Combustions vives.

67. Caractères de la combustion. — Le charbon, le soufre, le phosphore brûlent dans l'air comme ils brûlent dans l'oxygène, mais avec moins d'éclat.

Ces phénomènes, que nous avons appelés *combustions*, présentent les caractères suivants :

1º Le corps qui brûle semble disparaître ·

2º Il y a production de chaleur ;

3º Il y a production de lumière.

Nous savons que le mot *combustion* est synonyme de « combinaison d'un corps avec l'oxygène ». Le corps qui brûle s'appelle *combustible ;* l'oxygène qui le fait brûler est le *comburant.*

68. Nature des combustibles. — Nous utilisons un grand nombre de combustibles, mais tous renferment deux corps que nous connaissons déjà : le carbone et l'hydrogène.

On sait bien que le charbon de bois, la houille, le coke, l'anthracite, le bois, sont des combustibles riches en carbone ; le charbon de bois, le coke, sont du carbone presque pur. Mais il ne semble guère que la substance de la bougie, l'alcool, le pétrole renferment du charbon. C'est pourtant ce que nous allons constater.

EXPÉRIENCES. I. Recouvrir une bougie allumée d'une éprouvette.

Quand la bougie s'éteint, verser dans l'éprouvette de l'eau de chaux :
l'eau de chaux se trouble. Il s'est donc formé du gaz carbonique.

II. Au bout d'un fil de fer, mettons un tampon de coton imbibé
d'alcool. Allumons l'alcool et plongeons le tampon dans un flacon.
Quand l'alcool s'éteint, nous constatons avec l'eau de chaux la présence de gaz carbonique.

Recommencer cette expérience avec du pétrole ou de l'essence.

La bougie, l'alcool, le pétrole renferment donc du carbone.

III. Couper par une soucoupe froide la flamme des corps précédents. On voit se déposer une buée sur la soucoupe. La combustion
de ces corps produit donc de l'eau; par conséquent ils renferment
de l'hydrogène, car l'hydrogène en brûlant donne de l'eau.

On emploie encore comme combustibles des gaz : vapeur d'alcool,
de pétrole, gaz d'éclairage, gaz de coke (Voir *Carbone*), riches en carbone et en hydrogène.

Application au chauffage.

69. *Moyen d'obtenir des températures élevées.* — Nous utilisons les
combustions pour nous donner de la chaleur et de la lumière, autrement dit pour le chauffage et l'éclairage. Nous avons parlé en physique du chauffage domestique. Pour celui-ci on n'a pas besoin d'une
température élevée, mais dans l'industrie on se préoccupe d'obtenir de
hautes températures, nécessaires à certaines opérations industrielles.

Les combustibles industriels sont dans quelques cas l'hydrogène et
le gaz d'éclairage, mais la houille est le combustible le plus utilisé. Le
pétrole, l'alcool sont aussi employés, ainsi qu'un gaz obtenu au moyen
du coke et qu'on appelle *gaz du gazogène* (Voir *Carbone*).

Ces divers combustibles ne produisent pas des quantités égales de
chaleur en brûlant. Ainsi,

1 gr. d'hydrogène		345 gr. d'eau;
1 — de bonne houille		80 —
1 — de gaz d'éclairage	en brûlant peut	107 —
1 — de pétrole	porter de 0° à 100°	110 —
1 — d'alcool		70 —
1 — de gaz au coke		11 —

Lorsque cette quantité de chaleur est dégagée en un temps court et
dans un espace restreint, on obtient des températures élevées.

Dans ce but, plusieurs moyens sont employés :

1° *On apporte le comburant en quantité suffisante.* Pour brûler 1 kilogramme de charbon, il faut près de 2 mètres cubes d'oxygène, soit
10 mètres cubes d'air, en admettant que tout l'oxygène soit utilisé.
Lorsqu'il y a une grande masse de combustible, il faut donc amener
sur ce combustible soit de l'air, soit de l'oxygène. C'est ce que fait le
forgeron au moyen de son soufflet. Dans les foyers industriels, l'air est
amené par de puissantes *machines soufflantes ;*

2° *On ménage un contact intime entre le combustible et le comburant.*
On sait que la houille brûle mal lorsqu'elle est en gros morceaux, car
le combustible est en contact avec le comburant par une trop petite
surface. Lorsque la houille est en poussière, elle brûle mal encore,
car alors la poussière forme une couche que le comburant traverse
difficilement. La houille, pour bien brûler, doit être concassée en
petits morceaux laissant entre eux des espaces par où il est facile au
comburant de passer. Mais le contact entre le combustible et le
comburant sera le plus parfait possible si tous les deux sont à l'état
gazeux. Toutefois, on ne fera le mélange qu'à l'endroit même où doit
se produire la combustion, car des explosions terribles seraient à
redouter. A l'heure actuelle, dans l'industrie, on tend de plus en plus
à substituer aux combustibles solides des combustibles gazeux, en
particulier le gaz des gazogènes ou gaz au coke;

3° *On prend pour comburant de l'oxygène pur, ou du moins un air enrichi en oxygène.* Dans le *chalumeau oxhydrique*, on atteint une température voisine de 2000° en faisant brûler un mélange d'hydrogène et
d'oxygène (n° 36). Aujourd'hui, grâce à la liquéfaction de l'air, on
peut obtenir à bon marché de l'oxygène pur ou au moins un gaz riche
en oxygène. L'industrie commence à utiliser ce comburant dont la
consommation augmente rapidement;

4° *On emploie des récupérateurs de chaleur.* Avant la combustion, si
le combustible ou le comburant, ou même tous les deux, étaient
portés déjà à une température élevée, on obtiendrait par leur combustion une température bien plus élevée encore que si on les uti-
lisait dans les conditions ordinaires.

Quand le combustible est solide, on échauffe le comburant. Quand
le combustible est gazeux, on échauffe combustible et comburant
avant d'en provoquer le mélange. Mais ce qu'il y a d'ingénieux, c'est
qu'on utilise les gaz chauds provenant de la combustion pour échauffer
ceux qui vont brûler. Tel est le principe des *récupérateurs* de chaleur,
que nous trouverons dans l'industrie du fer et de l'acier.

Application à l'éclairage.

70. *Nature de la flamme.* — Les combustions sont généralement
accompagnées de lumière. Cette production de lumière est utilisée
pour l'éclairage.

Expériences. I. Chauffer dans un bon feu une petite tige de fer. On
la voit d'abord rougir, puis la lumière qu'elle répand devient de plus
en plus vive. On dit que cette tige a été *portée à l'incandescence*. Un
corps chauffé commence à être lumineux à la température de 500°.
Quand nous avons brûlé le fer, le charbon dans l'oxygène, il y a eu
production de lumière, due à l'incandescence de particules solides.

II. L'alcool brûle avec une *flamme* peu éclairante : le pétrole, le gaz
d'éclairage brûlent avec flamme. La bougie aussi brûle avec flamme.
A quoi est due cette flamme? *Elle est produite par l'incandescence d'une*

vapeur ou d'un gaz. Éteignons la bougie allumée et approchons une allumette enflammée. La bougie se rallume alors que l'allumette est encore à une petite distance de la mèche. Donc, il y a autour de la mèche des gaz inflammables. Ces gaz proviennent de la décomposition par la chaleur de la substance de la bougie. De même, la flamme de l'alcool est produite par l'incandescence de la vapeur d'alcool, etc.

Mais pourquoi la flamme d'alcool est-elle peu brillante, celle de la bougie brillante? — Écrasons avec une assiette froide la flamme de la bougie; il se produit sur l'assiette un dépôt de charbon. Donc, la flamme de la bougie renferme des particules de charbon qui sont portées à l'incandescence; c'est ce qui produit son aspect brillant. Écrasons de même la flamme de l'alcool : nous ne constatons aucun dépôt de noir de fumée.

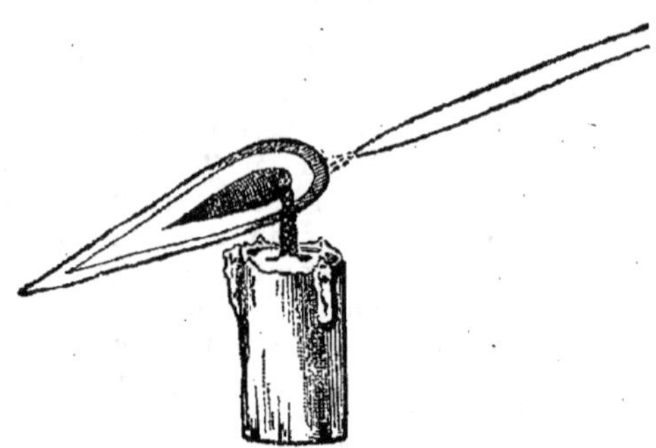

Fig. 40. — La flamme brillante de la bougie cesse d'être éclairante quand on y envoie un courant d'air par un tube effilé.

III. Soufflons dans la flamme de la bougie avec un tube effilé (*fig.* 40). La flamme cesse d'être brillante. C'est que nous avons apporté suffisamment d'oxygène pour brûler complètement le carbone dans les gaz de la flamme. Par contre, la flamme est très chaude.

IV. Jeter de la limaille de fer dans la flamme de l'alcool, ou bien y placer un fil de fer fin. Le fer est porté à l'incandescence. La température de la flamme n'est donc pas la condition de son éclat : *l'éclat d'une flamme est dû à l'incandescence des particules solides qu'elle contient.*

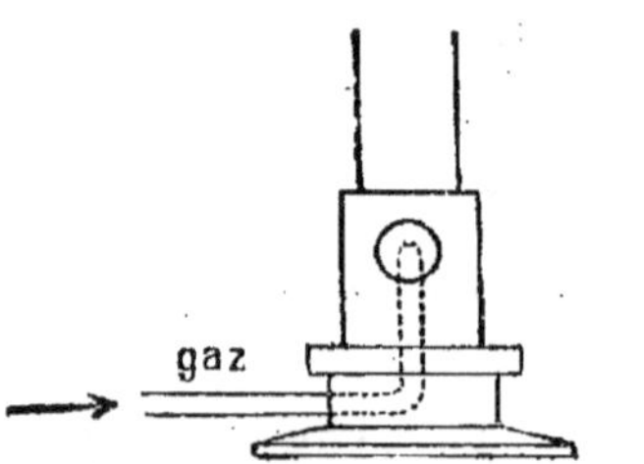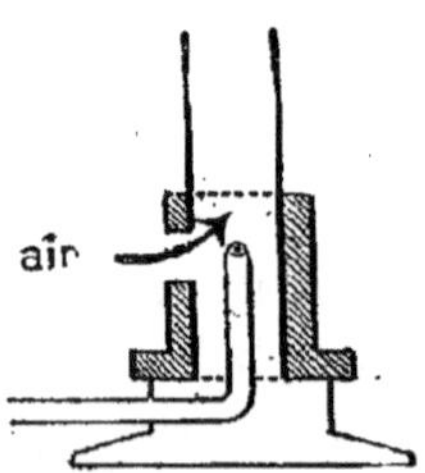

Fig. 41. — Brûleur Bunsen. — A droite, coupe montrant comment se fait le mélange d'air et de gaz combustible.

Éclairage par incandescence. La flamme du gaz d'éclairage est brillante; mais si nous faisons un mélange convenable de gaz et d'air avant de l'enflammer, la flamme est bleuâtre et a perdu son éclat. Expliquer pourquoi. — C'est ce qu'on réalise dans l'appareil appelé *brûleur de Bunsen,* dont le détail est suffisamment expliqué par la figure 41. La flamme, par contre, est très chaude. En faisant arriver cette flamme sur un manchon imprégné de sub-

stances solides, on porte celles-ci à l'incandescence et on obtient
une magnifique lumière. Tel est le principe de l'éclairage au moyen
des manchons Auer.

Combustions lentes.

71. *Oxydations*. — 1ᵉʳ EXEMPLE. Le phosphore brûle dans l'oxygène
ou dans l'air avec un vif éclat; mais si on laisse à la température
ordinaire du phosphore dans un flacon plein d'air, il absorbe l'oxygène (nº **60**) sans donner lieu à une élévation sensible de température. Il ne se produit pas non plus de lumière. Toutefois, à l'obscurité, la combinaison du phosphore et de l'oxygène se manifeste par
une lueur faible, particulière. On a donné le nom de *phosphorescence* à
ce phénomène lumineux.

2ᵉ EXEMPLE. Le fer brûle dans l'oxygène. Quand on le chauffe au
blanc dans le feu de forge et qu'on le retire, on voit des étincelles
brillantes se produire. Le fer brûle donc dans l'air comme dans l'oxygène. C'est là une combustion vive. Mais du fer laissé à l'air humide se
couvre d'une couche de couleur rouge brique. Cette couche est formée
par la combinaison de l'oxygène et du fer: c'est un oxyde de fer. Il y a eu
encore combustion du fer, mais sans phénomène calorifique ou lumineux appréciable. Il s'est produit une *combustion lente*. Cette combustion ronge peu à peu le fer et le transforme en *rouille*. Tout le métal
peut être détruit ainsi.

A part l'or, l'argent, le platine, l'aluminium, l'étain, tous les métaux, dans l'air humide, se comportent comme le fer. On dit qu'ils
s'*oxydent*, et ces phénomènes de combustion lente sont encore appelés *oxydations*. Pour le fer, toute la masse du métal peut subir l'oxydation. L'oxydation du cuivre, du plomb, du zinc n'est que superficielle : la couche d'oxyde formé constitue un revêtement imperméable
qui s'oppose à l'attaque du reste du métal.

Respiration.

72. *La respiration est une combustion lente*. — EXPÉRIENCE. Souffler
dans de l'eau de chaux: on la voit se troubler rapidement. L'air
que nous rejetons renferme donc du gaz carbonique. Si nous soufflons
sur une vitre froide, nous voyons se déposer une buée. L'air qui sort
de nos poumons renferme donc de la vapeur d'eau en assez grande
quantité.

Ainsi, dans nos poumons, l'air s'est enrichi en gaz carbonique et en
vapeur d'eau. Ces deux corps sont les produits constants de la combustion du carbone et de l'hydrogène. L'air que nous introduisons
dans les poumons contient de l'oxygène. Cet oxygène passe dans le
sang; il est transporté par tout l'organisme, y produisant des combustions qui sont la source de la chaleur animale. Les combustibles
sont le carbone et l'hydrogène, éléments constitutifs de notre corps.

Les produits de cette combustion, ramenés par le sang jusqu'aux poumons, s'échappent lors de l'expiration. Lavoisier, le premier, indiqua la nature du phénomène respiratoire : il montra que la respiration consiste en une combustion lente du carbone et de l'hydrogène à l'intérieur du corps.

RÉSUMÉ

1. On appelle *combustion* l'union d'un corps avec l'oxygène. Ce phénomène présente les caractères suivants :

a) Le corps qui brûle semble disparaître ;

b) Il y a production de chaleur ;

c) Il y a production de lumière ;

Le corps qui brûle est un *combustible ;* l'oxygène, qui fait brûler, est un *comburant.*

2. Les combustibles que nous utilisons renferment du carbone et de l'hydrogène. Ils peuvent être solides : houille, coke, anthracite, charbon de bois, bougie. L'alcool, le pétrole sont des combustibles liquides. Le gaz d'éclairage, le gaz de coke sont gazeux, comme leur nom l'indique.

Les produits de la combustion sont du gaz carbonique et de la vapeur d'eau.

3. Les combustions sont appliquées pour le chauffage et pour l'éclairage.

Dans l'industrie on cherche à obtenir des températures élevées. On y parvient :

a) En apportant le comburant en quantité suffisante (soufflets des forgerons, machines soufflantes de l'industrie) ;

b) En mélangeant intimement le combustible et le comburant, et en particulier en utilisant un combustible gazeux (gaz des gazogènes) ;

c) En prenant pour comburant de l'oxygène pur ou un gaz riche en oxygène ;

d) En échauffant, au préalable, le combustible et le comburant (récupérateurs de chaleur).

4. Un solide devient incandescent lorsqu'il est porté à une température très élevée.

Une *flamme* est produite par l'incandescence d'une vapeur ou d'un gaz. La flamme devient éclairante lorsqu'elle renferme des particules solides portées à l'incandescence.

5. Lorsque la flamme n'est pas éclairante mais qu'elle est très chaude, on peut l'utiliser pour porter à l'incandescence une substance solide. C'est le principe de l'éclairage au gaz par les becs Auer.

6. Certains corps s'unissent lentement avec l'oxygène, sans qu'il y ait production de chaleur ou production de lumière. Ces combustions lentes s'appellent encore *oxydations*. Exemple : transformation du fer en rouille à l'air humide.

7. La respiration est une combustion lente du carbone et de l'hydrogène à l'intérieur du corps des êtres vivants. Elle se traduit par une absorption d'oxygène et par le dégagement de gaz carbonique et de vapeur d'eau. Chez les animaux, cette combustion est la source de la chaleur animale.

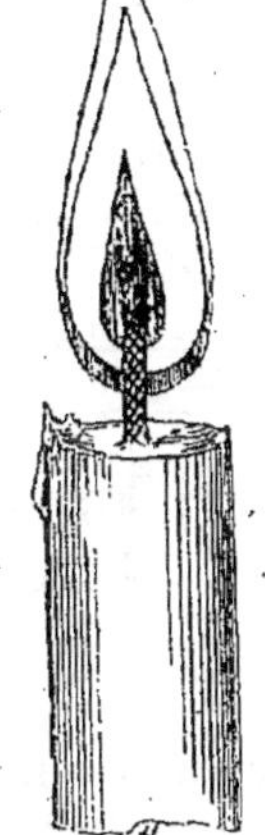

Fig. 42. — Différentes zones de la flamme d'une bougie.

EXERCICES

I. Rechercher les divers procédés employés pour empêcher le fer de se rouiller.

II. Rechercher les moyens qu'on peut employer pour ralentir ou supprimer les combustions. Applications pratiques.

III. Pourquoi éteignez-vous une bougie en soufflant dessus, tandis que le forgeron active son feu en y envoyant un courant d'air?

IV. Qu'appelle-t-on combustion? — Quels sont les caractères de la combustion? Exemples. — Quels sont les combustibles que nous utilisons? Quels corps renferment-ils? Quels sont les produits de leur combustion? Exemples. — Comment l'industrie obtient-elle des températures élevées? — Montrer, par des exemples, en quoi consiste une flamme. — A quelle condition une flamme est-elle éclairante? — Comment peut-on transformer la flamme éclairante d'une bougie en flamme non éclairante et très chaude? — Différentes zones de la flamme d'une bougie. A quoi sont dues les différences d'aspect constatées (*fig.* 42)? — Quel est le principe de l'éclairage par les becs Auer? — Qu'appelle-t-on oxydation? Donnez des exemples. — Montrez que la respiration est une combustion lente.

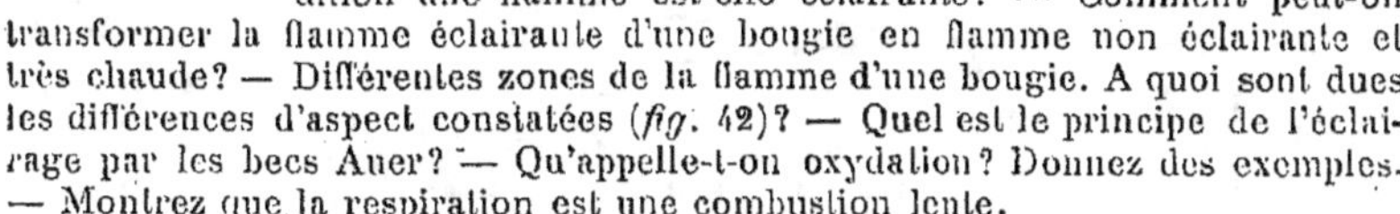

13° LEÇON

AZOTE. — NOUVEAUX GAZ DE L'AIR

MATÉRIEL : Phosphore. — Cloche, comme à la figure 43. — A défaut de phosphore, on peut préparer l'azote comme au n° 55. On mettra dans la terrine une solution de soude ou d'ammoniaque, ou simplement d'eau de chaux, pour absorber le gaz carbonique. — Transvaser l'azote obtenu dans deux flacons. — Bougie. — Souris, si on peut s'en procurer une. — Racines de légumineuses portant des nodosités. — Blanc d'œuf. — Soude caustique.

Azote.

73. *État naturel et préparation.* — L'azote est très répandu dans la nature; en volume, il forme les 4/5 de l'air atmosphérique. Il existe

dans un grand nombre de composés, en particulier dans les azotates ou nitrates, dans l'ammoniaque. Il entre dans la composition de la plupart des tissus des êtres vivants.

On le retire ordinairement de l'air. Il suffit d'enlever l'oxygène de l'air pour obtenir l'azote. Les expériences signalées aux n°s 55 et 60 peuvent être utilisées dans ce but. Le plus souvent, on absorbe l'oxygène de l'air en faisant brûler du phosphore sous une cloche (*fig.* 43). Il se forme des fumées blanches d'*anhydride phosphorique* (n° 44), qui se dissolvent dans l'eau, et il reste de l'azote.

On peut aussi obtenir de l'azote en chauffant un corps appelé *azotite d'ammonium* dans une *cornue* munie d'un tube à dégagement (*fig.* 44).

Fig. 43. — Préparation de l'azote en faisant absorber l'oxygène de l'air par le phosphore.

74. Propriétés. — L'azote est un gaz incolore, inodore; sa densité, par rapport à l'air, est 0,97. L'eau en dissout à peu près 2 pour 100 de son volume, soit 20 centimètres cubes par litre.

Pour le liquéfier, il faut le refroidir au-dessous de — 146°. Il a été solidifié. L'azote est plus difficile à liquéfier que l'oxygène, et par conséquent, pendant la liquéfaction de l'air, l'oxygène se liquéfie le premier. Inversement, pendant la vaporisation de l'air liquide, l'azote s'évapore plus rapidement que l'oxygène.

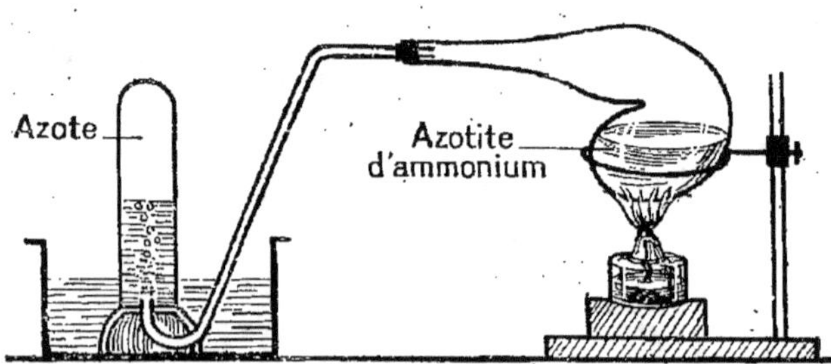

Fig. 44. — Préparation de l'azote en chauffant de l'azotite d'ammonium.

Ces deux propriétés ont été utilisées par M. Claude pour obtenir l'oxygène liquide, ou bien pour obtenir un gaz plus riche en oxygène que l'air ordinaire.

Expérience. Plonger dans l'azote une bougie allumée : elle s'éteint. *L'azote n'entretient donc pas la combustion.*

Un animal, oiseau, souris, qu'on met sous une cloche remplie d'azote meurt rapidement. *L'azote n'entretient pas la respiration.* Ce gaz n'est pas un poison pour l'organisme, mais il provoque la mort par manque d'oxygène. Son rôle dans l'air est de tempérer l'action de l'oxygène.

L'azote ne se combine directement qu'à un très petit nombre de corps. Il est absorbé par un métal : le magnésium à chaud.

75. Chaux azotée. — Depuis quelques années on sait fixer l'azote de l'air sur le *carbure de calcium,* corps bien connu qui sert à obtenir l'acétylène. L'azote utilisé dans cette opération se prépare en distillant de l'air liquide par le procédé de l'ingénieur français Claude (Voir n° **64**). Le corps obtenu est désigné communément sous le nom de *chaux azotée;* il est appelé en chimie *cyanamide calcique.* Sa formule est $C — Az^2 Ca$. Sous l'action de l'eau, il se transforme peu à peu en ammoniaque et carbonate de calcium.

Dans le sol, il peut remplacer comme engrais le sulfate d'ammoniaque; on l'emploie à la dose de 225 kilogrammes à l'hectare, correspondant à 46 kilogrammes d'azote.

Des usines existent en France, notamment dans la Savoie, pour la fabrication de ce composé azoté. Citons, entre autres, celle de Notre-Dame-de-Briançon.

76. Nitrate de calcium. — Sous l'influence de l'étincelle électrique, l'oxygène et l'azote se combinent pour donner un gaz, le peroxyde d'azote, qui réagit sur l'eau en formant de l'acide azotique, sur les bases pour former des nitrates. En général, on fait absorber ce gaz par la chaux et on a du nitrate de calcium, qui peut être employé par l'agriculture comme engrais azoté. Le principal centre de fabrication de ces engrais est la Norvège, où des installations électriques, d'une puissance de 300 000 chevaux, seront prochainement en plein fonctionnement.

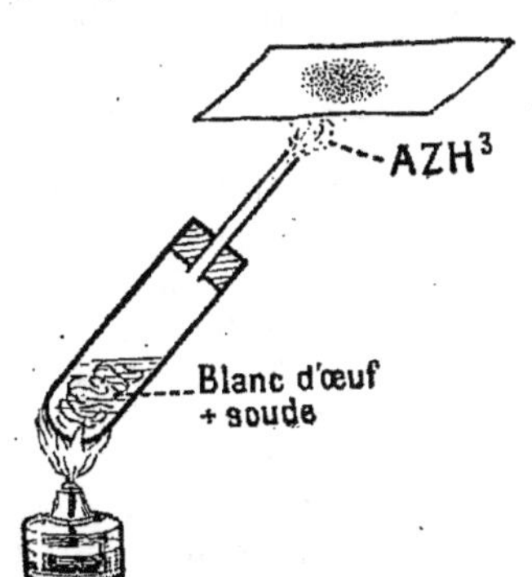

Fig. 45. — Le blanc d'œuf chauffé avec un alcali laisse dégager du gaz ammoniac qui bleuit le papier de tournesol rouge.

77. La plupart des matières organiques renferment de l'azote. — EXPÉRIENCE. Dans un tube à essais, chauffer du blanc d'œuf ou même de la farine avec de la potasse ou de la soude (*fig.* 45). A l'extrémité du tube, présenter un papier coloré avec du tournesol rouge. Le tournesol bleuit. C'est qu'il s'est dégagé de l'ammoniaque, résultant de la combinaison de l'hydrogène et de l'azote contenus dans la matière examinée. La plupart des matières organiques renferment de l'azote. On reconnaît d'ailleurs assez sûrement les matières azotées à l'odeur de corne brûlée qu'elles dégagent pendant leur calcination. Qu'on se rappelle l'odeur de viande, de lait, même de pain brûlé.

78. Putréfaction des matières organiques azotées. — Nous savons que les matières organiques s'altèrent rapidement lorsqu'on les laisse à l'air. Cette altération se produit sous l'influence d'agents infiniment petits appartenant à la classe des champignons (moisissures) ou à celle des algues (bactéries). En particulier, les matières azotées qui subissent la putréfaction donnent lieu à la formation de gaz ammoniac. Ce gaz se trouve généralement combiné à divers acides produits pendant la putréfaction. Si la matière renferme du soufre, il se forme de l'hydrogène sulfuré, qui donne avec le gaz ammoniac du sulfure d'ammonium $(AzH^4)^2S$. Le plus souvent le gaz ammoniac se dégage à l'état de carbonate d'ammonium. Ainsi, une substance azotée, l'urée, contenue dans l'urine, se transforme en carbonate d'ammonium. Une transformation analogue se produit dans les étables : d'où l'odeur caractéristique des fosses d'aisances, des étables mal tenues.

79. *Distillation sèche des matières organiques.* — La distillation sèche des matières organiques azotées donne lieu à un dégagement de produits ammoniacaux. C'est ce qui se produit pendant la préparation du gaz d'éclairage. Aussi la majeure partie de l'ammoniaque du commerce et des sels ammoniacaux se retire des eaux d'épuration du gaz d'éclairage. Il se forme encore des dérivés ammoniacaux dans la préparation du coke; on en extrait aussi des gaz de gazogène.

80. *Rôle de l'azote dans la nature.* — 1° Dans l'air, l'azote modère l'action de l'oxygène en diluant celui-ci;

2° Les animaux ne peuvent eux-mêmes fixer l'azote minéral qui leur est nécessaire pour la formation de leurs tissus; ils utilisent comme aliments des matières organiques azotées qui leur sont fournies soit par d'autres animaux, soit par les végétaux;

3° Les végétaux effectuent la transformation de l'azote minéral en matière organique azotée. Les nitrates en solution très étendue sont absorbés dans le sol par les racines des plantes. Aux feuilles, sous l'action des radiations solaires absorbées par la chlorophylle des végétaux, s'effectuent des combinaisons entre l'azote minéral, le carbone et les éléments de l'eau. Le résultat de ces réactions, dont le détail est inconnu, est la production de matière organique azotée.

Les légumineuses possèdent la propriété de fixer directement l'azote de l'air et de le transformer en azote organique. Sur les racines de ces plantes, on constate des excroissances ou *nodosités*. Ces nodosités renferment des bactéries, agents de la fixation de l'azote de l'air.

Diverses algues peuvent également transformer l'azote atmosphérique en azote organique;

4° La matière organique azotée, après avoir subi la putréfaction, donne des composés ammoniacaux, même de l'azote gazeux. Ces composés ammoniacaux se transforment en nitrates (15° leçon), qui sont des aliments azotés pour les végétaux.

Tel est le cycle de l'azote dans la nature.

Nouveaux gaz de l'air.

81. *Argon. Hélium.* — La détermination de la densité de l'azote atmosphérique et de l'azote obtenu par voie chimique au moyen de l'azotite d'ammonium avait permis de constater que la densité du premier est supérieure à la densité du second. Deux chimistes anglais, Ramsay et Railegh, absorbant l'azote par le magnésium au rouge, obtinrent un résidu qui ne se combine à aucun corps. Ils l'appelèrent *argon* à cause de son peu d'affinité. Sa densité est de 1,06. L'air en renferme environ $\frac{1}{100}$ de son volume.

On a trouvé encore dans l'air d'autres gaz, dont le mieux caractérisé est l'*hélium*. L'air en renferme $\frac{2}{10\,000}$ environ de son volume. Ce gaz est le plus difficile à liquéfier. L'évaporation du gaz liquéfié a permis d'abaisser la température à — 270°.

RÉSUMÉ

1. L'azote existe dans l'air, dans l'ammoniaque, les azotates et dans la plupart des matières organiques. On l'isole de l'air en absorbant l'oxygène par le phosphore à chaud.

2. C'est un gaz incolore, inodore, un peu moins dense que l'air. 1 litre à 0° et sous 760 millimètres pèse 1 gr. 25. Il n'entretient pas la combustion ni la respiration. Il est absorbé par le magnésium au rouge. Sous l'influence d'étincelles électriques, il se combine à l'oxygène et donne un oxyde qu'on peut facilement transformer en nitrates.

3. L'azote se fixe sur le carbure de calcium pour donner la *chaux azotée*, qui sous l'action de l'eau se transforme en ammoniaque et carbonate de calcium.

4. La plupart des substances organiques renferment de l'azote. Par la putréfaction, cet azote s'unit à l'hydrogène et donne de l'ammoniaque. L'ammoniaque s'unit à l'hydrogène sulfuré, au gaz carbonique pour former du sulfure, du carbonate d'ammonium.

5. La distillation sèche des matières organiques donne lieu à la production de composés ammoniacaux.

6. L'azote minéral est absorbé sous forme de nitrates par les racines des plantes. Cet azote est transformé par le végétal en azote organique.

Les bactéries qu'on trouve dans les racines des légumineuses ainsi que certaines algues transforment l'azote de l'air en azote organique.

7. Quand on absorbe l'azote de l'air par le magnésium au rouge, on obtient un résidu qui est l'*argon*. L'air en contient $\frac{1}{100}$ environ de son volume.

L'air renferme encore différents autres gaz, parmi lesquels l'*hélium*.

EXERCICES

I. La densité de l'argon étant 1,06, quelle est la masse du litre de ce gaz à 0° et sous la pression de 760 millimètres de mercure?

II. A 0° et sous 760 millimètres, 1 litre d'azote pur pèse 1 gr. 25, 1 litre d'azote atmosphérique 1 gr. 257. D'après cela, trouver la proportion d'argon contenu dans l'air atmosphérique.

III. Citez quelques corps renfermant de l'azote. — Comment peut-on retirer l'azote de l'air atmosphérique? — Quelles sont les principales propriétés de l'azote? — Comment sont fabriqués industriellement : la chaux azotée, le nitrate de chaux employés comme engrais azotés? — Comment peut-on reconnaître facilement si une matière organique renferme de l'azote? — Quels composés azotés se forment dans la putréfaction, dans la distillation sèche des matières organiques azotées. — Quel est le rôle de l'azote dans l'air? — Montrez le cycle de l'azote dans la nature. — Outre l'azote et l'oxygène, connaissez-vous quelques autres gaz que contient l'air atmosphérique?

14ᵉ LEÇON

AMMONIAQUE
Symbole $= AzH^3$. — *Poids moléculaire* $= 17$.

MATÉRIEL : Solution ammoniacale du commerce. — Sels ammoniacaux : sulfate, azotate, chlorure d'ammonium. — Eaux ammoniacales d'épuration du gaz. — Crud ammoniac (résidu de l'épuration chimique du gaz). — Chaux vive. — Appareil représenté par la figure 46. — Tubes à essais et flacons *bien secs* — Appareil représenté par la figure 48. — Acide chlorhydrique — Baguette de verre. — Solutions de sulfate ferreux, de sulfate de cuivre, d'azotate d'argent — Tournure de cuivre. — Entonnoir.

Propriétés du gaz ammoniac.

82. *Couleur, odeur, densité.* — Voici de l'ammoniaque du commerce, appelée encore *alcali volatil;* c'est un liquide incolore, à odeur piquante caractéristique. Cette odeur est due au dégagement d'un gaz dissous dans le liquide. En chauffant la dissolution, le gaz se dégage; on peut le recueillir simplement par déplacement d'air, au moyen de l'appareil représenté par la figure 46, dans des flacons bien secs.

Ce gaz, appelé gaz *ammoniac*, a une odeur vive et piquante, qui provoque le larmoiement. Il est incolore.

Sa molécule est représentée par le symbole AzH^3.

De ce symbole, tirer le poids moléculaire, la composition en volume et en poids, le poids du litre, la densité par rapport à l'air et à l'hydrogène.

83. *Solubilité*. — Expériences. I. Remplir de gaz ammoniac un tube à essais (*fig.* 47) bien sec ; fermer avec le doigt l'extrémité du tube,

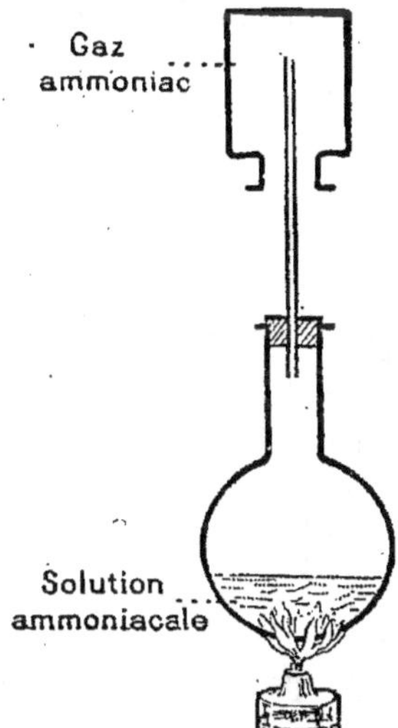

Fig. 46. — Appareil simple pour recueillir le gaz ammoniac.

plonger cette extrémité dans un verre d'eau. Soulever légèrement le doigt pour laisser rentrer un peu d'eau et refermer le tube. Celui-ci adhère fortement au doigt. En plaçant sous l'eau l'ouverture du tube et en enlevant le doigt, le tube se remplit presque complètement. Expliquer cette expérience.

II. Décrire l'appareil représenté par la figure 48 et expliquer l'expérience.

Conclusion. Le gaz ammoniac est *le plus soluble de tous les gaz*. Un litre d'eau dissout à 0° environ 1 000 litres de ce gaz. La solubilité diminue à mesure que la température s'élève ; à 130°, tout le gaz est éliminé.

La diminution de la solubilité avec l'élévation de température est d'ailleurs un fait général pour les gaz.

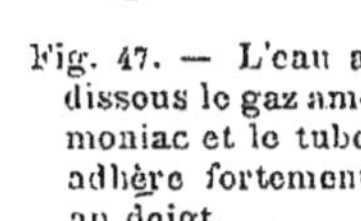

Fig. 47. — L'eau a dissous le gaz ammoniac et le tube adhère fortement au doigt.

84. *Liquéfaction. Glace artificielle*. — A la température ordinaire, on peut facilement liquéfier le gaz ammoniac par simple compression ; à 25°, il suffit d'une pression de 12 kilogrammes par centimètre carré pour obtenir ce résultat. Le gaz liquéfié (ne pas le confondre avec la solution commerciale) abandonné à l'air entre en ébullition et se vaporise à nouveau. Il produit un abaissement de température jusqu'à — 23° qui est la température d'ébullition du liquide sous la pression ordinaire.

Cette propriété fait employer le gaz ammoniac dans la production artificielle du froid et de la glace. Plus de la moitié des machines frigorifiques (600 environ) employées en France fonctionnent au moyen de gaz ammoniac.

La figure 49 représente le schéma d'un appareil frigorifique. Le gaz ammoniac liquéfié est livré au commerce dans des tubes en acier très résistants.

Son prix est d'environ 3 fr. 50 le kilogramme.

Propriétés de la dissolution.

85. La dissolution de gaz ammoniac constitue l'ammoniaque du commerce; on l'obtient facilement en faisant barboter le gaz dans une série de bonbonnes contenant de l'eau. Sa densité est inférieure à celle de l'eau. La dissolution à 28° Baumé a une densité de 0,886 et contient 35 pour 100 en poids de gaz. (Voir Exercices.)

86. *L'ammoniaque est une base puissante.* — Dans l'expérience de la figure 48 on a vu que le tournesol rougi est ramené au bleu par la dissolution de gaz ammoniac. Cette dissolution est une base puissante, analogue à la potasse ou à la soude.

Expériences. I. Ajouter à de l'ammoniaque du commerce du tournesol bleu; faire tomber goutte à goutte de l'acide chlorhydrique jusqu'à ce que le tournesol vire au rouge. Il s'est produit une vive réaction avec grand dégagement de chaleur, et si on évapore la dissolution on trouve un corps appelé *sel ammoniac*, résultant

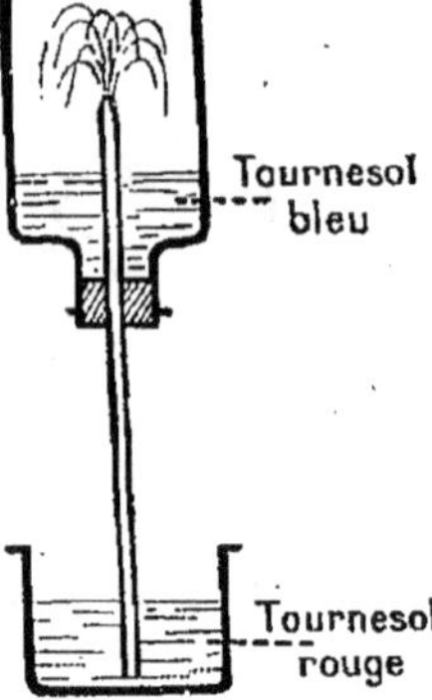

Fig. 48. — Expérience montrant la grande solubilité du gaz ammoniac.

de la combinaison de l'acide et de la base. On pourrait recommencer cette expérience avec n'importe quel acide.

II. Le gaz ammoniac et le gaz chlorhydrique peuvent se combiner

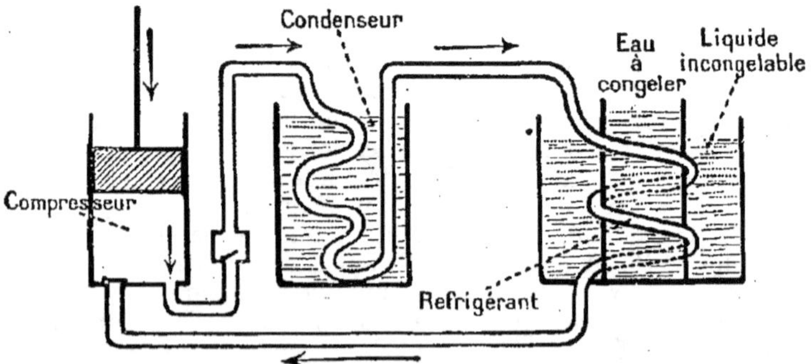

Fig. 49. — Schéma d'un appareil frigorifique à gaz ammoniac. — Le gaz comprimé par le *compresseur* se liquéfie dans le *condenseur;* le liquide circule dans un tube en serpentin où il se vaporise à nouveau en absorbant de la chaleur ; ce serpentin ou *réfrigérant* plonge dans un liquide incongelable (solution de sel marin ou de chlorure de magnésium). Dans ce liquide on place les moules renfermant l'eau à congeler. Le gaz ammoniac est ramené au compresseur qui joue le rôle de pompe aspirante et foulante.

directement. Tremper une baguette de verre dans l'ammoniaque, une autre dans l'acide chlorhydrique et approcher l'une de l'autre ces deux baguettes. On voit se former des fumées blanches de sel ammoniac, provenant de la combinaison des deux gaz dans l'air (*fig.* 50).

L'ammoniaque se combine aux acides en donnant des sels bien définis, analogues aux sels correspondants de potassium ou de sodium, et qui ont souvent la même forme cristalline que ces derniers. Il existe en particulier deux corps appelés *aluns,* qui ont la même forme cristalline. L'alun ordinaire renferme du sulfate de potassium uni à du sulfate d'aluminium ; dans l'alun d'ammoniaque, le sulfate de potassium est remplacé par du sulfate d'ammoniaque. De plus, un cristal d'alun ordinaire s'accroît aussi bien dans une solution d'alun ammoniacal que dans une solution de potasse. Ainsi, le sulfate d'ammoniaque et le sulfate de potassium peuvent se remplacer dans un même cristal ; on dit que ces sels sont *isomorphes.* On convient de représenter les sels isomorphes par des formules analogues. Or, on obtient la formule du sulfate de potassium en substituant dans l'acide sulfurique 2 atomes de potassium à 2 atomes d'hydrogène. Au contraire, l'analyse montre que le sulfate d'ammoniaque a une formule qu'on obtient en juxtaposant une molécule d'acide sulfurique et deux de gaz ammoniac ; cette formule est donc $SO^4H^2(AzH^3)^2$. On ramène le sulfate d'ammonium à avoir un symbole moléculaire analogue à celui du sulfate de potassium par l'hypothèse suivante :

Il existe un corps appelé ammonium, de formule AzH^4, *et qui n'a pas encore été isolé. Ce corps se comporte comme un métal monovalent et peut se substituer à un atome d'hydrogène dans un acide.*

Un composé hypothétique tel que AzH^4, dont on admet l'existence et qu'on déplace en un seul bloc dans les réactions, est un *radical.* Nous en aurons de nombreux exemples en chimie organique.

Ainsi, les combinaisons d'ammoniaque et d'acide sont des *sels d'ammonium.*

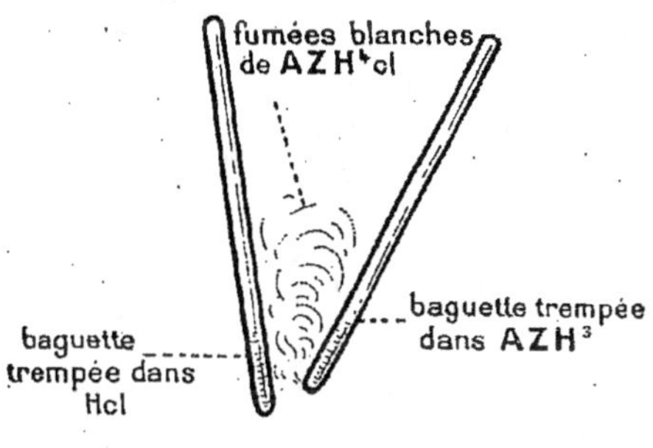

Fig. 50. — Combinaison des gaz ammoniac et chlorhydrique.

87. Action de l'ammoniaque sur les solutions de sels métalliques. — Expériences. I. Verser de l'ammoniaque dans une solution de sulfate de fer : il se forme un précipité vert sale d'hydrate ferreux, $Fe(OH)^2$. L'équation suivante exprime la réaction :

$$SO^4Fe + 2(AzH^3 + H^2O) = SO^4(AzH^4)^2 + Fe(OH)^2.$$

Sulfate ferreux.	Ammoniaque.	Sulfate d'ammonium.	Hydrate d'oxyde de fer.

II. Dans une solution d'azotate d'argent (AzO^3Ag), verser goutte à goutte une solution d'ammoniaque. On voit d'abord se former un précipité brun d'oxyde d'argent (Ag^2O) ; puis, si on continue d'ajouter de l'ammoniaque, le précipité disparaît ; il s'est dissous dans l'ammoniaque en excès.

III. Dans une solution de sulfate de cuivre, verser goutte à goutte de l'ammoniaque. Il se forme un précipité blanc bleuâtre. Si on ajoute de l'ammoniaque en excès, le précipité disparaît. Le précipité était de l'hydrate d'oxyde cuivrique $Cu(OH)^2$; il s'est dissous dans l'excès d'ammoniaque en donnant un liquide de belle couleur bleue : c'est l'*eau céleste*. La réaction est identique à celle qu'on obtient avec le sulfate ferreux. On voit que l'eau céleste est une dissolution d'hydrate cuivrique dans l'ammoniaque, solution mélangée de sulfate d'ammonium.

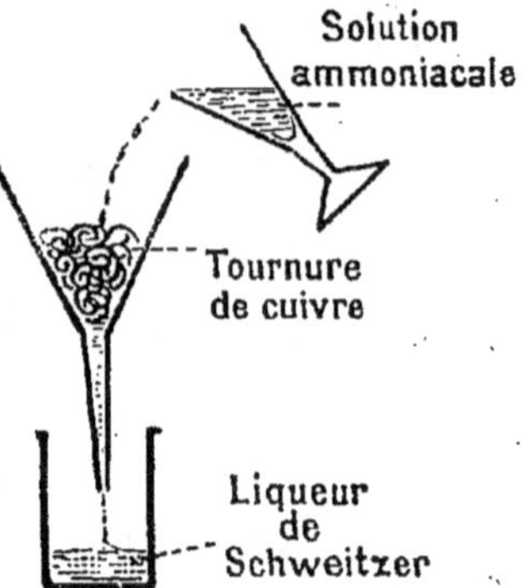

Fig. 51. — La solution ammoniacale passant sur de la tournure de cuivre donne la liqueur de Schweitzer.

IV. On peut obtenir la dissolution d'hydrate cuivrique dans l'ammoniaque par un autre moyen. Sur un entonnoir (*fig.* 51), on place de la tournure de cuivre et on verse de l'ammoniaque. Le liquide recueilli est bleu. En le faisant passer à nouveau sur le cuivre et en répétant l'opération un certain nombre de fois, on obtient un liquide bleu foncé, le *réactif de Schweitzer*, qui dissout la cellulose (coton, etc.). Sous l'action de l'ammoniaque, le cuivre s'est oxydé aux dépens de l'oxygène de l'air, l'oxyde formé s'est hydraté et s'est dissous dans l'ammoniaque.

Nous verrons plus tard l'utilisation de l'ammoniaque comme *intermédiaire* dans la préparation de la soude du commerce par le procédé Solvay.

88. *Action sur l'organisme.* — L'ammoniaque est un *caustique*, elle irrite surtout les muqueuses : il faut éviter son contact prolongé avec la conjonctive des yeux, car elle pourrait provoquer des ophtalmies dangereuses.

On l'emploie pour combattre la *météorisation*. C'est un accident produit par une fermentation des fourrages verts ou humides dans la panse des ruminants, fermentation qui amène un dégagement considérable de gaz carbonique. L'ammoniaque agit en absorbant le gaz carbonique.

89. *Oxydation de l'ammoniaque. Nitrification.* — L'ammoniaque peut s'oxyder et donner naissance à de l'acide azotique, lequel se transforme en nitrates en présence des bases (V. 15ᵉ *leçon*).

90. *Industrie de l'ammoniaque et de ses sels.* — En dehors de la chaux azotée, l'industrie traite les eaux vannes des égouts et surtout les eaux d'épuration du gaz d'éclairage pour en retirer l'ammoniaque.

EXPÉRIENCE. Broyer du sel ammoniac (chlorure d'ammonium) et le mélanger avec de la chaux vive pulvérisée. On constate un dégagement de gaz ammoniac, dégagement plus rapide si on chauffe. La réaction est la suivante :

$$2\,Az\,H^4\,Cl \;+\; Ca\,O \;=\; Ca\,Cl^2 \;+\; H^2O \;+\; 2\,Az\,H^3.$$

Chlorure d'ammonium.	Chaux vive.	Chlorure de calcium.	Eau.	Gaz ammoniac.

Cette expérience peut être répétée avec n'importe quel sel d'ammoniaque : on l'utilise quelquefois dans les laboratoires pour préparer le gaz ammoniac. Elle nous indique le principe de l'extraction industrielle de l'ammoniaque.

On chauffe en présence d'un lait de chaux les eaux ammoniacales que l'on veut traiter. La chaux déplace le gaz ammoniac qui se dégage. Si l'on veut avoir le gaz à l'état liquide, on le dessèche sur de la chaux vive et on le liquéfie par compression.

Pour obtenir la dissolution, on fait arriver le courant gazeux dans une série de bonbonnes renfermant de l'eau. Quand on se propose de préparer un sel ammoniacal, on fait barboter le gaz ammoniac dans l'acide correspondant.

91. *Principaux sels ammoniacaux.* — **Sulfate d'ammonium** $SO^4\,(Az\,H^4)^2$. C'est pratiquement le plus important des sels ammoniacaux : sa production est évaluée à 600 000 tonnes, dont les 4/5 sont utilisés comme engrais azoté.

Dans les terres calcaires, le sulfate d'ammonium subit une décomposition et donne naissance à du carbonate d'ammonium. (Écrire la réaction.) Ce carbonate d'ammonium est fortement retenu par les terres argileuses et subit la nitrification (n° **93**).

On ne doit pas employer le sulfate d'ammonium dans les terres privées de calcaire; car, n'étant pas retenu par les propriétés absorbantes du sol, il serait entraîné par les pluies.

Chlorure d'ammonium $(Az\,H^4)\,Cl$. Ce corps, appelé encore « sel ammoniac », est employé pour le décapage des métaux et pour faire fonctionner les piles de sonneries électriques (piles Leclanché).

Azotate d'ammonium $Az\,O^3\,(Az\,H^4)$. Sert à produire des mélanges réfrigérants en se dissolvant dans l'eau.

Crud ammoniac. Quoique ce ne soit pas un sel d'ammoniac, il convient de signaler ce résidu de l'épuration du gaz d'éclairage. Les sels ammoniacaux y sont accompagnés de substances toxiques qui font utiliser ce produit pour détruire les mauvaises herbes. Mais, lorsqu'il est répandu sur le sol plusieurs mois à l'avance, les matières toxiques (sulfocyanures) qu'il renferme sont détruites par oxydation et le « crud ammoniac » agit comme engrais azoté.

RÉSUMÉ

1. Le gaz ammoniac a pour symbole $Az\,H^3$; il est incolore, son odeur est vive et piquante. C'est le plus soluble de tous les gaz. A 0°, 1 litre d'eau peut en dissoudre 1 000 litres. La solubilité diminue quand la température s'élève.

Le gaz ammoniac est facilement liquéfiable. Le liquide obtenu bout à — 23°. On utilise ce liquide pour la production du froid et la fabrication artificielle de la glace.

2. L'ammoniaque du commerce est une dissolution de gaz ammoniac. C'est une base puissante, analogue à la potasse et à la soude, qui donne avec les acides des sels nettement définis. La formule de ces sels s'obtient en remplaçant un atome d'hydrogène de l'acide par le corps hypothétique AzH^4, appelé *ammonium*.

3. La solution ammoniacale déplace les bases métalliques, elle dissout l'oxyde d'argent, l'hydrate cuivrique. En passant sur des rognures de cuivre, elle provoque l'oxydation du métal : l'oxyde formé est dissous et cette dissolution est une belle liqueur bleue (liqueur de Schweitzer). Avec le sulfate de cuivre (vitriol bleu), l'ammoniaque donne l'*eau céleste*.

4. L'ammoniaque est utilisée comme *intermédiaire* dans la fabrication de la soude : c'est un *caustique*. On l'utilise pour combattre la *météorisation* des ruminants.

L'ammoniaque en s'oxydant donne de l'acide azotique et des nitrates si l'oxydation se produit en présence des bases.

5. Quand on traite un sel d'ammoniaque par la chaux, il se dégage du gaz ammoniac. Ce gaz peut être liquéfié, ou dissous dans l'eau, ou recueilli dans un acide.

L'industrie retire la presque totalité de l'ammoniaque et des sels ammoniacaux en traitant les eaux d'épuration du gaz d'éclairage.

6. Le plus important des sels ammoniacaux est le *sulfate d'ammonium* $SO^4 (AzH^4)^2$, employé par l'agriculture comme engrais azoté. L'agriculture emploie aussi le *crud ammoniac*, résidu de l'épuration du gaz. On utilise encore le chlorure d'ammonium $(AzH^4)Cl$ et l'azotate d'ammonium $AzO^3 (AzH^4)$.

EXERCICES

I. On chauffe la solution ammoniacale à 28° B (Voir n° 85). Quel volume de gaz pourra-t-on obtenir avec 100 cm³ de cette solution ? (Gaz à 0° et sous 76 cm.)

II. Quel volume de gaz obtiendra-t-on en laissant évaporer 10 kilos d'ammoniac liquide ? (Gaz à 0° et sous 76 cm.)

III. Écrire la formule de la réaction de l'ammoniaque sur la solution d'azotate d'argent, sur celle de sulfate de cuivre.

IV. Écrire les équations qui traduisent les réactions :

       a) de l'eau sur la chaux azotée ;

       b) du calcaire sur le sulfate d'ammonium.

V. Un engrais commercial renferme 95 pour 100 de sulfate d'ammonium pur. Quel est le prix du kilogramme d'azote si cet engrais coûte 30 francs les 100 kilos?

VI. A quoi reconnaissez-vous immédiatement le gaz ammoniac? — Le gaz ammoniac est-il soluble, liquéfiable? — L'ammoniaque liquide du commerce est-elle du gaz ammoniac liquéfié? — Application principale du gaz ammoniac liquéfié? — Montrez que l'ammoniaque est une base énergique. — Que se passe-t-il quand on verse de l'ammoniaque dans une solution de sulfate de fer, de sulfate de cuivre? — Qu'est-ce que la liqueur de Schweitzer? — Différence avec l'eau céleste? — Quelle action l'ammoniaque a-t-elle sur l'organisme? — D'où provient l'ammoniaque? — Principe de sa préparation? — Quels sont les principaux sels ammoniacaux? — Donnez leur formule et signalez leurs usages les plus connus.

15ᵉ LEÇON

AZOTATES NATURELS. — NITRIFICATION

MATÉRIEL : Azotate de sodium. — Chlorure de potassium. — Salpêtre. — Soufre en canons et charbon pulvérisés. — Azotate de baryum. — Azotate de strontium.

N. B. — Pour les mélanges combustibles, toutes les substances employées doivent être bien sèches.

Azotate de sodium (AzO^3Na). *Nitrate de soude.*

92. *État naturel.* — L'azotate de sodium, ou nitrate de soude, ou salpêtre du Chili, a une grande importance au point de vue industriel et agricole. La consommation atteint 1500000 tonnes dont les 2/3 utilisés par l'agriculture. Industriellement, il sert à préparer presque tous les dérivés nitriques. Au point de vue agricole, c'est un engrais azoté immédiatement assimilable par les plantes.

Il existe en masses puissantes au Chili. On estime que les gisements seront épuisés dans 40 ans environ. Le nitrate est mélangé d'impuretés : chlorure, sulfate, iodure, iodate de sodium. On le purifie par dissolution dans l'eau chaude, puis par cristallisation. L'eau mère est utilisée pour l'extraction de l'iode.

93. *Propriétés et usages.* — Sel blanc, très soluble dans l'eau. Il absorbe l'humidité de l'air et s'y dissout ensuite (déliquescence). Projeté sur des charbons ardents, il en active la combustion : on dit qu'il *fuse.* Il perd son oxygène et devient ainsi un oxydant énergique.

L'acide sulfurique réagit en donnant de l'acide azotique (n° **97**). La solution d'azotate de sodium réagit à l'ébullition sur celle de chlorure de potassium et donne de l'azotate de potassium, ou *salpêtre*, et du chlorure de sodium (n° **94**).

Le nitrate de soude, contrairement à la plupart des autres substances minérales, n'est pas retenu par la terre arable; on ne doit le répandre qu'au printemps, au moment où les plantes peuvent l'utiliser. Il est même bon de le répandre en plusieurs fois. En l'employant trop tôt, on risque d'en perdre une grande partie, entraînée par les eaux de pluie.

Azotate de potassium (Az O³ K). *Salpêtre.*

94. *État naturel et préparation.* — Dans les pays chauds, Inde, Égypte, après la saison des pluies, on voit à la surface du sol se former une poussière blanche. C'est de l'azotate de potassium ou salpêtre. Ce corps se forme aussi, dans nos pays, dans les caves, les étables, les endroits humides, là où se trouvent de la potasse et des matières organiques azotées en décomposition. Cette source de salpêtre, qui n'était pas très importante il y a quelques années, paraît être appelée prochainement à un grand avenir.

Nitrification. — Nous savons (n° **78**) que la putréfaction des matières organiques azotées donne naissance à des sels ammoniacaux. Sous l'influence d'organismes microscopiques, l'ammoniaque est oxydée et transformée en acide nitrique. Cette transformation s'effectue en deux phases sous l'action de deux organismes différents, l'un transformant l'ammoniaque en acide nitreux, l'autre donnant de l'acide nitrique. L'acide nitrique donne des azotates en se combinant au calcaire, aux sels de potassium et de sodium que contient le sol. Cette transformation est la *nitrification*.

Pour que la nitrification s'effectue, diverses conditions sont indispensables.

a) Il faut évidemment des matières organiques azotées dans le sol, ainsi que l'agent nitrificateur ;

b) L'oxygène et l'humidité sont aussi nécessaires ; une température de 35° environ est la plus favorable ;

c) La nitrification ne se fait pas en terrain acide ; il faut que la terre soit *légèrement* alcaline. La présence des alcalis est nécessaire pour saturer l'acide au fur et à mesure de sa formation.

Dans les grandes villes, on répand les eaux d'égout sur des terrains livrés à la culture. Ces eaux sont riches en sels ammoniacaux, qui subissent la nitrification en filtrant à travers le sol. À Gennevilliers et à Achères, dans les environs de Paris, 5 000 hectares sont consacrés à l'épandage et reçoivent chaque jour 600 000 mètres cubes d'eau à épurer. Ces terrains, qui autrefois ne valaient pas plus de 400 francs l'hectare, se vendent actuellement de 10 000 à 12 000 francs.

On peut aussi faire filtrer les eaux d'égout sur des matières poreuses (lits bactériens) qui produisent une nitrification rapide. Depuis quelques années, on a obtenu une nitrification intensive, en arrosant de sulfate d'ammoniaque une couche de terreau de jardinier. La production de salpêtre s'élève à 4 000 tonnes par hectare et par an. Enfin, les recherches les plus récentes permettent d'espérer que les tourbières actuelles pourront un jour être transformées en vastes nitrières. (Müntz et Lainé.)

Préparation industrielle. — La plus grande quantité du salpêtre actuellement utilisé provient de la réaction du chlorure de potassium sur l'azotate de sodium :

$$ClK \; + \; AzO^3Na \; = \; AzO^3K \; + \; ClNa.$$

<table>
<tr><td>Chlorure
de potassium.</td><td>Azotate
de sodium.</td><td>Azotate
de potassium.</td><td>Chlorure
de sodium.</td></tr>
</table>

On obtient un mélange de salpêtre et de sel marin. On sépare ces deux sels par cristallisation.

En concentrant la solution à l'ébullition, le sel marin précipite par évaporation du solvant. Le salpêtre, extrêmement soluble à chaud, reste en dissolution : il cristallise par refroidissement, mélangé d'un peu de sel marin. On le purifie en le lavant avec une solution saturée de salpêtre pur, qui ne peut plus dissoudre de salpêtre, mais qui enlève le chlorure de sodium. Cette purification s'appelle *clairçage.*

On a pu réaliser industriellement la combinaison directe de l'oxygène et de l'azote de l'air dans un four électrique spécial. On obtient ainsi du peroxyde d'azote qu'on transforme en *nitrate de calcium* en présence de la chaux. Ce nitrate est actuellement vendu à des prix qui font concurrence au nitrate de soude du Chili. La production est aujourd'hui de 800 kilogrammes de nitrate de calcium environ par cheval et par an. Diverses usines représentant une puissance de 300 000 chevaux sont en voie d'installation en Norvège pour la préparation de ce corps.

On pourrait obtenir le salpêtre tout aussi bien que le nitrate de calcium en appliquant la réaction précédente; il suffirait de faire absorber le peroxyde d'azote par la potasse.

95. *Propriétés et usages.* — Le salpêtre est un sel blanc qui cristallise en aiguilles. Il est très soluble dans l'eau chaude; 100 grammes d'eau, qui dissolvent seulement 13 grammes de salpêtre à 0°, en dissolvent 246 grammes à 100° et 335 grammes à 116°, point d'ébullition de la solution saturée. Au rouge, il se décompose en azotite et oxygène :

$$AzO^3K \; = \; AzO^2K \; + \; O\rightarrow.$$

<table>
<tr><td>Azotate
de potassium.</td><td>Azotate
de potassium.</td><td>Oxygène.</td></tr>
</table>

L'acide sulfurique réagit sur l'azotate de potassium en donnant de l'acide azotique et du sulfate de potassium (n° **97**).

La propriété la plus importante du salpêtre est celle de céder facilement son oxygène aux corps combustibles : il *fuse* sur les charbons ardents.

Expérience. Pulvériser séparément du salpêtre, du soufre en canon, du charbon de bois; faire 3 mélanges bien intimes dans les proportions suivantes :

a) 10 grammes de salpêtre et 2 grammes de charbon;

b) 10 grammes de salpêtre et 4 grammes de soufre;

c) 20 grammes de salpêtre, 4 grammes de charbon et 3 grammes de soufre.

Mettre quelques pincées de chacun de ces mélanges sur un petit carré de papier et les allumer. Ils brûlent avec explosion.

Le dernier mélange correspond à peu près à la composition de la poudre noire. La combustion de ce mélange peut être représentée par la réaction :

$$2AzO^3K \ + \ S \ + \ 3C \ = \ SK^2 \ + \ 3CO^2 \ + \ 2Az.$$

Azotate de   Soufre.   Charbon.   Sulfure de   Anhydride   Azote.
potassium.   potassium.   carbonique.

Le sulfure de potassium SK^2 est solide ; les autres produits de la combustion sont gazeux.

96. *Poudre noire.* — Pour fabriquer la poudre noire, on fait un mélange de salpêtre, de soufre et de charbon pulvérisés séparément. On humecte d'eau ce mélange et on le triture soit sous des meules, soit sous des pilons mécaniques. On obtient ainsi des *galettes* qu'on sèche et qu'on divise en grains de grosseur convenable dans un tamis appelé *guillaume*. Les grains, séparés en plusieurs grosseurs, sont polis par frottement mutuel dans une *tonne* animée d'un mouvement de rotation.

Aujourd'hui on fabrique des poudres sans fumée, à base de fulmi-coton, de nitroglycérine et d'acide picrique.

Les *feux de bengale* sont obtenus en mélangeant au salpêtre et au soufre divers sels métalliques suivant les couleurs que l'on veut obtenir. On peut remplacer le salpêtre par le chlorate de potassium.

' Exemple : Au mélange (*a*,) [n° **95**] ajouter une pincée d'azotate de baryum ou d'azotate de strontium, enflammer et constater la coloration verte du premier feu, la coloration rouge du deuxième.

RÉSUMÉ

1. L'*azotate de sodium* ou nitrate de soude existe en masses puissantes au Chili.

Ce corps est utilisé en agriculture comme engrais azoté ; il sert à préparer industriellement le salpêtre ainsi que l'acide azotique. Le nitrate de soude n'est pas retenu par la terre arable.

2. Le salpêtre ou *azotate de potassium* est obtenu industriellement par double décomposition entre le chlorure de potassium et le nitrate de sodium. C'est un oxydant énergique employé dans la préparation de la poudre noire et en pyrotechnie.

3. Les matières organiques azotées se transforment en dérivés ammoniacaux par la putréfaction. L'ammoniaque est oxydée dans le sol sous l'action de microbes, dits *nitrificateurs*, qui donnent lieu à une production d'acide azotique. Cet acide se combine aux bases du sol pour donner des nitrates. Ce phénomène s'appelle *nitrification*.

4. L'azote et l'oxygène se combinent directement sous l'action de l'étincelle électrique. Cette combinaison, effectuée dans un four électrique spécial, donne du peroxyde d'azote qui, en présence de la chaux, se transforme en nitrate de calcium. Ce nitrate est utilisé comme engrais azoté.

EXERCICES

I. Où trouve-t-on l'azotate de sodium? — Quelle est l'action de ce sel sur les charbons ardents? — Que se produit-il quand on traite à l'ébullition une solution de nitrate de soude par une solution de chlorure de potassium? — Comment peut-on séparer le salpêtre et le chlorure de sodium en solution? — Montrez sous quelles influences les sels ammoniacaux se transforment en nitrates. — Action de l'acide sulfurique sur le salpêtre. — De quoi est formée la poudre de chasse noire ordinaire? Quel est le rôle de chacun des constituants? Quels sont les produits de la combustion de la poudre? Comment fabrique-t-on la poudre ordinaire?

II. Le nitrate de soude du Chili coûte 22 francs les 100 kilos. Il est pur à 90 pour 100. Quel devra être le prix du quintal de nitrate de calcium pur, obtenu synthétiquement, pour que le kilogramme d'azote ait la même valeur dans les deux nitrates?

16ᵉ LEÇON

ACIDE AZOTIQUE (AzO³H)
Acide nitrique ou *Eau-forte.*

MATÉRIEL : Acide azotique fumant, acide du commerce, salpêtre, acide sulfurique, nitrate de sodium. — Noir de fumée, phosphore, essence de térébenthine, papier-filtre. — Tournure de cuivre, lame de cuivre bien décapée, cire ou paraffine ou vernis, clous en fer. — Dérivés organiques divers de l'acide azotique : nitrobenzine, fulmicoton, acide picrique, collodion. — Appareils représentés par les figures 52 et 56. Mettre des bouchons en liège.

REMARQUE. — La plupart des expériences avec l'acide azotique dégagent des vapeurs dangereuses à respirer. Ne pas laisser ces vapeurs se produire dans la salle de classe.

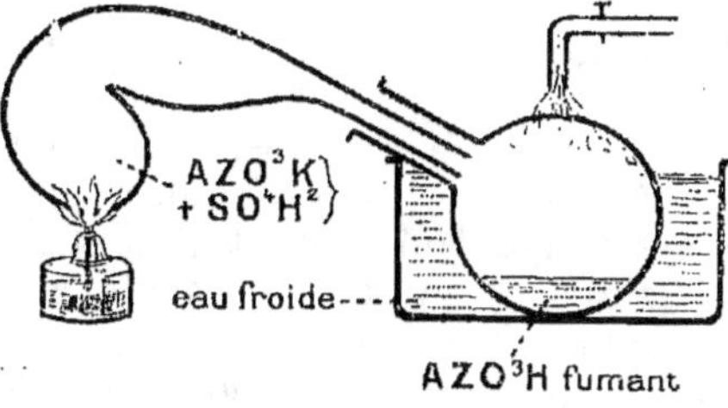

Fig. 52. — Préparation de l'acide azotique dans les laboratoires.

Préparation.

97. *Dans les laboratoires.* — EXPÉRIENCE. Chauffer dans une cornue (*fig.* 52) un mélange d'azotate de potassium et d'acide sulfurique. Recueillir les gaz qui se dégagent dans un petit ballon plongeant dans un verre d'eau froide. Dans ce ballon les vapeurs se condensent et donnent un liquide jaunâtre qui est l'acide azotique.

La réaction est exprimée comme suit :

$$AzO^3K \; + \; SO^4H^2 \; = \; AzO^3H \; + \; SO^4HK.$$

| Azotate | Acide. | Acide | Bisulfate |
| de potassium. | sulfurique. | azotique. | de potassium. |

On voit que la moitié seulement de l'hydrogène de l'acide sulfurique est remplacée par du potassium : on obtient donc du *bisulfate de potassium*.

98. Dans l'industrie. — On fait agir l'acide sulfurique sur le nitrate de sodium. Dans les fours où s'effectue la réaction (*fig.* 53), la température étant assez élevée, le bisulfate

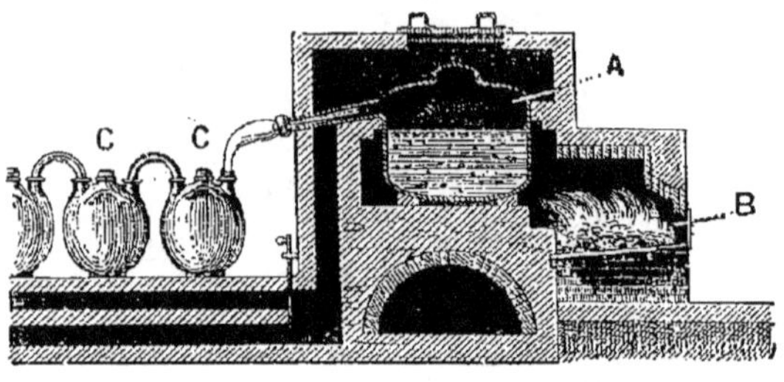

Fig. 53. — Préparation industrielle de l'acide azotique.

de sodium réagit partiellement sur l'azotate en excès, de sorte qu'on se rapproche de la réaction suivante :

$$2AzO^3Na \; + \; SO^4H^2 \; = \; 2AzO^3H \; + \; SO^4Na^2.$$

| Azotate | Acide | Acide | Sulfate neutre |
| de sodium. | sulfurique. | azotique. | de sodium. |

On emploie l'acide sulfurique à 60°, tel qu'il sort de la tour de Glover, et la réaction se produit dans des cylindres en fonte, chauffés par un foyer. Les vapeurs traversent un long tube de poterie et vont se condenser dans une série de bonbonnes en grès C, C. Elles passent ensuite dans une tour à coke, qu'elles traversent de bas en haut, tandis qu'un filet d'eau coule de haut en bas et en achève la condensation.

Propriétés.

99. L'acide azotique pur est incolore; il répand à l'air des fumées blanches : d'où le nom d'*acide fumant*. La lumière le décompose partiellement et donne des vapeurs rouges qui restent dissoutes au sein de l'acide et le colorent en jaune ou en rouge. L'acide concentré marque 50° à l'aréomètre de Baumé ($d = 1,53$).

L'acide du commerce est encore appelé *quadrihydraté*, car on peut le considérer comme formé par la combinaison de l'*anhydride azotique* Az^2O^5 avec 4 molécules d'eau. Il marque 43° à l'aréomètre B.

100. Rôle oxydant. — Expériences. I. Tremper un morceau de papier à filtrer dans l'essence de térébenthine et verser sur le papier quelques gouttes d'acide azotique fumant : il se produit des vapeurs

rouges (vapeurs rutilantes) et le papier peut même s'enflammer. C'est
que l'acide azotique a été décomposé, a cédé une partie de son oxygène à l'essence de térébenthine. Les vapeurs rouges sont un mélange
en proportions variables d'*anhydride azoteux* Az^2O^3 et d'*oxyde perazotique* AzO^2.

II. Verser avec précaution de l'acide fumant sur du noir de fumée
chauffé (*fig.* 54). Il y a inflammation du charbon. (Pour éviter les projections d'acide, disposer l'expérience comme le représente la figure.)

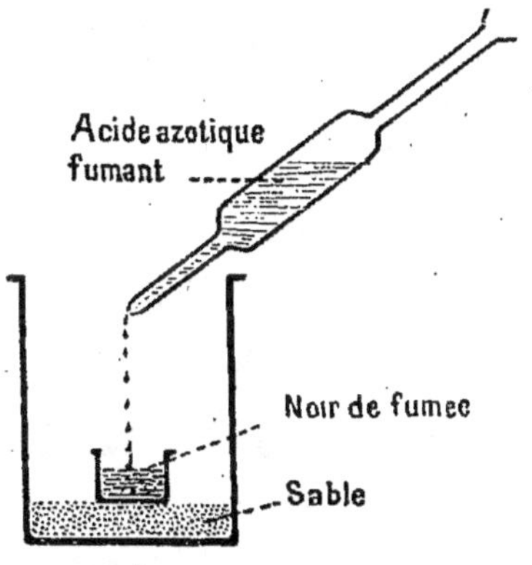

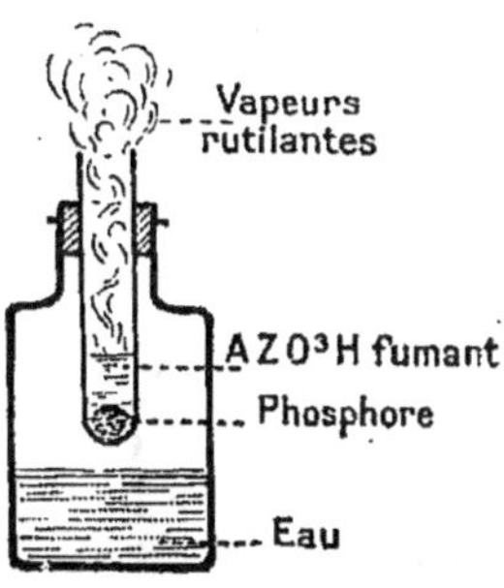

Fig. 54. — Oxydation du noir de fumée par l'acide azotique fumant.

Fig. 55. — Action du phosphore sur l'acide azotique fumant.

III. Dans un tube à essais renfermant de l'acide fumant, jeter un
petit morceau de phosphore (*fig.* 55). On voit se dégager des vapeurs
rutilantes et le phosphore finit même par s'enflammer (1). Il se forme
de l'acide phosphorique.

IV. Dans un tube à essais renfermant de l'acide fumant, jeter un
petit morceau de glucose; si la réaction ne se produit pas spontanément, chauffer légèrement. Le dégagement de vapeurs rouges annonce que l'acide azotique est réduit. Le glucose est transformé en
acide oxalique.

Ces expériences peuvent aussi se faire avec l'aide du commerce;
mais elles ne se produisent pas spontanément : il faut chauffer légèrement. Quand elles sont commencées, elles continuent d'elles-mêmes, la chaleur dégagée suffisant à les entretenir. Les réactions
sont moins violentes avec l'acide étendu qu'avec l'acide concentré.

Ainsi, *l'acide azotique est un oxydant énergique;* il est fréquemment
employé pour cet usage dans les laboratoires.

Dans la pile de Bunsen, c'est cette propriété qui le fait utiliser
comme *dépolarisant;* l'hydrogène, produit par l'action du zinc sur

---

1. L'expérience est dangereuse avec l'acide fumant.

l'acide sulfurique, réduit l'acide azotique du vase poreux intérieur et il se dégage des vapeurs rouges. (Voir *Physique*.)

Industriellement, c'est par l'intermédiaire de l'acide azotique et des dérivés oxygénés de l'azote que l'on oxyde le gaz sulfureux et qu'on transforme ce gaz en acide sulfurique. (Voir *Acide sulfurique*.)

101. *Fonction acide.* — 1° Constater l'action de l'acide azotique du commerce sur le **tournesol**, sur le **calcaire**, sur les **bases alcalines**. (Pour cette dernière expérience, employer des solutions étendues, ou bien agir avec précaution.)

2° **Action sur le cuivre.** EXPÉRIENCE. Dans un tube à essais renfermant de l'acide azotique du commerce (*fig.* 56), introduire quelques morceaux de tournure de cuivre. La réaction est très vive et il se produit des vapeurs rutilantes en abondance. Dans le tube il reste de l'azotate de cuivre. La réaction s'explique comme suit : le cuivre se substitue à l'hydrogène de l'acide azotique pour donner de l'azotate de cuivre $(AzO^3)^2Cu$; mais l'hydrogène, au lieu de se dégager, réagit sur

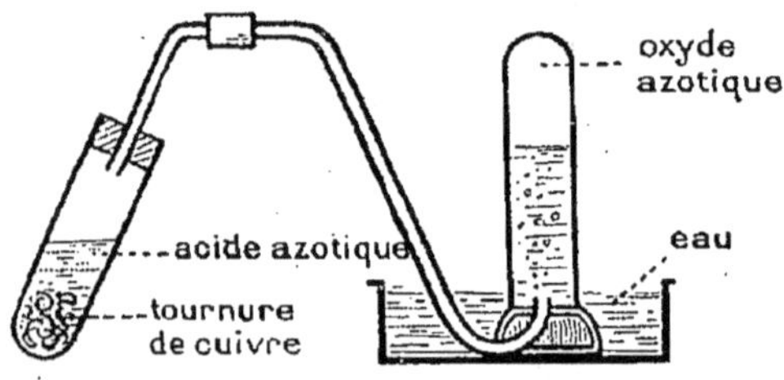

Fig. 56. — Action de l'acide azotique sur le cuivre.

l'acide azotique et le réduit en donnant de l'oxyde azotique AzO incolore, qu'on peut recueillir sur la cuve à eau (*fig.* 56). Ce gaz, au contact de l'oxygène de l'air, s'oxyde spontanément en donnant un mélange d'anhydride azoteux Az^2O^3 et d'oxyde perazotique AzO^2. C'est ce mélange qui constitue les vapeurs rutilantes observées dans toute réduction de l'acide azotique.

L'argent, le mercure, sont de même attaqués par l'acide azotique. Avec le fer et le zinc, l'action est plus violente et il se forme de l'oxyde azoteux Az^2O, même de l'azote.

L'étain ne donne pas d'azotate, mais une poudre blanche d'acide métastannique.

L'or et le platine ne sont pas attaqués.

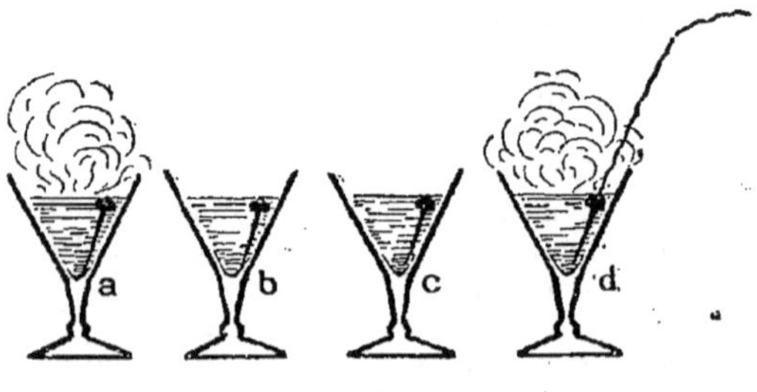

3° **Action sur le fer** (*fig.* 57). EXPÉRIENCE.

Fig. 57. — Action de l'acide azotique étendu et de l'acide concentré sur le fer.

a) Mettre un clou en fer dans un verre renfermant de l'acide étendu. Réaction violente ;

b) Prendre un deuxième clou et le mettre dans un verre renfermant de l'acide concentré. Pas de réaction ;

c) Placer le clou précédent dans l'acide étendu : on n'observe plus de réaction ;

d) En touchant le clou avec un fil de cuivre, la réaction se produit à nouveau. On dit que l'acide concentré a rendu le fer *passif*.

L'acide azotique est un acide très énergique. Ses sels sont des *azotates*. Aux azotates alcalins, il faut ajouter l'azotate d'argent AzO^3Ag, appelé aussi *pierre infernale*, et employé en médecine comme caustique. Les autres azotates sont sans intérêt.

102. *Action sur les matières organiques.* — 1° L'acide azotique détruit les tissus organisés ; ses brûlures sont dangereuses. On l'utilise pour détruire les verrues (s'en servir avec beaucoup de prudence, car un excès d'acide pourrait causer des lésions étendues et douloureuses) ;

2° Expérience. Tremper dans de l'acide azotique étendu de 10 fois son volume d'eau un petit morceau de soie. La soie blanche est teinte en jaune. Ainsi, l'acide azotique teint en jaune les tissus d'origine animale (laine, soie) ;

3° Nous étudierons en chimie organique l'action de l'acide azotique sur la glycérine, sur la cellulose (coton), sur le phénol, sur la benzine et ses dérivés. Nous verrons que c'est l'une des matières premières utilisées dans la fabrication d'explosifs extrêmement énergiques.

Usages.

103. 1° Dans les laboratoires, on l'emploie comme oxydant ; dans l'industrie, l'acide azotique sert à préparer l'acide sulfurique (il n'est ici qu'un intermédiaire) ;

2° Son action sur les métaux le fait utiliser pour le *décapage*, pour la préparation de l'azotate d'argent. — Un mélange d'acide chlorhydrique et d'acide azotique constitue l'*eau régale;* les deux acides réagissent avec un dégagement de chlore qui dissout l'or et le platine.

Gravure sur cuivre. — C'est une intéressante application de l'action de l'acide azotique sur le cuivre.

Expérience. — Décaper soigneusement une plaque de cuivre et la recouvrir d'une couche de vernis ou de cire fondue. Avec une pointe fine, tracer un dessin sur le vernis en ayant soin de mettre le cuivre à nu. Faire autour du dessin un bourrelet à la cire et verser de l'acide azotique dans la petite cuvette ainsi obtenue. Quand l'acide a suffisamment *mordu*, laver à grande eau et enlever le vernis en le dissolvant dans l'essence de térébenthine. La condition essentielle du succès consiste dans l'emploi d'un vernis susceptible de subir l'action de la pointe sans s'érailler ; celui employé le plus fréquemment est le *vernis mou.*

3° L'acide azotique entre dans la composition des explosifs : coton-poudre, nitroglycérine, dynamite, acide picrique, picrates, poudres sans fumée ; il est utilisé dans la fabrication des matières colorantes artificielles, du collodion, de la soie artificielle, du celluloïd.

Divers composés oxygénés de l'azote.

104. On connaît :

L'oxyde azoteux Az^2O, appelé encore protoxyde d'azote ;

L'oxyde azotique AzO,   —   bioxyde d'azote ;

L'anhydride azoteux Az^2O^3, auquel correspond l'acide azoteux AzO^2H ;

Le peroxyde d'azote AzO^2 ;

L'anhydride azotique Az^2O^5, auquel correspond l'acide azotique AzO^3H ;

L'anhydride perazotique AzO^3.

L'oxyde azotique, l'anhydride azoteux, le peroxyde d'azote mélangés en proportions diverses, constituent les vapeurs rutilantes qui accompagnent toute réduction de l'acide azotique. Ces composés jouent un rôle important dans la préparation de l'acide sulfurique. Nous avons indiqué (n° 101) la propriété essentielle de l'oxyde azotique.

A l'anhydride azoteux, correspond l'acide azoteux, peu stable ; mais on connaît ses sels bien définis : les *azotites* ou *nitrites*. Les azotites alcalins s'obtiennent en chauffant au rouge les azotates correspondants. On les utilise dans la préparation de diverses matières colorantes.

Actuellement, le peroxyde d'azote a une certaine importance. On est parvenu à l'obtenir par combinaison directe de l'oxygène et de l'azote dans l'arc électrique. Dissous dans l'eau, il donne à basse température de l'acide azoteux et de l'acide azotique. A la température ordinaire, on n'obtient que de l'acide azotique. En présence des bases, il donne un nitrite et un nitrate. (Voir *Nitrates.*)

RÉSUMÉ

1. L'acide azotique s'obtient en traitant le nitrate de sodium par l'acide sulfurique. On condense les vapeurs dans les bonbonnes en grès.

2. L'acide concentré est généralement coloré en jaune par les vapeurs provenant de sa décomposition. C'est l'*acide fumant*. L'acide ordinaire du commerce renferme 30 pour 100 d'eau environ.

3. L'acide azotique est un *oxydant énergique* souvent employé dans les laboratoires. C'est cette propriété qui en fait un dépolarisant dans les piles de Bunsen. L'industrie utilise l'oxydation de l'anhydride sulfureux par l'acide azotique et ses dérivés dans la préparation de l'acide sulfurique.

4. L'acide azotique donne des sels appelés *azotates ;* tous les métaux l'attaquent, sauf l'or et le platine. La réaction dégage des vapeurs rouges, mélange complexe des divers oxydes de l'azote. L'argent se dissout dans l'acide azotique en formant l'azotate d'argent ou *pierre infernale.*

5. L'acide azotique se fixe sur divers composés organiques en donnant des dérivés d'une grande importance industrielle. Ces dérivés sont des explosifs : nitroglycérine, coton-poudre, acide picrique, ou bien ce sont des matières premières de l'industrie, des couleurs artificielles (nitrobenzine, etc.).

6. L'acide azotique sert à la préparation de l'acide sulfurique, au décapage des métaux, à la gravure sur cuivre. On l'utilise dans les piles de Bunsen, pour obtenir le nitrate d'argent et l'*eau régale*. Il constitue une des matières premières de l'industrie des explosifs et de celle des couleurs artificielles.

EXERCICES

I. Quel poids d'acide azotique obtiendra-t-on en traitant par l'acide sulfurique 100 kilogs de nitrate de soude et 100 kilogs de salpêtre? (On supposera que les produits sont purs et que tout l'acide du nitrate se dégage.) D'après cela, indiquer les raisons pour lesquelles l'industrie utilise le nitrate de soude au lieu du salpêtre dans la préparation de l'acide azotique.

II. L'hydrogène réduit l'acide azotique à chaud avec formation d'oxyde azotique AzO. Écrire la formule qui traduit cette réaction. D'après cela, écrire la formule qui exprime l'action du cuivre sur l'acide azotique.

III. Reconnaître la présence d'un nitrate dans un engrais chimique : Mettre dans un tube à essais une pincée de l'engrais; ajouter de l'acide sulfurique et une lame de cuivre. Chauffer légèrement. Si l'engrais renferme des nitrates, il se dégage des vapeurs rutilantes. Expliquer les diverses réactions qui se produisent.

IV. Comment se prépare l'acide azotique, dans les laboratoires, dans l'industrie? — Pourquoi, dans les laboratoires, utilise-t-on le salpêtre et, dans l'industrie, le nitrate de soude? — Quelle différence y a-t-il entre l'acide fumant et l'acide du commerce? — Quelle est l'action de l'acide azotique fumant sur : le noir de fumée, le phosphore, le gaz sulfureux? — Montrez que l'acide azotique est un acide très énergique. — Quelle particularité présente l'action de l'acide fumant sur le fer? — Comment procède-t-on pour graver sur cuivre? — Action de l'acide azotique sur les composés organiques? — Connaissez-vous des composés oxygénés de l'azote autres que l'acide azotique? — Écrivez la formule des azotates d'argent, de cuivre, de plomb, de mercure.

17ᵉ LEÇON

CHLORURES NATURELS

Matériel : Chlorure de sodium; chercher dans le gros sel de cuisine des trémies bien caractérisées. — Sel gemme. — Chlorure de potassium. — Chlorure de magnésium. — Carnallite.

Notions générales.

105. *Origine du chlore, des sels de sodium et de potassium.* — **Composition de l'eau de mer.** Si on fait évaporer 1 mètre cube d'eau de mer, on trouve 34 à 35 kilogrammes de matières solides qui étaient dissoutes dans cette eau.

L'eau des diverses mers n'a pas d'ailleurs une composition uniforme. Considérons, par exemple, l'eau de la Méditerranée. Sur ces

35 kilogrammes de matières solides contenues dans 1 mètre cube, nous trouvons en moyenne :

Chlorure de sodium. . . . . 26 kilogr. environ.
—   de potassium . . . . . $0^{kg},84$.
—   de magnésium . . . . 3 kilogr.
Sulfate de calcium . . . . $0^{kg},93$.
—   de magnésium. . . . . . 3 kilogr.
Bromures . . . . $0^{kg},170$.

Au cours des périodes géologiques que la terre a traversées, des lagunes se sont trouvées séparées de la mer; des mers elles-mêmes ont pu être isolées de la masse des océans. Ces lagunes, ces mers intérieures en se desséchant ont produit des dépôts de gypse, de sel gemme, de sels de potassium que nous exploitons aujourd'hui.

En définitive, on peut dire que le plâtre, le chlore et ses dérivés, la plus grande partie des sels de potassium, de sodium et de magnésium, utilisés par l'industrie, ont pour origine les substances en dissolution dans l'eau de la mer.

Chlorure de sodium (Cl Na).

106. *État naturel et extraction.* — On évalue à 1 million de tonnes la consommation annuelle du chlorure de sodium en France. Plus de 400 000 tonnes sont utilisées à la fabrication de la soude. Le sel marin ou chlorure de sodium a plusieurs origines :

1° **Évaporation des eaux de la mer.** Cette évaporation se fait dans

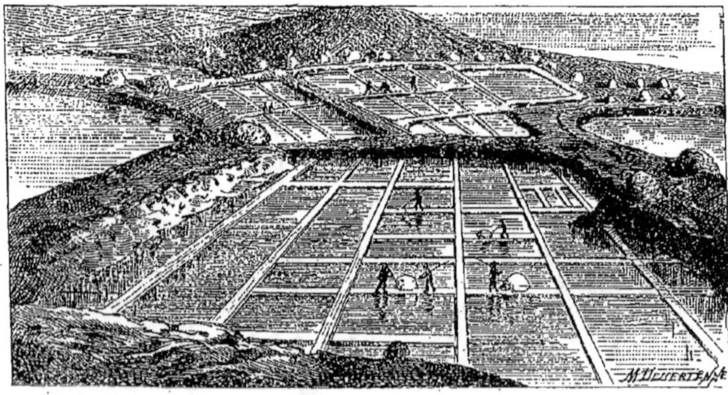

Fig. 58. — Marais salant. — L'eau de la mer est amenée dans des bassins larges et peu profonds où elle se concentre; le sel se dépose. On le recueille et on le met en tas sur les digues qui séparent les bassins.

des bassins appelés *marais salants* (*fig.* 58). On en trouve en France sur le littoral de l'Atlantique et sur celui de la Méditerranée.

On fait arriver l'eau de la mer dans un premier bassin ou *vasière*, où elle se clarifie. Elle passe ensuite dans une série de bassins où elle se concentre et laisse déposer les substances les moins solubles, notamment du sulfate de calcium. Elle est alors amenée dans les *tables salantes*, bassins peu profonds où la couche d'eau n'a que 5 à 6 centimètres d'épaisseur. Par concentration, le sel se dépose. Lorsque la couche de sel atteint 5 centimètres, on fait couler l'eau, on met le sel en tas sur le bord des tables salantes. Ce sel brut est exposé à l'air ; il renferme du chlorure de magnésium, corps très soluble qui absorbe la vapeur d'eau de l'atmosphère et s'écoule. Le sel qui reste ne renferme guère que 2 pour 100 d'impuretés.

Les eaux qui ont laissé déposer le sel marin s'appellent les *eaux mères*. On peut les rejeter à la mer. Dans les marais salants méditerranéens, on les traite pour en retirer le chlorure de potassium, le sulfate de sodium, le chlorure de magnésium et le brome (extrait des bromures) ;

1 000 litres d'eau de mer donnent environ 110 litres de saumure à 25° B, concentration à partir de laquelle commence le dépôt de sel. A 32° B, quand on cesse de recueillir le sel, le volume des eaux mères est réduit à 25 litres.

2° **Mines de sel gemme.** Quelquefois le sel marin se trouve dans le sol à l'état de roche assez pure pour être exploitée directement. C'est ce qui a lieu à Wieliczka, en Pologne ; à Stassfurt, en Saxe ; à Cardona, en Espagne. Le sel ainsi obtenu est le *sel gemme*. Nous avons indiqué son origine. Il se trouve à des profondeurs plus ou moins considérables ; la base du gisement de Stassfurt est à plus de 1 000 mètres de profondeur ; à Cardona, l'exploitation a lieu à ciel ouvert.

Quand la roche est impure, on fore un trou jusqu'à la couche de sel, on fait descendre un tube dans le trou et on verse de l'eau. Celle-ci dissout le sel, on remonte l'eau salée et on la concentre. C'est ainsi qu'on procède pour extraire le sel dans l'est de la France. On trouve, en effet, dans les environs de Nancy des gisements assez importants de sel gemme impur. Dans la Lorraine annexée, à Vic, à Dieuze, les gisements sont plus importants encore ;

3° **Sources salées.** Peu de sources salées sont assez concentrées pour qu'on puisse les traiter économiquement. On préfère aujourd'hui rechercher le gisement de sel traversé par les eaux et traiter ce gisement comme plus haut.

107. *Propriétés.* — Corps blanc, cristallisant en cubes qui se groupent en *trémies* (*fig.* 59 et 60). Il n'entre pas d'eau dans la composition des cristaux, mais entre les cubes il y a souvent de l'eau interposée ; c'est pourquoi le sel *décrépite* quand on le jette sur un brasier ; l'eau d'interposition se vaporise alors brusquement et fait éclater les cristaux.

Le sel fond à 800° sans se décomposer. Il est soluble dans l'eau, mais sa solubilité varie peu avec la température ; 100 grammes d'eau dissolvent 36 grammes de sel à la température ordinaire et 40 grammes à l'ébullition.

L'acide sulfurique réagit sur le sel marin en donnant deux composés importants : le sulfate de sodium et l'acide chlorhydrique.

Le courant électrique décompose le chlorure de sodium, soit fondu, soit dissous; nous aurons à étudier les résultats de cette *électrolyse*.

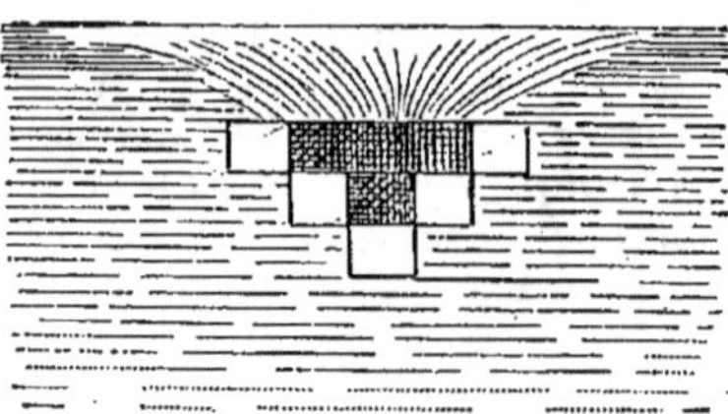

Fig. 59. — Trémie de sel en voie de formation.

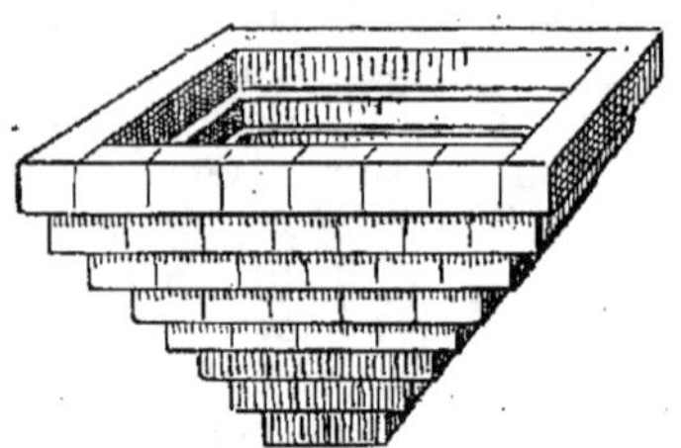

Fig. 60. — Une trémie formée définitivement.

108. *Usages.* — Indépendamment de son emploi dans l'alimentation de l'homme et des animaux, le sel marin est la matière première la plus importante des industries du chlore, de la soude et de leurs dérivés.

Chlorure de potassium (ClK).

109. *État naturel et extraction.* — 1° La concentration des eaux mères des marais salants laisse déposer un chlorure double de potassium et de magnésium. On traite le précipité par une petite quantité d'eau. Le chlorure de magnésium, très soluble, se dissout et il reste le chlorure de potassium ;

2° Dans les mines de Stassfurt, au-dessus du gisement de sel gemme, on trouve un banc de *carnallite*, chlorure double de potassium et de magnésium, mélangé d'impuretés. Ce banc a de 25 à 42 mètres d'épaisseur. On peut en retirer, comme précédemment, le chlorure de potassium ;

3° On extrait encore une petite quantité de chlorure de potassium par le lessivage des cendres de varech.

110. *Propriétés et usages.* — Les propriétés physiques du chlorure de potassium sont à peu près les mêmes que celles du chlorure de sodium, ainsi que ses propriétés chimiques. (Les rappeler.)

Il y a en outre à signaler l'action du chlorure de potassium sur le nitrate de soude, utilisée dans la préparation artificielle du salpêtre.

Le chlorure de potassium est une matière première de grande importance industrielle : il joue vis-à-vis des composés du potassium un rôle analogue au chlorure de sodium.

Mais le chlorure de potassium est encore employé en agriculture, soit sous forme de *carnallite*, soit purifié, de façon à correspondre à une teneur en potasse variant de 44 à 57 pour 100. Le chlorure de potassium est un engrais potassique recherché. La carnallite brute correspond à 10 pour 100 environ de potasse (potasse anhydre = K^2O).

Chlorure de magnésium (Cl² Mg).

111. *Extraction, propriétés, usages.* — On a vu que le chlorure de magnésium est un résidu du traitement de la carnallite ou des eaux mères des marais salants.

On l'utilise pour la préparation du chlore et du *magnésium*. Sa solution concentrée est employée comme véhicule du froid. Les appareils frigorifiques refroidissent une solution de chlorure de magnésium qu'on fait ensuite circuler dans des tuyaux traversant les locaux que l'on veut refroidir.

RÉSUMÉ

1. Les *chlorures* naturels ont pour origine les eaux de la mer; les plus importants sont : le *chlorure de sodium*, le *chlorure de potassium* et le *chlorure de magnésium*.

2. Le chlorure de sodium s'extrait :

a) De l'eau de la mer, par concentration dans les marais salants ;

b) Des gisements de *sel gemme*, provenant du desséchement d'anciennes mers à diverses époques géologiques. Selon son état de pureté, on le débite comme une roche, ou bien on le retire par dissolution et cristallisation.

3. Le chlorure de sodium cristallise en cubes *anhydres*, associés en trémies; il est soluble dans l'eau. Avec l'acide sulfurique, il donne du *sulfate de sodium* et de l'*acide chlorhydrique;* par électrolyse, il permet de préparer le chlore et la soude.

4. Le sel marin sert à l'alimentation de l'homme et des animaux ; c'est la matière première indispensable aux industries du chlore et de la soude.

5. Le *chlorure de potassium* a la même origine que le chlorure de sodium; il a aussi des propriétés analogues. La *carnallite*, extraite des mines de Stassfurt, est un chlorure double de potassium et de magnésium.

6. Le chlorure de potassium est l'origine de la plupart des composés du potassium ; l'agriculture l'emploie comme engrais : il fournit la potasse aux végétaux.

7. Le *chlorure de magnésium* est un résidu du traitement des eaux mères des marais salants et de la préparation du chlorure de potassium. C'est une source de chlore et de *magnésium;* il est utilisé comme véhicule du froid dans la réfrigération artificielle.

EXERCICES

Quels sont les chlorures naturels? Proportion de ces chlorures dans l'eau de la mer? Comment retire-t-on le sel marin de l'eau de la mer? — Qu'appelle-t-on sel gemme? — Quels sont les gisements de sel gemme les plus importants? — Que se produit-il quand on jette du sel sur des charbons ardents? Cause de ce phénomène? — Quelle quantité de sel peut-on dissoudre dans un litre d'eau à la température ordinaire? — Quelle différence y a-t-il entre la solubilité du sel et celle du sucre dans l'eau? — Action de l'acide sulfurique et du courant électrique sur le sel marin? — Quels sont les usages domestiques et industriels du sel marin? — Où trouve-t-on le chlorure de potassium? — Quels sont les usages de ce corps?

18ᵉ LEÇON

ACIDE CHLORHYDRIQUE ET SULFATE DE SODIUM

MATÉRIEL : Sulfate de sodium. — Acide chlorhydrique. — Sel marin (fondu). — Acide sulfurique. — Tournesol bleu. — Solution de soude. — Calcaire. — Zinc. — Appareils représentés par les figures 61 et 62. — 6 tubes à essais bien secs.

Préparation industrielle de ces deux corps.

112. L'action de l'acide sulfurique sur le chlorure de sodium donne lieu à la production simultanée d'acide chlorhydrique et de sulfate neutre de sodium, d'après la réaction :

$$2\,ClNa \;+\; SO^4H^2 \;=\; SO^4Na^2 \;+\; 2ClH\rightarrow.$$

| Chlorure de sodium. | Acide sulfurique. | Sulfate neutre de sodium. | Acide chlorhydrique. |

L'opération s'effectue dans les fours mécaniques comme celui que représente la figure 62.

On peut même se passer de la production préalable d'acide sulfurique. Dans le procédé Hargreaves, on fait réagir dans des cylindres de fonte du gaz sulfureux, de l'oxygène (provenant de l'air) et de la vapeur d'eau sur le sel marin chauffé :

$$SO^2 + O + H^2O + 2NaCl = SO^4Na^2 + 2ClH\rightarrow.$$

Sulfate de sodium ($SO^4 Na^2$).

113. *Propriétés et usages.* — Le sulfate de sodium existe dans l'eau de la mer (n° **105**) et des sources salées. Il cristallise en prismes volumineux, ce qui lui a valu le nom de « sel admirable ». On l'appelle encore « sel de Glauber ». En médecine, il est utilisé comme purgatif.

Son grand usage industriel est la préparation de la soude du commerce par le procédé Leblanc. On l'utilise encore dans la fabrication du verre ordinaire.

Acide chlorhydrique (ClH).

114. *Préparation dans les laboratoires.* — Il suffit de chauffer dans un ballon (*fig.* 61) un mélange de sel marin et d'acide sulfurique pour obtenir un dégagement d'acide chlorhydrique. (On emploie de préférence du sel fondu, le sel ordinaire produisant une mousse abondante.) Comme la température à laquelle on opère n'est pas aussi élevée que dans les fours industriels, on obtient du *sulfate acide* ou *bisulfate* de sodium, d'après la réaction :

$$ClNa + SO^4H^2 = SO^4HNa + ClH \rightarrow.$$

Chlorure de sodium.	Acide sulfurique.	Sulfate acide de sodium.	Acide chlorhydrique.

On peut aussi se contenter de chauffer dans un ballon la solution du commerce (acide chlorhydrique ordinaire). On recueille le gaz par déplacement d'air (*fig.* 61) dans des vases bien secs.

115. Propriétés. — L'acide chlorhydrique est un gaz incolore, à odeur vive et piquante. Son poids moléculaire est représenté par 36,5 et sa molécule a pour symbole ClH. — Trouver le poids du litre, la densité par rapport à l'hydrogène, la densité par rapport à l'air (n° **54**).

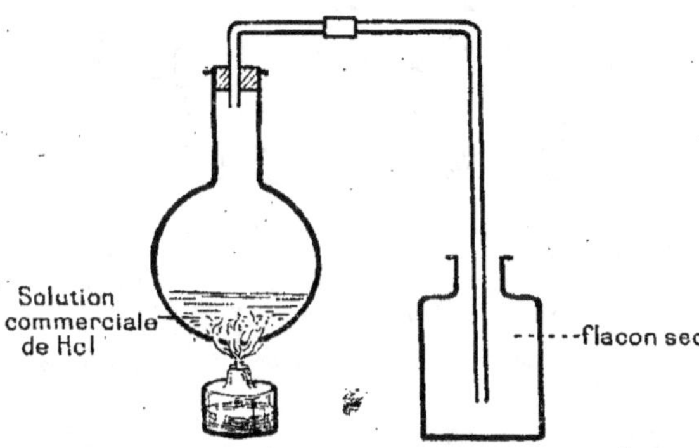

Fig. 61. — Moyen simple d'obtenir le gaz chlorhydrique dans les laboratoires.

116. Solubilité. — EXPÉRIENCE. 1° Remplir de gaz chlorhydrique un tube à essais bien sec, le fermer avec le doigt, plonger l'orifice sous l'eau, soulever le doigt pour laisser rentrer un peu d'eau, refermer et agiter. Ouvrir à nouveau l'orifice sous l'eau : le liquide remplit presque complètement le tube. — Expliquer ce qui s'est passé;

2° La grande solubilité du gaz chlorhydrique peut encore être mise en évidence par l'expérience représentée par la figure 63. Décrire l'appareil et expliquer ce qui se passe.

Dans la pratique, ce qu'on appelle acide chlorhydrique est une dissolution concentrée du gaz chlorhydrique dans l'eau. La solution est incolore quand elle est pure; mais l'acide du commerce est généralement coloré en jaune par des impuretés.

1 litre d'eau peut dissoudre environ 500 litres de gaz chlorhydrique.

117. Fonction acide. — **Sels de l'acide chlorhydrique.** — EXPÉRIENCES. I. Dans un tube à essais renfermant du tournesol bleu, verser une goutte d'acide chlorhydrique. Le tournesol vire au *rouge pelure d'oignon.*

II. Dans un tube à essais renfermant de la craie, verser de l'acide

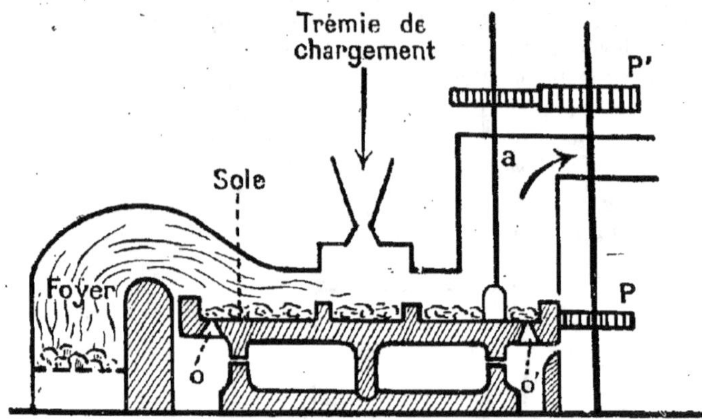

Fig. 62. — Schéma de four mécanique pour la préparation du sulfate de sodium et de l'acide chlorhydrique. — Les matières premières sont introduites par la trémie de chargement sur la sole du four. Cette sole tourne sous l'action du pignon P. La masse, chauffée par la flamme du foyer, est brassée par les agitateurs rotatifs a, actionnés par le pignon P'. L'acide chlorhydrique se dégage, le sulfate de sodium tombe par les orifices o, o'

chlorhydrique étendu. Il se produit une effervescence et il se dégage du gaz carbonique.

III. Dans un tube à essais renfermant une solution de soude ou d'ammoniaque, verser avec précaution (au moyen d'un tube effilé ou d'une pipette) de l'acide chlorhydrique. Une combinaison se produit avec grand dégagement de chaleur. Le tube devient brûlant.

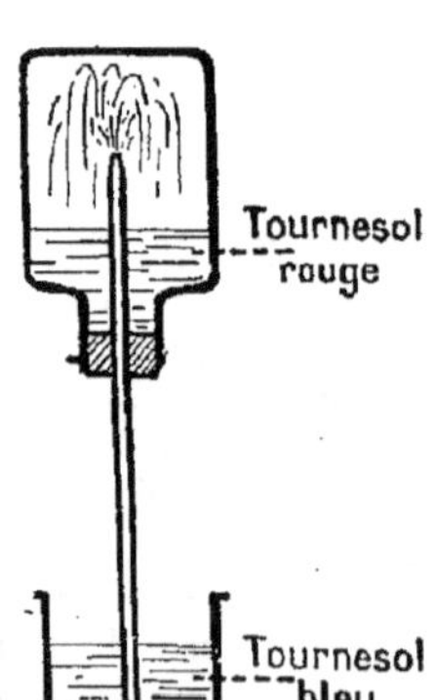

Fig. 63. — Solubilité du gaz chlorhydrique.

IV. Dans un tube à essais renfermant de la grenaille de zinc, verser de l'acide chlorhydrique étendu. Il se dégage de l'hydrogène avec effervescence.

CONCLUSION. Ces diverses expériences mettent nettement en évidence la fonction acide de la solution de gaz chlorhydrique. Par son action sur les bases, sur les carbonates, sur les métaux, l'acide chlorhydrique donne des *chlorures.* L'argent, le mercure ne sont attaqués qu'à chaud, l'or et le platine ne sont pas attaqués. Le chlorure de calcium, Cl^2Ca, est obtenu par l'action de l'acide chlorhydrique sur le carbonate de calcium; le chlorure de baryum Cl^2Ba résulte de l'action de l'acide sur le sulfure du métal; le chlorure de zinc Cl^2Zn, le chlorure ferreux Cl²Fe, le chlorure stanneux Cl²Sn (protochlorure d'étain) sont obtenus par l'action de l'acide sur le métal.

118. *Action sur le bioxyde de manganèse.* — Chauffée en présence du bioxyde de manganèse, la solution d'acide chlorhydrique donne un dégagement de chlore gazeux. (Voir *19ᵉ leçon.*)

119. *Usages.* — Le principal usage de l'acide chlorhydrique consiste dans la préparation du chlore. On utilise aussi cet acide pour préparer quelques chlorures métalliques et pour *décaper* les métaux, c'est-à-dire pour enlever la couche d'oxyde qui se forme à leur surface sous l'action de l'air humide.

Dans les laboratoires, il sert à obtenir le gaz carbonique et l'hydrogène.

RÉSUMÉ

1. L'action de l'acide sulfurique sur le sel marin donne lieu à la production simultanée de sulfate de sodium et d'acide chlorhydrique.

2. Le sulfate de sodium est utilisé dans la verrerie et pour la préparation de la soude artificielle par le procédé Leblanc.

3. L'acide chlorhydrique est un gaz incolore, à odeur vive et piquante. Ce gaz est très soluble dans l'eau; aussi l'acide du commerce est-il une dissolution concentrée de gaz chlorhydrique.

4. L'acide chlorhydrique est un acide très énergique; ses sels sont des *chlorures;* il agit sur les carbonates, sur les oxydes et sur la plupart des métaux; l'or et le platine seuls ne sont pas attaqués.

5. L'acide chlorhydrique avec le bioxyde de manganèse produit un dégagement de *chlore*.

6. L'acide chlorhydrique sert à préparer le chlore, ainsi qu'un certain nombre de chlorures métalliques. On l'emploie au décapage des métaux, et dans les laboratoires à la préparation du gaz carbonique, de l'hydrogène.

EXERCICES

I. Sachant que la densité du gaz chlorhydrique est de 1,27, trouver le poids du litre de ce gaz dans les conditions normales. On prendra 1 gr. 3 pour poids du litre d'air à 0° et sous 76 centimètres.

II. Écrire les équations qui traduisent l'action de l'acide chlorhydrique:
a) sur la chaux $Ca(OH)^2$;
b) sur la soude $NaOH$;
c) sur le fer.

III. Quels poids d'acide sulfurique et de sel marin faudra-t-il faire réagir pour obtenir 1 tonne de sulfate de sodium? Quel poids d'acide chlorhydrique aura-t-on?

IV. Quels sont les produits de l'action de l'acide sulfurique sur le sel marin ? — A quoi est utilisé le sulfate de sodium ? — Quel est le poids moléculaire de l'acide chlorhydrique ? — Trouvez, d'après le poids moléculaire, le poids du litre, la densité par rapport à l'hydrogène, par rapport à l'air. — Qu'est-ce que l'acide chlorhydrique du commerce ? — Montrez que le gaz chlorhydrique est très soluble. — Montrez que l'acide chlorhydrique est un acide. — Quels sont les sels de l'acide chlorhydrique ? — Usages de l'acide chlorhydrique.

19ᵉ LEÇON

CHLORE

Matériel : Appareil représenté à la figure 64. — Remplir par déplacement d'air 6 flacons de 250 grammes à large goulot et les couvrir avec une soucoupe. — Appareil à dégagement de H^2S (*fig.* 65). — Tube de 1 mètre de long environ et de 2 centimètres de diamètre, fermé à un bout. — Ammoniaque du commerce. — Eau de chlore. — Tournure de cuivre. — Paquet de fil de fer. — Tournesol. — Encre noire.

Remarques. — Éviter de respirer le chlore gazeux. — Si on fait l'expérience avec l'hydrogène (nᵒ 124), le mélange sera préparé dans l'obscurité et enveloppé dans une étoffe noire. Cette expérience est dangereuse et exige une extrême prudence.

Chlore. Cl = 35,5.

120. *Préparation.* — 1ᵒ **Par le bioxyde de manganèse et l'acide chlorhydrique.** Expérience. Dans le ballon (*fig.* 64)

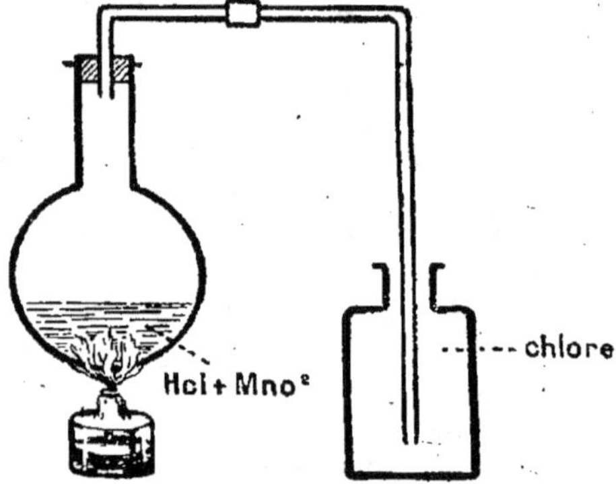

Fig. 64. — Préparation du chlore dans les laboratoires.

on chauffe avec précaution un mélange de bioxyde de manganèse et d'acide chlorhydrique. Il se dégage un gaz de couleur jaune verdâtre qu'on recueille par déplacement d'air dans un flacon : c'est du *chlore.*

Dans l'industrie, c'est le procédé de préparation le plus ancien ; il est encore utilisé dans quelques usines. La réaction est traduite par l'équation suivante :

$$4\,ClH + MnO^2 = MnCl^2 + 2H^2O + 2Cl \rightarrow.$$

Acide chlorhydrique.	Bioxyde de manganèse.	Chlorure de manganèse.	Eau.	Chlore.

On voit que la moitié seulement du chlore se dégage ; de plus on a un résidu de chlorure manganeux. On a pu, en traitant convenablement le chlorure de manganèse, obtenir un corps qui peut remplacer le bioxyde de manganèse, produit coûteux dans la préparation du chlore.

2° Électrolyse des chlorures. La décomposition ou électrolyse des chlorures métalliques fondus ou dissous donne un dégagement de chlore à l'anode. C'est le chlorure de sodium en solution qui est la source la plus importante de chlore préparé par électrolyse. On obtient en outre de la soude caustique. Une usine établie récemment en Italie dans les environs de Brescia peut produire journellement plus de 20 tonnes de chlore.

121. Propriétés. — La couleur jaune verdâtre du chlore lui a valu son nom. C'est un gaz à odeur suffocante, dangereux à respirer, car il détruit les tissus pulmonaires; il provoque la toux et les crachements de sang. Son poids atomique 35,5 est aussi la densité par rapport à l'hydrogène; ce nombre indique encore que 11 litres pèsent 35 gr. 5, d'où l'on peut déduire facilement le poids du litre et la densité par rapport à l'air.

122. Liquéfaction. — A 10°, le chlore gazeux se liquéfie sous une pression de 5 kilogrammes par centimètre carré. C'est donc un gaz facile à liquéfier. On utilise pour la liquéfaction une pompe dont le piston est recouvert d'acide sulfurique, liquide qui dissout fort peu le chlore. Le chlore liquéfié est livré dans des siphons en acier, ce métal n'étant pas attaqué à froid par le chlore.

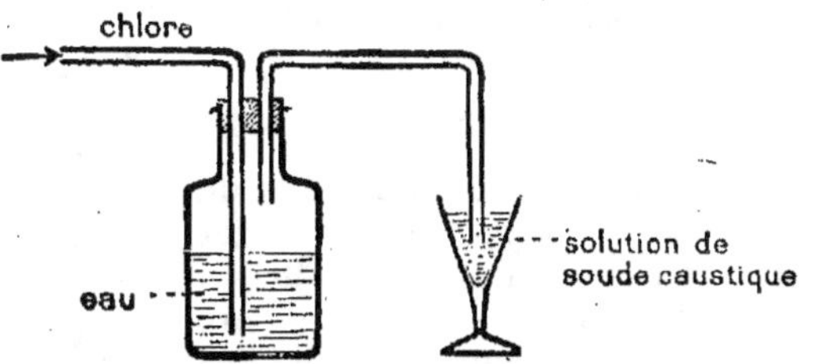

Fig. 65. — Appareil à préparer l'eau de chlore. — La solution de soude caustique est destinée à absorber le gaz non dissous.

123. Dissolution. — EXPÉRIENCE. Verser dans un flacon rempli de chlore 1/3 d'eau environ, agiter en bouchant l'orifice avec la paume de la main. Le flacon adhère fortement à la main; l'ouvrir en plaçant l'ouverture sous l'eau : l'eau remplit presque tout le flacon. Le chlore est donc assez soluble dans l'eau.

A la température ordinaire, 1 litre d'eau dissout environ 3 litres de chlore. La dissolution (*fig.* 65) a la couleur jaune verdâtre et l'odeur du chlore.

124. Action sur l'hydrogène. — Dans un flacon on met des volumes égaux de chlore et d'hydrogène.

Au contact d'une flamme, le mélange fait explosion et le flacon est brisé. Le même résultat s'obtient à la lumière du soleil ou à la lumière du magnésium. A la lumière diffuse, la combinaison se produit lentement; au bout de quelques jours, la coloration jaune du chlore est disparue. Cette grande affinité du chlore pour l'hydrogène explique l'action de ce gaz sur les composés hydrogénés.

125. *Action sur l'eau.* — Expérience. Exposer à la lumière solaire un flacon rempli d'eau de chlore. Recueillir les bulles de gaz qui se dégagent. Constater que ce gaz est de l'oxygène. L'eau a été décomposée par le chlore :

$$H^2O + 2Cl = 2HCl + O \rightarrow$$

A la lumière diffuse, la décomposition est plus lente. Aussi conserve-t-on l'eau de chlore dans des flacons opaques. L'action est plus rapide en présence d'un corps capable d'absorber l'oxygène. Exemple : l'acide sulfureux dissous passe à l'état d'acide sulfurique.

Ainsi, en présence de l'eau, le chlore joue le rôle d'*oxydant*.

126. *Décoloration.* — Expérience. Verser de l'eau de chlore dans un flacon renfermant du tournesol bleu, et dans un autre renfermant de l'encre ordinaire. Ces deux corps sont *décolorés*. Cette propriété est utilisée dans le blanchiment.

127. *Action sur l'hydrogène sulfuré.* — Dans un flacon que l'on a rempli d'hydrogène sulfuré, faire arriver un courant de chlore gazeux. On constate un dépôt de soufre. Le chlore a enlevé l'hydrogène :

$$H^2S + 2Cl = 2HCl + S$$

128. *Action sur l'ammoniaque.* — Dans le tube de 1 mètre de long fermé à un bout (*fig.* 66), mélanger de l'eau de chlore (9/10 environ) avec une solution d'ammoniaque. Retourner le tube sur un verre plein d'eau. De l'azote se rend au sommet du tube. Le chlore a donc enlevé l'hydrogène de l'ammoniaque.

Les deux réactions précédentes expliquent l'emploi du chlore pour *désinfecter* les fosses d'aisances. Par la putréfaction des matières que contiennent les fosses d'aisances, il se produit de l'hydrogène sulfuré et de l'ammoniaque qui se combinent et donnent un gaz à odeur d'œufs pourris, dangereux à respirer, le *sulfure d'ammonium,* qu'on appelle encore sulfhydrate d'ammoniaque. Ce gaz est détruit par le chlore.

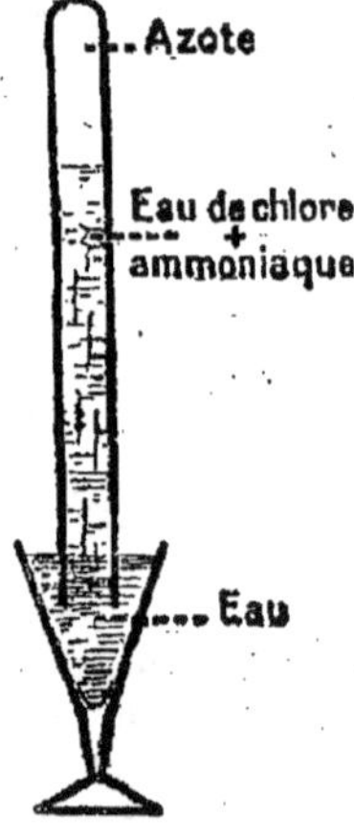

Fig. 66. — L'ammoniaque est décomposée par le chlore.

129. *Action sur les matières organiques.* — Le chlore détruit les matières organiques en leur enlevant de l'hydrogène. Nous verrons en 3ᵉ année une action très importante; le chlore peut remplacer l'hydrogène atome pour atome dans les matières organiques et donner certains composés qu'on appelle des *dérivés de substitution.*

130. *Action sur les métaux.* — Expérience. Chauffer un morceau de tournure de cuivre et l'introduire dans un flacon de chlore gazeux (*fig.* 67). Le cuivre est porté à l'incandescence et il se forme du chlorure cuivrique. On obtiendrait le même résultat avec une spirale de fil de fer chauffée. Il se forme du perchlorure de fer.

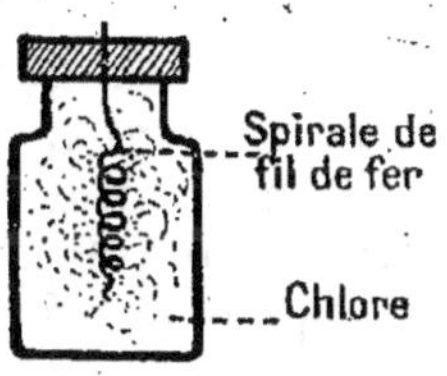

Fig. 67. — Une spirale de fer chauffée brûle dans le chlore avec des fumées de couleur rouge brun.

Tous les métaux donnent des chlorures avec le chlore. L'or et le platine se dissolvent dans l'eau de chlore ou dans *l'eau régale*, mélange d'acide azotique et chlorhydrique qui laisse dégager du chlore.

Il est à remarquer que lorsqu'il existe plusieurs chlorures d'un métal, l'acide chlorhydrique donne le moins riche en chlore, le chlore gazeux le plus chloruré.

L'action du chlore gazeux sur le fer, le cuivre, l'étain chauffés permet d'obtenir les chlorures ferrique, cuivrique, stannique.

L'or et le platine se dissolvent dans *l'eau régale* et donnent les chlorures d'or et de platine, $AuCl^3$ et $PtCl^4$. On obtient aussi le perchlorure de fer ou chlorure ferrique, Fe^2Cl^6, en dissolvant le fer dans l'eau régale.

131. *Action sur les bases.* — Avec la potasse, la soude caustique en solution *étendue* et *froide*, et la chaux éteinte, le chlore donne des composés complexes appelés *chlorures décolorants* et que nous étudierons dans la prochaine leçon : eau de Javel et chlorure de chaux.

132. *Usages.* — Le chlore gazeux est surtout utilisé sous forme de chlorures décolorants. L'industrie emploie encore le chlore à l'état liquide. Il sert au blanchiment, à la désinfection, à la préparation de divers chlorures.

RÉSUMÉ

1. On prépare le chlore en faisant agir le bioxyde de manganèse sur l'acide chlorhydrique.

L'*électrolyse* du chlorure de sodium et de quelques autres chlorures est actuellement une source industrielle de chlore très importante.

2. Le chlore est un gaz de couleur jaune verdâtre, très dense, à odeur suffocante. Il est dangereux à respirer.

Le chlore est facilement liquéfiable ; il est soluble dans l'eau, mais sa dissolution s'altère à la lumière.

3. Le chlore se combine à l'hydrogène avec explosion sous l'action de la lumière solaire ; il se forme de l'acide chlorhydrique.

Le chlore réagit sur les composés qui renferment de l'hydrogène : il décompose l'ammoniaque, l'hydrogène sulfuré, l'eau ; il détruit les matières organisées.

En présence de l'eau, le chlore agit comme *oxydant*.

4. Le chlore agit sur *tous* les métaux et donne des *chlorures ;* c'est le seul corps qui attaque l'or et le platine.

5. Le chlore est un *décolorant.*

6. Le chlore, agissant sur une solution *étendue* et *froide* de potasse, de soude caustique ou sur la chaux éteinte, donne des *chlorures décolorants :* eau de Javel, chlorure de chaux.

7. Le chlore est employé à l'état liquide, mais plus souvent encore on l'utilise sous forme de chlorures décolorants. Il sert dans le blanchiment, pour la désinfection et pour la préparation de quelques chlorures (chlorure de fer, d'étain, d'or, de platine, etc.).

EXERCICES

I. Quel volume de chlore gazeux (à 0° sous la pression normale) pourra-t-on en obtenir avec 10 kilos de chlore liquéfié?

II. Quel poids de chlore obtiendra-t-on en traitant une tonne d'acide chlorhydrique? Le rendement industriel n'est que les deux tiers du rendement indiqué par l'équation n° 120.

III. Comment obtient-on le chlore? — Quelle est la couleur du chlore? — Peut-on respirer le chlore? — Le chlore est-il liquéfiable, est-il soluble dans l'eau? — Pour quelles raisons n'emploie-t-on pas dans la pratique le chlore en solution? — Quelle est l'action du chlore sur l'hydrogène, sur l'eau, l'hydrogène sulfuré, les matières organisées? — Citez des métaux sur lesquels agit le chlore. — Quels sont les produits de la réaction? — Action du chlore sur les matières colorantes? — Action du chlore sur une solution étendue et froide de potasse et de soude? — Usages industriels du chlore.

20ᵉ LEÇON

CHLORURES DÉCOLORANTS. — CHLORURES USUELS

MATÉRIEL : Chlorure de chaux (solide). — Eau de Javel du commerce. — Tournesol bleu. — Acide chlorhydrique. — Perchlorure de fer. — Chlorures stanneux et stannique. — Chlorure mercureux (calomel) et chlorure mercurique (sublimé). — Chlorure d'or (solide ou en solution).

Chlorures décolorants.

133. *Chlorure de chaux.* — Quand on fait passer un courant de chlore gazeux sur de la chaux éteinte, on obtient un corps de consistance pâteuse, appelé improprement *chlorure de chaux* et qu'il ne faut pas confondre avec le chlorure de calcium $CaCl^2$. Dans le commerce, ce chlorure de chaux est désigné sous le nom de *chlore.* C'est, en effet, le véritable véhicule pratique du chlore, car 1 kilogramme de chlorure de chaux peut dégager plus de 400 litres de ce gaz. Ce chlorure, étant solide, se transporte facilement et sans danger.

La figure 68 représente le schéma de l'appareil qui sert à produire industriellement le chlorure de chaux.

Le chlorure de chaux se dissout dans l'eau en laissant comme résidu un dépôt de chaux non attaquée.

134. *Eau de Javel.* — A la suite de notre appareil servant à préparer la dissolution de chlore (*fig.* 65), nous avons placé un verre rempli d'une solution étendue de soude caustique. Nous avons fait barboter dans cette solution le chlore non dissous dans l'eau. Le chlore qui se dégage par le tube est absorbé et, dans le verre, nous recueillons de *l'eau de Javel*, analogue à celle du commerce. Il s'est formé un mélange de chlorure et d'hypochlorite de sodium, comme l'indique la réaction :

$$2NaOH + 2Cl = NaCl + ClONa + H^2O.$$

| Soude caustique. | Chlore gazeux. | Chlorure de sodium. | Hypochlorite de sodium. |

Eau de Javel.

On obtiendrait le même résultat en employant une solution étendue et froide de potasse caustique. C'est même ce mélange de chlorure et d'hypochlorite de potassium qui s'appelait autrefois *eau de Javel;* le produit correspondant à la soude s'appelait *eau de Labarraque.* Le terme eau de Javel a prévalu et s'applique à l'un comme à l'autre produit. Mais comme le mélange de chlorure et d'hypochlorite de sodium coûte moins cher, c'est à peu près le seul que l'on trouve couramment dans le commerce.

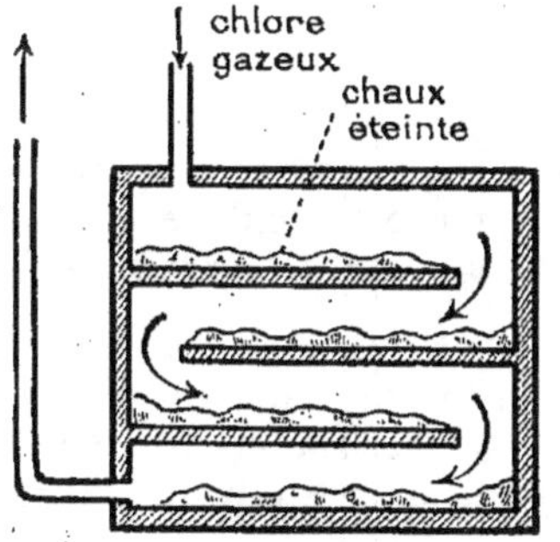

Fig. 68. — Préparation industrielle du chlorure de chaux. — Le chlore gazeux passe sur une série de claies où l'on a disposé de la chaux éteinte.

135. *Préparation industrielle de l'eau de Javel.* — 1° **A partir du chlorure de chaux.** Dans la pratique industrielle, on obtient l'eau de Javel au moyen du chlorure de chaux. Pour des raisons que nous ne pouvons indiquer, on ne donne pas au chlorure de chaux une formule analogue à celle de l'eau de Javel : on lui donne la formule $CaOCl^2$.

En faisant agir le carbonate de sodium sur le chlorure de chaux, on a la réaction :

$$CaOCl^2 + CO^3Na^2 = CO^3Ca + ClONa + NaCl.$$

| Chlorure de chaux. | Carbonate de sodium. | Carbonate de calcium. | Eau de Javel. |

2° **Par électrolyse.** En faisant passer un courant électrique dans une solution de chlorure de sodium, on obtient la soude caustique à la cathode, le chlore gazeux à l'anode. (Voir *Physique : Électrolyse.*) Au lieu de recueillir séparément ces deux corps, on peut s'arranger pour les mélanger; il se forme alors de l'eau de Javel, comme dans l'expérience du n° 134. A mesure que les installations d'énergie électrique se développent, ce procédé de préparation de l'eau de Javel prend de plus en plus d'extension.

136. *Propriété essentielle des chlorures précédents*. — Qu'il s'agisse d'eau de Javel ou de chlorure de chaux, les acides même faibles, comme l'acide carbonique, produisent un dégagement de chlore gazeux.

Expérience. Dans un tube renfermant du tournesol bleu, verser une solution de chlorure de chaux ou de l'eau de Javel : la décoloration ne se produit pas instantanément. Ajouter une goutte d'acide chlorhydrique : la décoloration est immédiate par suite du dégagement de chlore. Dans le cas où l'on a affaire à de l'eau de Javel, c'est l'hypochlorite qui est décomposé; le chlorure de sodium n'a aucune action.

Le gaz carbonique de l'air agirait à la longue comme l'acide chlorhydrique. Voici, dans ce cas, les réactions qui se produiraient avec le chlorure de chaux et avec l'eau de Javel :

$$CaOCl^2 \; + \; CO^2 \; = \; CO^3Ca \; + \; 2Cl.$$

Chlorure   Anhydride   Carbonate   Chlore
de chaux.   carbonique.   de calcium.   gazeux.

$$2\left[\underbrace{NaCl + ClONa}_{\text{Eau de Javel.}}\right] + CO^2 = 2NaCl + CO^3Na^2 + 2Cl + O.$$

Ces réactions indiquent suffisamment la raison de l'emploi du chlorure de chaux et de l'eau de Javel à la place du chlore gazeux. Les produits précédents sont désignés sous le nom de *chlorures décolorants*.

137. *Blanchiment des fibres végétales*. — Les tissus de coton, les toiles nouvellement fabriquées possèdent une teinte jaune ou grisâtre peu agréable à l'œil (tissus écrus). De plus, les substances qui produisent cette teinte rendent impossibles les opérations de teinture. Il importe donc d'éliminer ces substances.

On appelle *blanchiment* l'opération qui consiste à enlever la matière colorante des tissus écrus, ainsi que les substances déposées sur ces tissus au cours de la fabrication.

Ces dernières substances sont enlevées par un ou deux lessivages en présence d'alcalis (potasse ou soude).

La matière colorante de la fibre était autrefois détruite par une longue exposition à l'air. L'oxygène de l'air se fixait sur la matière colorante, qui devenait alors soluble dans les alcalis; des lessivages successifs l'enlevaient. C'est d'ailleurs ainsi encore que procèdent pour le blanchiment les rares ménagères qui filent elles-mêmes le lin ou le chanvre dont elles font faire des toiles. Ce procédé, long, coûteux, avait de plus l'inconvénient d'immobiliser des terrains d'excellent rapport.

L'oxydation de la matière colorante se fait rapidement en présence du chlore. Le tissu est plongé dans une solution *très étendue* de chlorure de chaux ou d'eau de Javel. A la sortie du liquide, le tissu subit l'action du gaz carbonique de l'air; le chlore, mis en liberté, détruit la matière colorante. Le tissu est ensuite lavé à l'acide chlorhydrique étendu, qui achève la décoloration (n° 136), et on termine par un lavage à grande eau.

Le chlorure de chaux, l'eau de Javel sont parfois employés pour le *blanchissage* rapide des tissus de coton, de chanvre, de lin. Mais l'action répétée du chlore sur le tissu altère la fibre et diminue ainsi la résistance à l'usure. Le blanchiment de la pâte à papier s'obtient aussi au moyen des chlorures précédents. Les tissus d'origine animale, laine soie, ne supportent pas l'action du chlore; on les blanchit au gaz sulfureux.

138. Désinfection. — Dans les fosses d'aisances, il se produit un gaz à odeur infecte, le sulfure d'ammonium, résultant de la combinaison de l'hydrogène sulfuré et de l'ammoniaque, deux corps qui se forment pendant la putréfaction des matières organiques. Le chlore détruit ce gaz. Aussi le chlorure de chaux est-il employé comme *désinfectant.*

Mais le chlorure de chaux est encore un *antiseptique;* il détruit les germes des maladies contagieuses. Il peut être employé au lavage des parquets des pièces dans lesquelles a séjourné une personne atteinte d'une maladie contagieuse. On emploie la solution à la dose de 20 grammes par litre. On pourrait tout aussi bien employer l'eau de Javel.

Chlorures usuels.

139. Chlorures de fer. — Le fer réagit sur l'acide chlorhydrique en donnant le chlorure ferreux $FeCl^2$, sans intérêt. Le chlore, sur le fer chauffé, produit le chlorure ferrique Fe^2Cl^6, anhydre. On obtient ce composé hydraté en faisant agir l'*eau régale* sur le fer. C'est un solide brun, soluble dans l'eau, employé en médecine pour arrêter les hémorragies (hémostatique).

140. Chlorures d'étain. — L'acide chlorhydrique chauffé agit sur l'étain pour former le chlorure stanneux, $SnCl^2$. Le chlore, agissant sur l'étain chauffé, donne le chlorure stannique $SnCl^4$. Ce dernier corps, fumant à l'air, était autrefois appelé « liqueur fumante de Libavius ». Les chlorures d'étain sont employés en teinture.

141. Chlorures de mercure. — L'acide sulfurique agit sur le mercure à chaud en donnant du *sulfate mercurique* SO^4Hg. Ce sulfate, broyé avec du mercure, se transforme en *sulfate mercureux* SO^4Hg^2.

Chlorure mercurique ou sublimé. — Le sulfate mercurique, chauffé avec du sel marin, donne par double décomposition du sulfate de sodium et du chlorure mercurique, corps volatil qui passe à l'état solide par *sublimation.* La réaction est la suivante:

$$SO^4Hg \; + \; 2NaCl \; = \; SO^4Na^2 \; + \; HgCl^2.$$

Sulfate mercurique.	Chlorure de sodium.	Sulfate de sodium.	Chlorure mercurique.

Le chlorure mercurique est un corps blanc, cristallisé, assez soluble dans l'eau, plus soluble dans l'alcool. Dissous dans l'eau, il se décompose à la longue; on évite cette décomposition en ajoutant à la solution un acide ou du sel marin. La formule la plus habituelle est la suivante : chlorure mercurique, 1 gramme; acide tartrique, 4 grammes.

Le chlorure mercurique s'appelle encore *sublimé*, en raison de son mode de préparation. C'est sous ce dernier nom qu'il est le plus connu.

C'est un *antiseptique* puissant. A la dose de 1/10 000 (1 gramme pour 10 litres d'eau), il empêche encore le développement des germes de fermentation, de putréfaction et de maladies contagieuses, d'où son emploi pour la désinfection et pour la conservation des matières organisées. On l'utilise généralement à des doses de 1/1000 à 1/4000.

C'est un des *poisons* les plus violents que l'on connaisse : 15 centigrammes peuvent provoquer chez l'homme des accidents mortels. Le contrepoison est l'albumine, qui forme avec le sublimé une combinaison insoluble.

Chlorure mercureux ou **calomel**. — Le sel marin agissant sur le sulfate mercureux donne le *chlorure mercureux* ou *calomel* Hg^2Cl^2, corps blanc; peu soluble dans l'eau, employé en médecine comme purgatif à la dose de quelques centigrammes. A dose élevée, c'est un *poison violent*.

Sous l'influence des chlorures alcalins, il se décompose et donne du chlorure mercurique. C'est pour cette raison qu'après une purge au calomel on prescrit de ne prendre aucun aliment salé avant que la purge ait agi.

142. *Chlorure d'or*. — Le chlorure d'or $AuCl^3$ s'obtient en dissolvant l'or par l'eau régale. C'est un solide d'un beau jaune, soluble dans l'eau et employé surtout en photographie dans l'opération appelée *virage*.

RÉSUMÉ

1. En faisant passer du chlore gazeux sur de la chaux éteinte, on obtient le *chlorure de chaux*, solide, de consistance pâteuse, vulgairement désigné dans le commerce sous le nom de « chlore » Ce chlorure est soluble dans l'eau.

2. Le carbonate de sodium en solution réagit sur le chlorure de chaux pour donner de l'*eau de Javel*, mélange de chlorure et d'hypochlorite de sodium.

L'eau de Javel s'obtient directement par électrolyse de la solution de sel marin ou chlorure de sodium.

Le chlorure de chaux et l'eau de Javel sont encore appelés *chlorures décolorants*. Sous l'action des acides même faibles, comme le gaz carbonique, ils laissent dégager du chlore gazeux.

3. Les chlorures décolorants sont utilisés pour le *blanchiment* des fibres végétales. Le blanchiment consiste à enlever la matière colorante grisâtre ou jaune des tissus écrus, ainsi que les substances déposées sur le tissu au cours de la fabrication.

Les chlorures décolorants servent aussi pour la désinfection.

4. Les principaux chlorures sont :

Les chlorures de fer, dont le plus connu est le perchlorure Fe^2Cl^6 ;

Les chlorures d'étain, $SnCl^2$ et $SnCl^4$;

Les chlorures de mercure : le *calomel* Hg^2Cl^2 ou chlorure mercureux, employé comme purgatif, et le *sublimé* $HgCl^2$, ou chlorure mercurique, poison violent employé comme antiseptique ;

Le chlorure d'or $AuCl^3$, employé en photographie.

EXERCICES

I. Quel volume de chlore gazeux dégagera 1 kilogramme de chlorure de chaux renfermant 15 pour 100 de chaux non attaquée ?

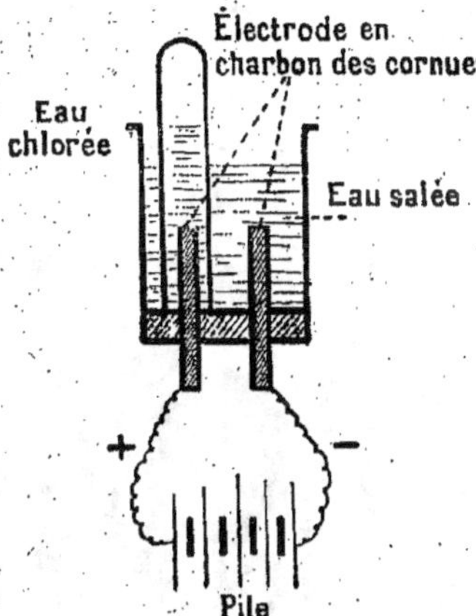

Fig. 69. — Voltamètre à chlore.

II. Si on dispose de 4 piles au bichromate au moins, ou d'une petite dynamo donnant une dizaine de volts, on pourra procéder à l'électrolyse de l'eau saturée de sel. On prendra pour électrodes deux crayons de charbon de cornues pour lampes à arc. En plongeant simplement les électrodes dans l'eau salée et en faisant passer le courant, on constatera bientôt l'odeur caractéristique du chlore et on pourra, avec la dissolution, obtenir les réactions de l'eau de Javel (n° 136). On peut aussi construire un voltamètre à chlore, comme celui de la figure 69.

III. Qu'appelle-t-on chlorures décolorants ? — Comment obtient-on l'eau de Javel du commerce ? — Comment obtient-on le chlorure de chaux ? — Quelle est l'action des acides étendus sur les chlorures décolorants ? — Quelle différence faites-vous entre le blanchiment et le blanchissage ? — En quoi consiste le blanchiment ? — Comment les chlorures décolorants produisent-ils le blanchiment ? — Quels sont les principaux chlorures usuels ? — Dites un mot des usages de chacun.

21ᵉ LEÇON

SOUFRE (S = 32)

MATÉRIEL : Soufre en canon, fleur de soufre. — Pyrite, sulfures de plomb, de cuivre, de zinc, de mercure. — Sulfure de carbone. — Eau chaude. Limaille de fer. — Tournure de cuivre. — Acide sulfurique — Creuset. — Tubes à essais. — Tube coudé, représenté à la figure 71, de 7 à 8 millimètres de diamètre intérieur et en *verre vert*, de préférence. — On pourrait remplacer le creuset par un fourneau de pipe en terre ; le grillage des pyrites pourrait s'effectuer aussi dans ce fourneau.

État naturel.

143. *Terres soufrées. Sulfures, sulfates naturels.* — Le soufre existe à l'état de vapeur dans les *fumerolles* qui se dégagent des volcans en activité. On le trouve souvent imprégnant le sol sur une profondeur

Fig. 70. — La Solfatare de Pouzzoles (Italie).

plus ou moins grande dans les régions volcaniques, comme dans les environs de Naples, par exemple (*fig.* 70). —

On trouve encore des terres soufrées en Sicile. Depuis quelques années on a découvert, en Louisiane, des gisements d'une grande importance. En France, il existe, en Provence, des marnes soufrées.

L'Italie a été jusqu'ici le pays où la production du soufre est la plus importante. Cette production atteint 500 000 tonnes, représentant près de 4 millions de tonnes de minerai. Depuis quelques années, on exploite les terres soufrées de Louisiane. En 1905, ces dernières soufrières ont produit 200 000 tonnes de soufre, et on estime qu'elles pourront produire prochainement 1 million de tonnes par an. Les marnes soufrées de Provence produisent annuellement 5 000 tonnes de soufre. L'importation de soufre atteint 140 000 tonnes. La valeur de la tonne de soufre brut est de 100 francs environ.

Le soufre se rencontre abondamment à l'état de *sulfures métalliques*. Le sulfure de plomb ou galène, le sulfure de zinc ou blende, le sulfure de cuivre, le sulfure de mercure ou cinabre, le sulfure d'argent sont les minerais les plus importants de ces métaux.

Le sulfure de fer naturel $Fe\,S^2$ porte le nom de *pyrite;* ce corps a une grande importance industrielle pour l'extraction du soufre et

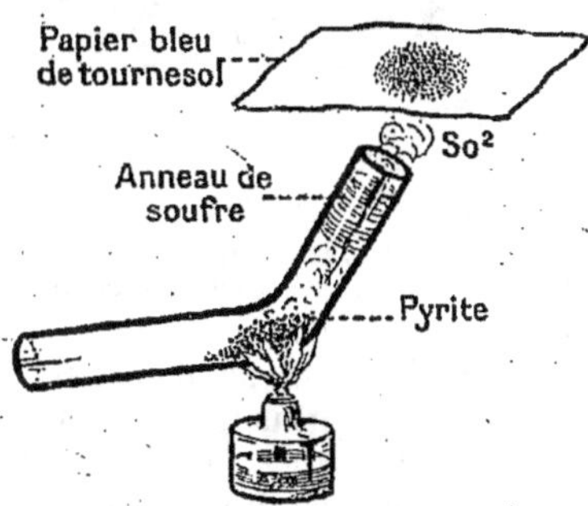

Fig. 71. — La pyrite chauffée donne du soufre et du gaz sulfureux qui rougit le tournesol bleu.

pour la fabrication de l'acide sulfurique et du sulfate de fer. La production mondiale des pyrites atteint 1 700 000 tonnes, dont près de 300 000 tonnes pour la France. Les pyrites françaises proviennent principalement de la mine de Saint-Bel (Rhône).

EXPÉRIENCE. Dans un tube coudé en verre *vert* (*fig.* 71) [le verre vert est moins fusible que le verre blanc], chauffer de la pyrite pulvérisée :

1° Du soufre se sublime et forme un anneau jaune dans la partie froide du tube;

2° Du gaz sulfureux se dégage et rougit du papier de tournesol bleu qu'on présente à l'ouverture;

3° Le résidu du grillage *incomplet* est versé dans un peu d'eau. Le liquide filtré précipite par le chlorure de baryum ; il s'est donc formé du sulfate ferreux pendant le grillage;

4° Un grillage *complet* ne laisserait qu'un résidu d'oxyde ferrique Fe^2O^3.

Cette expérience rend compte de l'utilisation des sulfures en métallurgie et dans l'industrie. En effet, tous les sulfures grillés à l'air donnent comme résidu l'oxyde du métal et il se dégage du gaz sulfureux.

Un grillage incomplet à l'air donne lieu à la formation d'un sulfate.

La pyrite calcinée *à l'abri de l'air* laisse dégager à l'état de vapeur le tiers du soufre qu'elle contient, d'après l'équation :

$$3\,FeS^2 = Fe^3S^4 + 2S.$$

Le soufre existe aussi à l'état de *sulfates*. Le plus abondant des sulfates naturels est le sulfate de calcium. Enfin, certains tissus animaux ou végétaux renferment de petites quantités de soufre. Citons les matières albuminoïdes, les plantes de la famille des crucifères. Par leur putréfaction, ces substances organisées laissent dégager de l'hydrogène sulfuré. La houille renferme souvent des pyrites; c'est ce qui nous expliquera la présence d'hydrogène sulfuré dans le gaz d'éclairage.

Fig. 72.— Une meule de soufre (calcarone) En haut, la base de la meule; en bas, meule en voie d'achèvement.

144. *Extraction.* — *a)* **Calcaroni.** — En Sicile, où le combustible est rare, on construit une grande meule de minerai de soufre, analogue à une meule de bois pour la fabrication du charbon (*fig.* 72). On allume; une partie du soufre brûle et la chaleur produite par sa combustion amène la fusion de l'autre partie. Le soufre fondu coule sur le plan incliné qui constitue la base de la meule; il est recueilli dans des réservoirs à la partie la plus basse. Une meule s'appelle *calcarone*. Ce procédé peu coûteux amène une perte d'un tiers environ du soufre et un dégagement de gaz sulfureux qui incommode.

b) **Distillation.** Les minerais pauvres sont soumis à la distillation. La figure 73 représente un appareil distillatoire.

c) **Grillage des pyrites.** On peut obtenir du soufre en grillant les pyrites de fer; mais en général on ne cherche pas à retirer le soufre, on grille les pyrites pour produire du gaz sulfureux.

Fig. 73. — Distillation de terres soufrées. — Le minerai de soufre est placé en A, le soufre vaporisé se condense en B et s'écoule dans les moules.

d) **Raffinage.** Le soufre obtenu par les procédés précédents est impur; on le raffine par distillation dans un appareil représenté à la figure 74. Le soufre, fondu dans la chaudière R, passe dans une chaudière inférieure chauffée directement par le foyer. Là il se vaporise. Les vapeurs arrivent dans une grande chambre en maçonnerie. Au contact des parois froides, ces vapeurs se condensent en poussière très fine sans passer par l'état liquide. Cette poudre constitue la *fleur de soufre*. On appelle *sublimation* le passage direct d'un corps de l'état gazeux à l'état solide;

Fig. 74. — Raffinage du soufre. — Le soufre brut fond en R, se rend dans la chaudière inférieure chauffée par le foyer F. Le soufre vaporisé se condense dans la chambre C. En A, moules pour la production des *canons* de soufre.

la fleur de soufre est donc du *soufre sublimé*. Les parois de la chambre s'échauffent peu à peu et atteignent une température supérieure à celle de fusion du soufre (114°). A ce moment, les vapeurs se condensent à l'état liquide. Le soufre liquide coule sur la paroi inclinée de la chambre; on le recueille dans des moules légèrement coniques, où il se solidifie; on a alors le *soufre en canons*.

Propriétés physiques.

145. *État ordinaire.* — Solide de couleur jaune citron, dont le poids spécifique est voisin de 2.

Expériences. I. Frotter un morceau de soufre avec de la flanelle : il attire les corps légers; le soufre est mauvais conducteur de l'électricité.

II. Jeter un morceau de soufre dans l'eau bouillante : dans toute la salle on entend des craquements, la surface du soufre s'écaille. Ce résultat tient à ce que ce corps est mauvais conducteur de la chaleur : la surface du soufre se dilate plus vite que les parties profondes, et cette inégalité de dilatation est la cause des craquements constatés. La chaleur de la main suffit même pour provoquer ces craquements.

III. Enflammer un morceau de soufre : il peut être tenu à la main à quelques centimètres de la flamme sans qu'on perçoive aucune sensation de chaleur.

146. *Action de la chaleur.* — Expérience. Dans un tube à essais, on chauffe quelques morceaux de soufre. Quand le thermomètre marque 114°, le soufre commence à fondre; le liquide est très fluide, de couleur jaune. Si on continue à chauffer, le liquide prend une teinte rouge brun, devient visqueux, et il arrive un moment où on peut retourner le tube sans qu'il y ait écoulement. La fluidité revient à nouveau, puis le soufre entre en ébullition (447°). Il émet des vapeurs d'un rouge brun. Si on jette dans l'eau froide le soufre un peu avant qu'il entre en ébullition, il se solidifie en fils rougeâtres, élastiques comme du caoutchouc : c'est du soufre mou; mais au bout de quelques jours le soufre a repris son aspect ordinaire.

147. *Solubilité.* — Le soufre est insoluble dans l'eau : son dissolvant est le sulfure de carbone.

Expérience. Dans un petit ballon, verser du sulfure de carbone et ajouter quelques morceaux de soufre. Plonger le ballon dans l'eau tiède (50° environ). Le soufre se dissout.

148. *Cristallisation.* — Verser dans un petit cristallisoir le sulfure de carbone de l'expérience précédente (opérer loin de toute flamme).

Quand le liquide est évaporé, on trouve des cristaux qui ont la forme d'un octaèdre plus ou moins régulier (*fig.* 75).

Expérience. Faire fondre du soufre dans un creuset ; laisser refroidir. Quand il s'est formé une croûte de soufre solide, percer cette croûte, faire écouler le liquide non encore solidifié. Le refroidissement amène la cristallisation du soufre en longues aiguilles de forme prismatique (*fig.* 75).

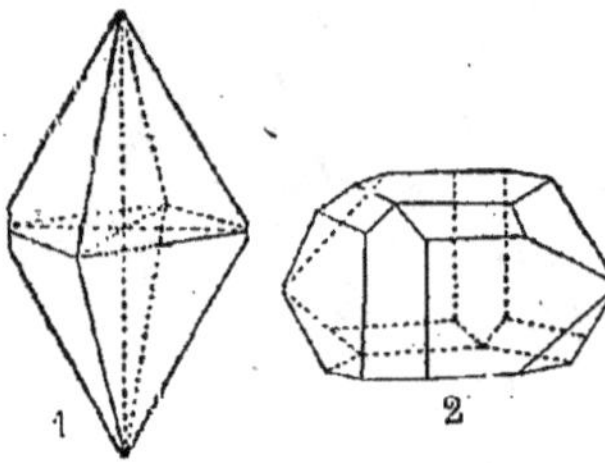

Fig. 75. — Cristaux de soufre (grossis). — 1. Soufre octaédrique. — 2. Soufre prismatique.

La cristallisation du soufre par fusion est dite par *voie sèche*; la cristallisation par dissolution est par *voie humide*. Un corps tel que le soufre qui affecte deux formes cristallines est *dimorphe*.

Propriétés chimiques.

149. *Combustion.* — Expériences. I. Brûler du soufre à l'air ; il se produit un gaz à odeur suffocante : c'est de l'anhydride sulfureux SO^2. Le soufre s'enflamme facilement : d'où son emploi dans la fabrication des allumettes, de la poudre noire.

II. Chauffer du soufre avec de l'acide sulfurique dans un tube à essais. Il se dégage du gaz sulfureux.

L'acide sulfurique a été *réduit* par le soufre d'après la réaction :

$$2\,SO^4\,H^2 + S = 2\,H^2O + 3\,SO^2.$$

150. *Action sur le charbon.* — De la vapeur de soufre passant sur du charbon au rouge donne du sulfure de carbone CS^2, qui a certaines analogies avec le gaz carbonique CO^2.

151. *Action sur les métaux.* — Expériences. I. Chauffer à l'ébullition du soufre dans un tube à essais. Introduire ensuite dans le tube un copeau de tournure de cuivre chauffé : le cuivre est porté à l'incandescence. Le soufre s'est combiné au cuivre pour former un corps appelé *sulfure de cuivre*.

II. (Recommencer avec le fer et la fleur de soufre l'expérience signalée à la 2ᵉ leçon, n° 10.)

Le soufre se combine ainsi directement avec tous les métaux chauffés, sauf avec l'or et le platine. Le produit de la combinaison est un *sulfure*.

Usages

152. 1° Le soufre est utilisé pour la production du gaz sulfureux, de l'acide sulfurique, pour la fabrication des allumettes, de la poudre noire, du sulfure de carbone;

2° Une petite quantité de soufre incorporé au caoutchouc augmente l'élasticité de ce corps : on dit que le caoutchouc est *vulcanisé*. Si la proportion du soufre incorporé est considérable, on a le caoutchouc durci ou *ébonite*, employé comme isolant en électricité;

3° La fleur de soufre est utilisée en agriculture pour combattre l'oïdium;

4° En médecine, le soufre est employé en pommades pour combattre la gale et certaines maladies de la peau;

5° Le soufre fondu sert à prendre l'empreinte de médailles et à sceller le fer dans la pierre.

RÉSUMÉ

1. Le soufre existe mélangé à la terre dans certains terrains. Il se trouve combiné à un grand nombre de métaux : fer, cuivre, plomb, zinc, mercure. Le sulfure de fer constitue la *pyrite*. Le soufre existe encore dans les *sulfates*.

2. Le soufre peut se retirer de la pyrite par calcination; on l'obtient surtout en traitant les terres soufrées. On emploie pour l'extraction soit le procédé des meules (calcaroni), soit la distillation. Le soufre brut est *raffiné* par distillation. La vapeur de soufre se *sublime* et donne la *fleur de soufre*. A une température plus élevée, le soufre est obtenu à l'état liquide; on le moule en *canons*.

3. Le soufre est un corps solide de couleur jaune citron, mauvais conducteur de la chaleur et de l'électricité. Sa densité est voisine de 2. Il fond à 114° et se volatilise à 447°. Insoluble dans l'eau, il se dissout dans le sulfure de carbone. On peut l'obtenir cristallisé soit par fusion, soit par dissolution.

4. Le soufre brûle dans l'air ou dans l'oxygène en donnant du gaz sulfureux; avec le carbone au rouge, il produit le sulfure de carbone. Il se combine aux métaux à une température plus ou moins élevée avec production de *sulfures*.

5. Le soufre est employé pour la production du gaz sulfureux et, par suite, pour les diverses opérations dans lesquelles on utilise ce gaz : il sert à la préparation de la poudre noire, des allumettes, du sulfure de carbone. On l'utilise pour la *vulcani-*

salion du caoutchouc. La fleur de soufre est employée pour combattre l'*oïdium* de la vigne.

EXERCICES

I. En admettant que la pyrite renferme 80 0/0 de son poids de bisulfure de fer (Fe S²), déterminer :

a) Le poids de soufre qu'on pourrait obtenir par calcination à l'abri de l'air d'une tonne de pyrite ;

b) Le poids d'oxyde ferrique (Fe₂O³) obtenu par calcination complète dans un courant d'air ;

c) Le volume de gaz sulfureux (mesuré à 0° et sous 760mm) dégagé pendant le grillage.

II. Où trouve-t-on du soufre ? — Comment retire-t-on le soufre des pyrites, des terres soufrées ? — Comment obtient-on la fleur de soufre ? — Montrez que le soufre est mauvais conducteur de la chaleur, de l'électricité. — Quel est le dissolvant du soufre ? — Quels produits obtient-on quand on brûle le soufre dans l'air, quand on le fait agir sur le charbon au rouge, sur le fer, sur le cuivre ? — Quelle différence y a-t-il entre les pyrites et le sulfure de fer artificiel ? — Quels sont les usages du soufre ? — Pourquoi une pièce d'argent, une montre d'argent noircissent-elles au contact d'un objet en caoutchouc, d'allumettes ? — Pourquoi une fourchette d'argent ou de métal argenté noircit-elle quand vous vous en servez pour manger des œufs ?

22ᵉ LEÇON

ACIDE SULFHYDRIQUE (H³S)

Matériel : Appareil (*fig.* 76) pour préparer l'hydrogène sulfuré. En préparer 6 flacons de 250 grammes et remplir 2 ou 3 tubes à essais par déplacement d'air ou par déplacement d'eau, puis enlever l'appareil pour éviter le dégagement du gaz dans la salle. — Remplir un flacon de 1/3 d'H²S et de 2/3 d'oxygène. Si on n'a pas d'oxygène, mettre 1/10 environ d'H²S et remplir d'air. — Eau de chlore ou eau de Javel. — Solution de sulfate ferreux et d'acétate de plomb. — Ammoniaque.

État naturel et préparation.

153. 1° Quand une matière organique renfermant du soufre entre en putréfaction, il se produit un gaz résultant de la combinaison de l'hydrogène et du soufre. C'est ce gaz qui donne aux œufs pourris leur odeur nauséabonde. Ce gaz se forme aussi dans la putréfaction des plantes de la famille des crucifères ; on le rencontre dans les gaz intestinaux, dans les fosses d'aisances, les égouts. On l'appelle *hydrogène sulfuré, sulfure d'hydrogène* ou encore *acide sulfhydrique* ;

2° La distillation sèche de la houille donne lieu à la production d'une certaine quantité d'hydrogène sulfuré. Ce gaz est une des impuretés du gaz de l'éclairage, impuretés qu'on élimine par des procédés chimiques ;

3° L'hydrogène sulfuré se rencontre dans les émanations volcaniques, et en se décomposant à l'air il donne naissance à un dépôt de soufre. Enfin, on le trouve dans les eaux minérales dites *sulfureuses*, soit qu'il existe dissous, soit qu'il provienne de la décomposition de sulfures alcalins ou de sulfure de calcium sous l'action du gaz carbonique de l'air;

4° On prépare l'hydrogène sulfuré en faisant agir un acide sur un sulfure métallique.

Dans les laboratoires, on fait agir l'acide sulfurique ou l'acide chlorhydrique *étendu* sur le sulfure ferreux artificiel Fe S. L'appareil est représenté par la figure 76.

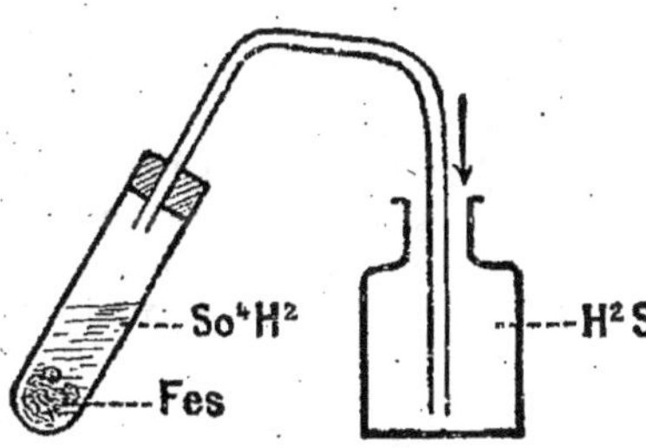

Fig. 76. — Préparation do l'hydrogène sulfuré.

On recueille le gaz par déplacement d'air ou par déplacement d'eau. Nous indiquons la formule de la réaction entre le sulfure de fer et l'acide sulfurique *étendu* :

$$FeS + SO_4H_2 = SO_4Fe + H_2S \rightarrow.$$

Sulfate ferreux.	Acide sulfurique.	Sulfate ferreux.	Hydrogène sulfuré.

5° Dans les résidus de fabrication de la soude Leblanc, le soufre du sulfate de sodium se trouve à l'état de sulfure de calcium CaS. Un courant de gaz carbonique déplace l'hydrogène sulfuré :

$$CaS + H_2O + CO_2 = CO_3Ca + H_2S.$$

Sulfure de calcium.	Eau.	Anhydride carbonique.	Carbonate de calcium.	Hydrogène sulfuré.

Cet hydrogène sulfuré est brûlé et donne soit le soufre, soit du gaz sulfureux. On dit que le soufre a été *régénéré*.

Propriétés.

154. *Propriétés physiques.* — C'est un gaz incolore, à odeur fétide (odeur d'œufs pourris). De son poids moléculaire 34, déduire le poids du litre dans les conditions normales, la densité par rapport à l'air et à l'hydrogène.

Solubilité. — EXPÉRIENCE. Remplir un tube à essais d'hydrogène sulfuré ; verser de l'eau jusqu'à 1/3 environ. Boucher avec le doigt et agiter. Le tube adhère fortement au doigt. Ouvrir le tube, l'orifice étant sous l'eau : le tube se remplit presque complètement. L'hydrogène sulfuré est donc soluble dans l'eau. 1 litre d'eau en dissout 4 litres environ ; la solution a l'odeur du gaz.

155. *Propriétés chimiques.* — **Action de l'oxygène.** EXPÉRIENCES. I. Allumer l'hydrogène sulfuré dans un tube à essais ou dans une éprouvette. Il se forme sur les parois du tube un dépôt blanc jaunâtre. C'est que, l'oxygène étant en quantité insuffisante, l'hydrogène seul a brûlé, le soufre s'est déposé :

$$H^2S + O = H^2O + S.$$

Le même phénomène se produit à froid et en présence de l'air humide. C'est pourquoi la solution d'hydrogène sulfuré s'altère à la longue avec dépôt de soufre sur les parois du vase.

II. Faire un mélange de 1 volume d'hydrogène sulfuré et de 2 volumes d'oxygène (ou 10 volumes d'air) environ et enflammer ce mélange. Il se produit une détonation, et aucun dépôt ne se forme sur le flacon. Par contre, on perçoit l'odeur du gaz sulfureux. La combustion a été complète :

$$H^2S + 3O = H^2O + SO^2.$$

L'une ou l'autre de ces réactions est utilisée dans l'industrie pour *régénérer* le soufre à partir de l'hydrogène sulfuré.

En présence de l'humidité et des corps poreux, à 40° environ, l'hydrogène sulfuré donne en s'oxydant de l'acide sulfurique :

$$H^2S + 4O = S^2O^4H^2.$$

Ceci explique la destruction rapide des tentures, des rideaux dans les salles de bains sulfureux.

Action du chlore. — Expérience. Dans un flacon rempli d'hydrogène sulfuré, faire arriver un courant de chlore (simplement verser de l'eau de Javel); un dépôt de soufre se forme sur les parois du flacon; la réaction suivante rend compte de ce qui s'est passé.

$$H^2S + 2Cl = 2HCl + S.$$

Nous voyons par là le rôle du chlorure de chaux dans la désinfection des fosses d'aisances.

156. *Fonction chimique.* — Recommencer l'expérience du n° 153 en remplaçant l'eau par l'ammoniaque, la potasse ou la soude. Le gaz est totalement absorbé.

Expériences. — I. Dans un flacon renfermant l'hydrogène sulfuré, verser du tournesol bleu; le tournesol vire au rouge, mais au rouge *couleur de vin*, comme avec l'acide carbonique.

L'hydrogène sulfuré se comporte donc comme un acide, mais comme un acide faible, comparable au gaz carbonique. On l'appelle acide *sulfhydrique*, c'est-à-dire renfermant du soufre et de l'hydrogène. La substitution d'un métal à l'hydrogène donne un *sulfure*. Les métaux monovalents, tels que le potassium et le sodium, donnent un sulfure acide $SHNa$ et un sulfure neutre SNa^2. Les métaux divalents ne donnent qu'un sulfure SCa, SFe, etc.

Dans les fosses d'aisances se produit du sulfure d'ammonium, qu'on appelle aussi sulfhydrate d'ammoniaque $S(AzH^4)^2$, par combinaison de l'hydrogène sulfuré et de l'ammoniaque; les deux corps proviennent de la décomposition des matières organiques renfermant du soufre et de l'azote.

L'hydrogène sulfuré attaque les métaux et donne des sulfures. Une pièce d'argent noircit au contact de l'hydrogène sulfuré. Les solutions d'un grand nombre de sels métalliques sont précipitées par l'hydrogène sulfuré avec formation de sulfures.

II. Dans un flacon d'hydrogène sulfuré verser une solution de sulfate ferreux. Ajouter de l'ammoniaque : précipité noir de sulfate de fer. Ceci nous explique pourquoi le sulfate de fer est utilisé pour désinfecter les fosses d'aisances.

Les sels de plomb sont extrêmement sensibles à l'action de l'hydrogène sulfuré. L'acétate de plomb dissous est le *réactif* de ce gaz.

III. Verser de l'acétate de plomb dans une dissolution très étendue d'hydrogène sulfuré. Constater le précipité noir de sulfure de plomb Les couleurs à base de plomb, comme la *céruse*, noircissent sous l'action de l'air, qui renferme toujours des traces d'hydrogène sulfuré.

157. *Action sur l'organisme.* — L'hydrogène sulfuré est un gaz toxique, ainsi que son dérivé le sulfure d'ammonium. Ce gaz cause les accidents qui arrivent aux vidangeurs lorsqu'ils entrent sans précaution dans une fosse d'aisances ou dans un égout. Il se combine à l'hémoglobine des globules rouges du sang et empêche ainsi ces globules de transporter l'oxygène. Les vidangeurs l'appellent le *plomb*, car lorsqu'ils respirent ce gaz, ils ont l'impression qu'un poids énorme leur comprime la poitrine. On combat l'action toxique de l'hydrogène sulfuré par le chlore très dilué, ou mieux par l'oxygène pur.

Les bains sulfureux sont utilisés en médecine, ainsi que les eaux sulfureuses.

RÉSUMÉ

1. L'hydrogène sulfuré ou *acide sulfhydrique* H_2S se prépare par l'action de l'acide sulfurique étendu sur le sulfure ferreux (FeS).

2. C'est un gaz incolore, à odeur d'œufs pourris, assez soluble dans l'eau. Il se forme spontanément dans la putréfaction ou la distillation sèche des matières organiques renfermant du soufre.

3. C'est un gaz combustible; il brûle en produisant du gaz sulfureux et de la vapeur d'eau.

Le chlore le décompose; l'hydrogène est enlevé et le soufre se dépose.

4. C'est un *acide faible;* il fait passer au *rouge vineux* la teinture de tournesol; il se combine aux bases pour former des sulfures.

Le sulfure d'ammonium $S(AzH_4)^2$ existe dans les émanations des fosses d'aisances.

5. L'hydrogène sulfuré réagit sur les solutions d'un grand

nombre de sels métalliques avec formation de sulfures. Les sels de plomb surtout sont sensibles à son action.

6. L'hydrogène sulfuré est *toxique;* il agit à la façon de l'oxyde de carbone en se combinant à l'hémoglobine du sang (plomb des vidangeurs).

7. Les eaux sulfureuses, les bains sulfureux sont utilisés en médecine.

EXERCICES

I. Connaissant le poids moléculaire de l'hydrogène sulfuré ($H_2S = 34$), trouver le poids du litre de ce gaz dans les conditions normales, sa densité par rapport à l'air et par rapport à l'hydrogène.

II. L'hydrogène sulfuré est sans action sur la solution de sulfate ferreux; par addition d'ammoniaque, il se forme un précipité noir de sulfure de fer. Expliquer les réactions qui se produisent et les traduire par une équation chimique.

III. Dans quelles circonstances se produit l'hydrogène sulfuré? — Comment obtient-on ce gaz dans les laboratoires? — A quoi reconnaît-on immédiatement l'hydrogène sulfuré? — Action de l'hydrogène sulfuré sur l'organisme? — Comment peut-on détruire l'hydrogène sulfuré? — Que renferment les eaux sulfureuses? — Quelle est l'action de l'hydrogène sulfuré sur l'argent? Sur les sels de plomb? — Quelle est la cause du noircissement des peintures blanches à base de céruse (peinture à base de plomb)?

23ᵉ LEÇON

ANHYDRIDE SULFUREUX (SO_2)

MATÉRIEL : Brûler du soufre dans 5 ou 6 flacons de 250 grammes à large goulot; boucher (Dispositif simple, v. figure 77). — Appareil à dégagement, représenté à la figure 78. — Mélange réfrigérant. — Appareil pour montrer la solubilité de SO_2 (*fig.* 48). — Chlorure de baryum, acide azotique, permanganate de potassium, tournesol bleu, violettes, morceau d'étoffe blanche avec tache de vin, bougie, appareil représenté à la figure 80. — Sulfite et hyposulfite de sodium.

158. *État naturel et production.* — L'anhydride sulfureux est le gaz suffocant obtenu par la combustion du soufre dans l'air ou dans l'oxygène. Il existe dans les émanations volcaniques; on le rencontre fréquemment dans l'atmosphère des grands centres industriels, où il provient de la combustion de houilles pyriteuses ou des réac-

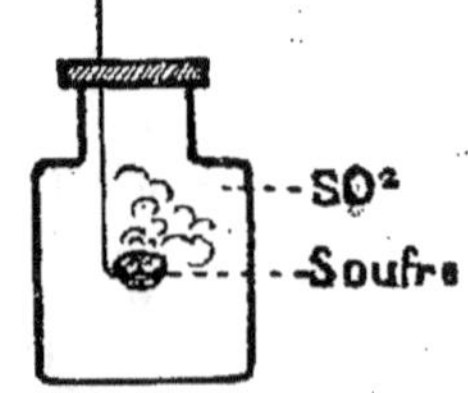

Fig. 77. — La combustion du soufre dans l'air produit de l'anhydride sulfureux.

tions chimiques dans lesquelles interviennent les dérivés du soufre.

On obtient du gaz sulfureux en brûlant du soufre dans des flacons bien secs (*fig.* 77). On peut aussi *réduire* l'acide sulfurique concentré par le cuivre ou par le soufre. On recueille le gaz (*fig.* 78) dans des éprouvettes sèches.

EXPÉRIENCE. Dans un tube à essais, chauffer de l'acide sulfurique concentré et de la tournure de cuivre. Dans un autre tube, chauffer

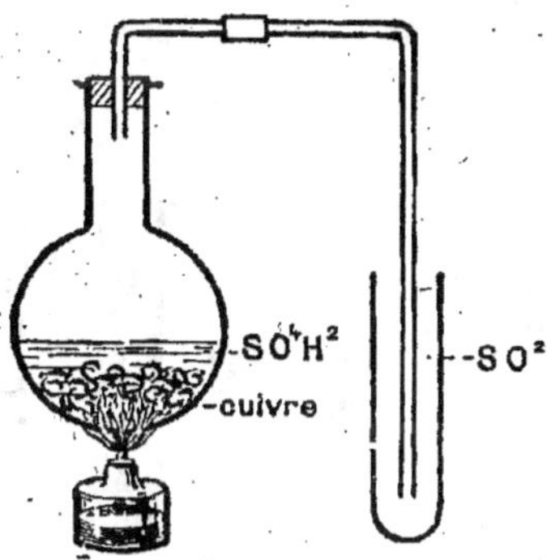

Fig. 78. — L'action du cuivre sur l'acide sulfurique concentré donne un dégagement de gaz sulfureux.

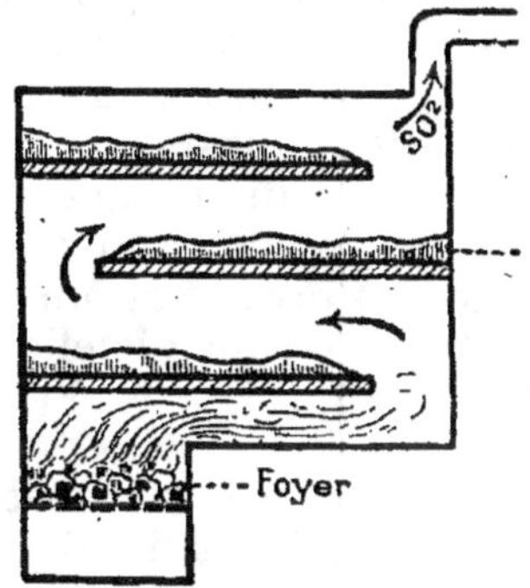

Fig. 79. — Four pour la calcination des pyrites.

de l'acide sulfurique et du soufre. Constater le dégagement d'anhydride sulfureux.

Il est plus commode encore de faire agir l'acide sulfurique sur le *bisulfite de sodium* solide dans un appareil analogue à celui de la figure 78.

Dans l'industrie on obtient l'anhydride sulfureux, soit en brûlant du soufre à l'air, soit en grillant les sulfures de fer naturels ou *pyrites* dans des fours spéciaux dont la figure 79 représente un modèle. Le gaz sulfureux obtenu par combustion du soufre est utilisé pour préparer l'acide sulfurique très pur destiné aux usages pharmaceutiques.

Propriétés.

159. *Propriétés physiques.* — Gaz incolore, à odeur suffocante. Sa formule est SO^2. — Dire ce qu'elle signifie. Trouver le poids moléculaire, le poids du litre du gaz sulfureux dans les conditions normales, la densité par rapport à l'hydrogène et par rapport à l'air.

160. *Solubilité.* — EXPÉRIENCE. Remplir de gaz sulfureux un tube à essais bien sec, un flacon bien sec et recommencer les expériences indiquées pour l'acide chlorhydrique (n° **116**).

Ces expériences montrent que le gaz sulfureux est *très soluble* dans l'eau. A la température ordinaire, 1 litre d'eau dissout environ 50 litres de gaz sulfureux.

161. *Liquéfaction.* — Expérience. Faire arriver le dégagement de gaz sulfureux dans un tube à essais plongeant dans un mélange réfrigérant. Le gaz se liquéfie.

Dans l'industrie on obtient le gaz sulfureux liquide par simple compression à la température ordinaire. A 25°, la tension de sa vapeur n'atteint que 4 kilogrammes par centimètre carré. On peut le conserver dans de simples siphons comme ceux à eau de Seltz. On le transporte aussi dans des récipients métalliques.

Par évaporation rapide, le gaz sulfureux produit un abaissement de température qui est utilisé pour la fabrication artificielle de la glace (n° 84).

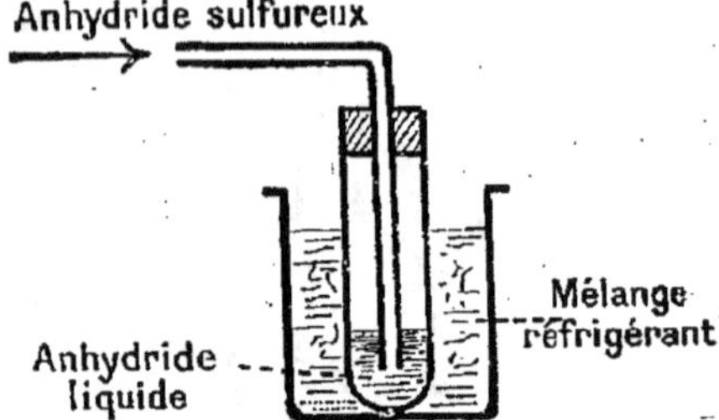

Fig. 80. — Liquéfaction de l'anhydride sulfureux.

162. *Propriétés chimiques.* — Expériences. I. Dans un flacon renfermant du gaz sulfureux, introduire une baguette de verre plongée au préalable dans l'acide azotique. On voit se produire des vapeurs rouges. C'est que le gaz sulfureux a *réduit* l'acide azotique avec production d'acide sulfurique et de vapeurs nitreuses. Laver la baguette dans une solution de *chlorure de baryum*; on voit un précipité blanc de sulfate de baryum, qui indique la formation d'acide sulfurique.

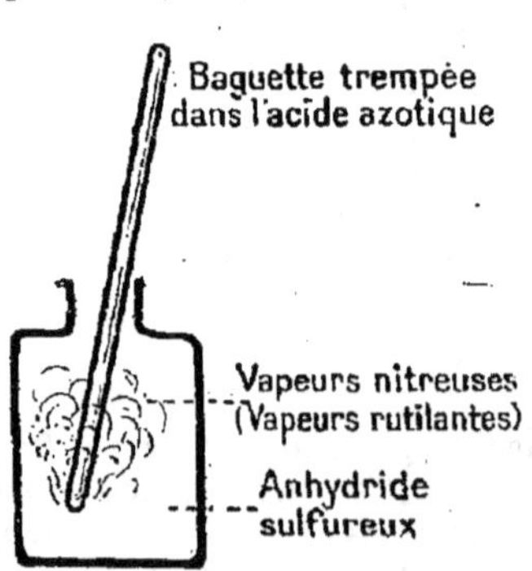

Fig. 81. — L'anhydride sulfureux réagit sur l'acide azotique et donne de l'acide sulfurique.

II. Dans un flacon renfermant du gaz sulfureux, verser une dissolution de permanganate de potassium; la dissolution est décolorée; le permanganate a été *réduit* et il s'est formé de l'acide sulfurique. (Le constater comme plus haut.)

Ainsi, *le gaz sulfureux est un réducteur.* Nous verrons l'importance de cette propriété dans la préparation de l'acide sulfurique.

L'oxydation du gaz sulfureux se produit dans sa dissolution en présence de l'oxygène de l'air. Verser une solution de chlorure de baryum dans une solution fraîche et dans une solution ancienne de gaz sulfureux et constater les résultats.

L'anhydride sulfureux peut aussi se combiner directement avec l'oxygène de l'air et donner de l'*anhydride sulfurique* SO^3 (n° **170**).

163. *Propriétés décolorantes.* — Plonger des violettes dans un flacon renfermant du gaz sulfureux : elles sont décolorées; les plonger ensuite dans l'ammoniaque : elles verdissent. Il semble donc que la matière colorante n'est pas détruite, mais seulement combinée au gaz sulfureux, puisque les violettes ordinaires verdissent également par l'ammoniaque.

164. *Fonction chimique.* — Expérience. Verser une solution de gaz sulfureux dans du tournesol bleu : le tournesol rougit; sur un carbonate : effervescence et dégagement de gaz carbonique ; sur une solution de potasse ou de soude caustique : combinaison avec dégagement de chaleur.

Dans ces deux dernières expériences, en évaporant le liquide, on obtient un sel bien cristallisé appelé *sulfite*. Avec la soude, on peut avoir deux sels différents :

SO^4Na^2, ou sulfite neutre de sodium;

SO^3HNa, ou sulfite acide, ou encore bisulfite.

La présence de ces sulfites a amené les chimistes à admettre dans la solution de gaz sulfureux la présence d'un acide bibasique SO^3H^2, l'acide sulfureux, qu'on n'a pas pu isoler et dont SO^3 serait l'*anhydride*.

Applications.

165. *Préparation de l'acide sulfurique.* — L'oxydation du gaz sulfureux par l'intermédiaire de l'acide azotique et des composés oxygénés de l'azote est utilisée dans la préparation industrielle de l'acide sulfurique.

On prépare l'anhydride sulfurique par union directe du gaz sulfureux et de l'oxygène de l'air.

166. *Production du froid.* — Trois cents usines pour la réfrigération ou la fabrication artificielle de la glace fonctionnent en France au moyen du gaz sulfureux.

167. *Blanchiment de la laine et de la soie.* — Les tissus d'origine animale ne peuvent être blanchis au chlore, qui les détruirait; on les blanchit au gaz sulfureux. Les tissus à blanchir sont préalablement lavés pour les débarrasser des matières grasses, puis on les étend dans des chambres où on fait brûler du soufre. On laisse pendant 12 heures le gaz exercer son action; on retire les substances à blanchir, qu'on soumet à un lavage.

Les plumes, les éponges, la paille se blanchissent aussi au gaz sulfureux.

168. *Désinfection.* — Le gaz sulfureux est un *antiseptique*, c'est-à-dire qu'il détruit les germes des fermentations et des maladies contagieuses. C'est pourquoi on l'utilise fréquemment pour *désinfecter* les appartements où a séjourné une personne atteinte d'une maladie contagieuse. Pour opérer la désinfection d'une chambre, on dispose au centre de la pièce une terrine renfermant du soufre (40 grammes par mètre cube). On colle des bandes de papier sur les joints des fenêtres, des portes, pour assurer une fermeture hermétique; on allume le soufre, on quitte la pièce et on ferme hermétiquement la porte de sortie. Au bout de 48 heures, on ouvre à nouveau, on ventile énergiquement pour chasser le gaz sulfureux. En plaçant dans la pièce les effets qui ont pu être contaminés par le malade, on assure en même temps leur désinfection.

Aujourd'hui, on préfère au gaz sulfureux un antiseptique plus efficace : le formol ou aldéhyde formique. Le gaz sulfureux est utilisé pour la destruction des rats et des insectes.

C'est encore la propriété antiseptique du gaz sulfureux que les vignerons appliquent quand ils *mèchent* les tonneaux. Les tonneaux vides se peuplent rapidement de moisissures qui donnent au vin un goût désagréable. On empêche ces moisissures de se développer en brûlant dans le fût une mèche imprégnée de soufre.

169. *Applications diverses.* — EXPÉRIENCES. I. Plonger une bougie allumée dans un flacon renfermant du gaz sulfureux : la bougie s'éteint (*fig.* 82). Le gaz sulfureux n'entretient pas les combustions; c'est pourquoi on brûle du soufre pour éteindre les feux de cheminée.

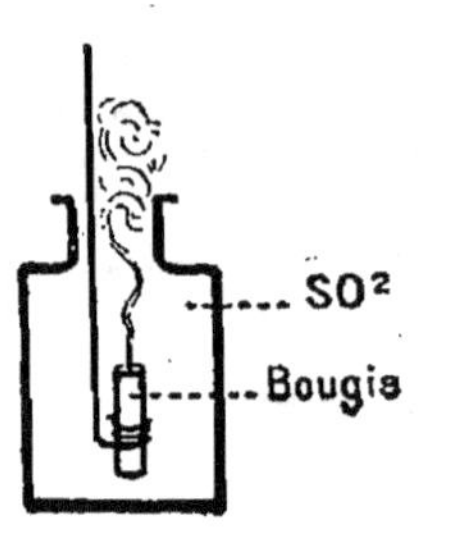

Fig. 82. — Une bougie allumée s'éteint dans un flacon d'anhydride sulfureux.

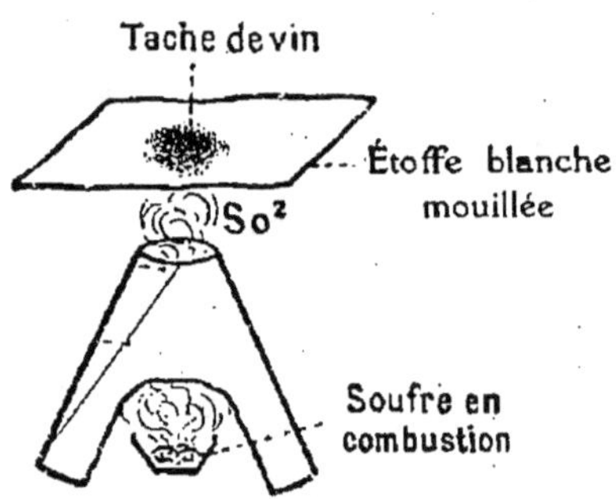

Fig. 83. — L'anhydride sulfureux enlève les taches de vin ou de fruits.

II. Brûler du soufre dans un cornet de papier portant un petit trou à la partie supérieure pour laisser passer le gaz sulfureux. Au-dessus du trou, placer une étoffe présentant une tache de vin ou de fruits (*fig.* 83). La tache disparaît. L'anhydride sulfureux est donc employé pour enlever les taches de vin ou de fruits.

On utilise encore le gaz sulfureux pour combattre la gale. Sa dissolution sert à préparer les sulfites, les hyposulfites, employés en photographie.

RÉSUMÉ

1. L'anhydride sulfureux se prépare industriellement par la combustion du soufre ou par le grillage de la pyrite ou sulfure de fer naturel.

2. C'est un gaz incolore, à odeur suffocante, plus dense que l'air. Il est très soluble dans l'eau, qui en dissout 50 fois son volume environ. Il est facilement liquéfiable par compression à la température ordinaire. Le gaz liquéfié produit en se vaporisant un refroidissement utilisé dans la production de la glace artificielle.

3. Le gaz sulfureux s'unit à l'oxygène de l'air pour donner l'anhydride sulfurique SO^3.

Le gaz sulfureux est un *réducteur ;* il réduit l'acide azotique, le permanganate de potassium en donnant de l'acide sulfurique. Par l'intermédiaire de l'acide azotique et des composés oxygénés de l'azote, il fixe de l'oxygène et de l'eau et se transforme en acide sulfurique.

4. Le gaz sulfureux est un décolorant.

5. La dissolution de gaz sulfureux se comporte comme un acide bibasique ; ses sels sont des *sulfites*. On admet que cette dissolution renferme un acide de formule SO^3H^2 (acide sulfureux) dont SO^2 serait l'anhydride.

L'anhydride sulfureux est utilisé pour la préparation de l'anhydride et de l'acide sulfurique, pour la production de la glace artificielle et la réfrigération, pour l'extinction des feux de cheminée, la désinfection des chambres contaminées par le séjour d'une personne atteinte de maladie contagieuse. Il sert à blanchir la laine, la soie, la paille, les plumes, les éponges. On utilise sa dissolution pour préparer les sulfites et les hyposulfites employés en photographie.

EXERCICES

I. Trouver, d'après le poids moléculaire du gaz sulfureux :

a) Le volume d'oxygène que renferme un molécule-gramme de gaz sulfureux ;

b) Le poids du litre de gaz sulfureux (à $0°$ et sous 760^{mm}) ;

c) La densité par rapport à l'air ;

d) La densité par rapport à l'hydrogène.

II. Quel volume d'air est nécessaire pour le grillage d'une tonne de pyrite à 80 pour 100 de FeS^2, si tout le soufre est transformé en anhydride sulfureux ?

III. Comment obtient-on le gaz sulfureux dans les laboratoires, dans l'industrie ? — A quoi reconnaît-on immédiatement le gaz sulfureux ? — Le gaz sulfureux est-il liquéfiable, soluble ? — Quel corps obtient-on quand on oxyde le gaz sulfureux ? — Exemples. — Montrez que le gaz sulfureux est un décolorant. — Quels sont les sels de l'acide sulfureux ? Donnez la formule de quelques-uns de ces sels. — Usages du gaz sulfureux.

24ᵉ LEÇON

ANHYDRIDE SULFURIQUE. — ACIDE SULFURIQUE

Matériel : Anhydride sulfurique. Acide ordinaire. — Tournesol bleu, craie, carbonate de soude, zinc, fer, cuivre, soufre. — Potasse ou soude caustique. — Eau et glace.

Anhydride sulfurique (SO^3).

170. *Préparation. Propriétés. Usages.* — Lorsqu'un mélange de gaz sulfureux et d'oxygène passe sur de la *mousse de platine*, il y a combinaison des deux gaz et formation d'un corps solide, se présentant sous forme d'aiguilles soyeuses : c'est l'anhydride sulfurique SO^3.

Industriellement, on fait passer sur de l'*amiante platinée* un mélange d'anhydride sulfureux et d'air. On peut même remplacer l'amiante platinée par de l'oxyde de fer provenant du grillage des pyrites. Les agents, tels que la mousse de platine, qui provoquent, par leur contact, la combinaison de deux corps sans intervenir dans la réaction sont appelés *catalyseurs*.

La fabrication de l'anhydride sulfurique a une grande importance en Allemagne. Ce corps se dissout dans l'eau avec grand dégagement de chaleur et donne de l'acide sulfurique. On peut facilement obtenir un acide de concentration déterminée. L'anhydride sulfurique sert en particulier à préparer l'acide sulfurique de Nordhausen.

Acide sulfurique ordinaire (SO^4H^2).

Préparation industrielle.

171. *Principe.* — *On fixe de l'oxygène et de l'eau sur le gaz sulfureux par l'intermédiaire des composés oxygénés de l'azote.* Nous avons vu que l'acide azotique oxyde l'anhydride sulfureux avec formation d'acide sulfurique et de vapeurs nitreuses. Ces vapeurs nitreuses (oxyde azotique AzO, anhydride azoteux Az^2O^3, peroxyde d'azote AzO^2), en présence de la vapeur d'eau, transforment le gaz sulfureux en acide sulfurique et sont constamment régénérées. Une quantité limitée d'acide azotique peut donc servir à obtenir une quantité illimitée d'acide sulfurique. Les composés oxygénés de l'azote n'agissant que comme intermédiaire, la formation d'acide sulfurique peut s'exprimer par la réaction :

$$SO^2 + O + H^2O = SO^4H^2$$

172. *Industrie.* — Les matières premières sont le gaz sulfureux, l'oxygène et la vapeur d'eau. On ajoutera de temps en temps de l'acide azotique pour compenser les pertes en produits nitreux.

Le gaz sulfureux provient du grillage des pyrites (nᵒ **158**). Quand on veut obtenir de l'acide sulfurique très pur pour les usages pharmaceutiques, on prépare le gaz sulfureux par combustion du soufre. L'oxygène est emprunté à l'air; l'eau est injectée à l'état de vapeur dans les chambres de plomb.

L'appareil industriel comprend les parties suivantes :

1º Le four qui sert au grillage des pyrites (*fig.* 79) ;
2º La tour de Glover ;
3º Les chambres de plomb ;
4º La tour de Gay-Lussac.

La tour de Glover est une tour en plomb revêtue intérieurement de briques siliceuses inattaquables (*fig.* 84). A sa partie supérieure on fait arriver en pluie un mélange d'acide à 52º sortant des chambres, et d'acide chargé de produits nitreux, recueilli au bas de la tour de

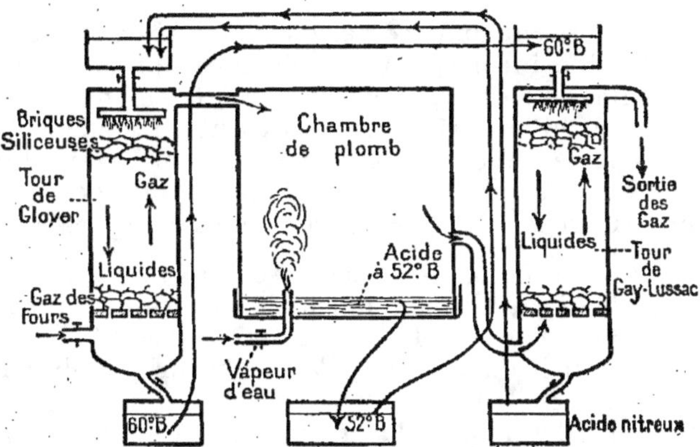

Fig. 84. — Schéma de la préparation de l'acide sulfurique dans les chambres de plomb.

Gay-Lussac. Les liquides circulent de haut en bas, les gaz des fours traversent la tour de bas en haut. Ces gaz absorbent les produits nitreux, concentrent jusqu'à 60-62º B l'acide qu'ils rencontrent, et ils se trouvent refroidis de 330º à 70º environ, température favorable aux réactions qui vont se produire dans les *chambres de plomb*.

Ces chambres sont généralement au nombre de trois ; leur capacité totale peut atteindre 10000 mètres cubes. Comme leur nom l'indique, ce sont de vastes chambres dont l'intérieur est garni d'un revêtement en plomb. C'est dans ces chambres que s'effectuent les réactions donnant naissance à l'acide sulfurique. Elles fournissent un acide marquant 52º B.

Les gaz qui sortent des chambres entraînent des produits nitreux. On arrête ces produits dans la tour de Gay-Lussac. C'est une tour analogue au Glover, mais plus haute. On fait circuler de haut en bas de l'acide sulfurique à 60º B venant du Glover. Cet acide dissout les produits nitreux ; il est ensuite envoyé au sommet du Glover pour être dénitrifié.

173. Concentration. — L'acide sulfurique des chambres de plomb ou du Glover est employé tel quel dans de nombreuses industries.

Mais pour certaines applications l'acide doit être plus concentré. On l'amène jusqu'à 60° B par concentration dans des chaudières en plomb, ce métal n'étant pas attaqué par l'acide étendu. De 60° à 66° B la concentration a lieu dans des cuvettes en platine, en verre ou en porcelaine. L'acide industriel à 52° B vaut 3 francs les 100 kilos.

L'acide sulfurique fabriqué à partir des pyrites renferme presque toujours de l'arsenic, ce qui peut présenter des inconvénients lorsqu'on utilise cet acide dans l'industrie de produits qui entrent dans l'alimentation, comme les glucoses.

Propriétés.

174. L'acide sulfurique ordinaire marque 66° à l'aréomètre Baumé. C'est un liquide incolore, de consistance huileuse, dont la densité est 1,84. On peut le solidifier par refroidissement. Il bout à 338° et l'ébullition se fait par violents soubresauts. L'acide sulfurique était autrefois appelé *huile de vitriol*, parce qu'on l'avait obtenu à partir du vitriol vert ou sulfate ferreux. Aujourd'hui encore on le désigne fréquemment sous le nom de *vitriol* dans le langage vulgaire.

175. *Action sur l'eau.* — EXPÉRIENCE. a) Dans un tube à essais, renfermant de l'eau, verser de l'acide sulfurique concentré. Constater le grand dégagement de chaleur qui se produit; le tube s'échauffe jusqu'à devenir brûlant. Ainsi, l'acide sulfurique absorbe l'eau avec dégagement de chaleur.

b) Verser 100 grammes d'acide sulfurique sur 25 grammes de glace concassée : la température peut atteindre 80°. Verser 25 grammes d'acide sur 100 grammes de glace : la température s'abaisse jusqu'à — 16°. Expliquer ces deux faits.

c) L'acide sulfurique absorbe la vapeur d'eau, d'où l'emploi de la pierre ponce imbibée d'acide sulfurique pour dessécher les gaz.

APPLICATIONS. Quand on prépare l'acide étendu, il faut verser l'*acide dans l'eau, goutte à goutte*, en remuant constamment. Si on fait le contraire, chaque goutte d'eau en tombant dans l'acide peut provoquer un dégagement de chaleur suffisant pour se vaporiser et l'on peut craindre des projections d'acide.

L'acide concentré enlève leur eau aux matières organiques qui en contiennent et les désorganise. Ainsi du sucre jeté dans l'acide sulfurique devient brun, puis noir. L'acide sulfurique est un caustique violent qui brûle rapidement et profondément les tissus; son absorption détermine des accidents mortels. On combat ses effets au moyen des carbonates alcalins.

176. *Fonction chimique.* — EXPÉRIENCES. I. Verser de l'acide sulfurique étendu dans du tournesol bleu; le tournesol vire au rouge pelure d'oignon. Faire agir l'acide étendu sur la craie, sur le carbonate de sodium : constater le dégagement de gaz carbonique et la violente effervescence qui se produit.

II. Dans une solution concentrée de potasse ou de soude, verser avec précaution (au moyen d'une pipette) de l'acide sulfurique. Constater le grand dégagement de chaleur produit par la combinaison. En versant de l'acide sulfurique sur de la baryte anhydre, le dégagement de chaleur est tel que la baryte peut être portée à l'incandescence.

Ces faits montrent que l'acide sulfurique est un acide énergique; il déplace de leurs sels tous les autres acides : aussi est-il employé pour préparer ces acides. (Voir *Acides chlorhydrique, azotique.*)

Il dissout les métaux pour donner des sels appelés *sulfates.*

III. Mettre un morceau de fer ou de zinc dans un tube à essais renfermant de l'acide concentré : pas d'attaque. Diluer l'acide : le fer, le zinc sont attaqués; il se dégage de l'hydrogène. Avec l'acide concentré, la réaction est lente parce que le sulfate formé, ne pouvant se dissoudre, constitue à la surface du métal un revêtement protecteur.

IV. Dans un tube à essais renfermant de l'acide concentré, jeter un copeau de tournure de cuivre. A froid, aucune action. A chaud, le cuivre se dissout et il se dégage de l'anhydride sulfureux (n° **158**). Le mercure, l'argent se comporteraient comme le cuivre. On peut admettre qu'à chaud l'hydrogène résultant de la formation de sulfate réduit l'acide au lieu de se dégager. Le soufre à chaud réduit aussi l'acide sulfurique avec dégagement d'acide sulfureux.

Le plomb n'est attaqué que par le liquide bouillant et quand la concentration de l'acide dépasse 60° B.

La platine et l'or ne sont pas attaqués par l'acide sulfurique.

177. Sulfates. — L'acide sulfurique donne avec la soude deux séries de sels : le sulfate neutre $SO^4 Na^2$, dans lequel tout l'hydrogène de l'acide est remplacé par du sodium, et le sulfate acide ou *bisulfate* $SO^4 HNa$, dans lequel la moitié seulement de l'hydrogène de l'acide est remplacé par le métal. L'acide sulfurique, ayant dans sa molécule deux atomes d'hydrogène remplaçables, est dit *bibasique.*

Le calcium, le cuivre, etc., ne donnent qu'un sulfate : $SO^4 Ca$, sulfate de calcium ; $SO^4 Cu$, sulfate de cuivre ; $SO^4 Zn$, sulfate de zinc. Ces métaux sont *divalents :* un atome de métal se substitue à deux atomes d'hydrogène.

Usages.

178. Pour énumérer les usages de l'acide sulfurique, il faudrait passer en revue tout le cours de chimie. Les applications de cet acide seront étudiées avec les industries correspondantes.

La production française d'acide à 52° B dépasse 800 000 tonnes, dont la moitié est absorbée par la fabrication des superphosphates.

Acide sulfurique fumant ($S^2 O^7 H^2$).

179. *L'acide sulfurique fumant* est appelé encore *acide disulfurique* ou *acide de Nordhausen,* du nom de l'un des centres de sa fabrication. Autrefois on le préparait par calcination du sulfate de fer dans des cornues en terre ; il distillait de l'anhydride sulfurique reçu dans des récipients renfermant de l'acide ordinaire. Aujourd'hui on dissout l'anhydride sulfurique dans l'acide du commerce (n° 170).

L'acide de Nordhausen est le dissolvant de l'indigo ; en se combinant à un certain nombre de dérivés de la benzine, il donne des produits d'une grande importance dans l'industrie des matières colorantes artificielles.

RÉSUMÉ

1. L'anhydride sulfurique (SO^3) s'obtient en oxydant le gaz acide sulfureux (SO^3H^2) sous l'influence de corps, dits *catalyseurs*, dont le principal est l'*amiante platinée*.

2. L'anhydride sulfurique s'unit à l'eau pour former l'acide sulfurique SO^4H^2 ; mais la plus grande partie de l'acide du commerce est obtenue par le procédé des *chambres de plomb*. Sur le gaz sulfureux on fixe de l'oxygène et de l'eau par l'intermédiaire de l'acide azotique et des composés oxygénés de l'azote. Ces derniers sont constamment régénérés.

3. Le gaz sulfureux provient généralement du grillage des pyrites : les réactions s'effectuent dans des *chambres de plomb*. L'appareil industriel est complété par la tour de Gay-Lussac, dans laquelle sont arrêtés les produits nitreux entraînés par les gaz, et par la tour de Glover, placée en avant des chambres de plomb, où l'acide provenant de la tour de Gay-Lussac est débarrassé de ses produits nitreux.

4. L'acide sulfurique des chambres marque 52° B ; il est concentré jusqu'à 60° B dans les chaudières en plomb, puis jusqu'à 66° B dans des bassines en platine ou en porcelaine.

5. L'acide sulfurique à 66° B a pour densité 1,84 ; il bout à 338° : Il s'unit à l'eau avec un dégagement considérable de chaleur ; il désorganise les tissus ; c'est un caustique violent (vitriol).

6. C'est un acide énergique ; il déplace de leurs sels tous les autres acides. Il s'unit aux bases, agit sur les sulfures, les carbonates, les chlorures, les azotates et sur les métaux pour former des sulfates.

Le fer, le zinc réagissent à froid sur l'acide sulfurique *étendu* avec dégagement d'hydrogène ; le cuivre, le mercure, etc., réagissent à chaud sur l'acide *concentré* et il se dégage de l'anhydride sulfureux ; l'or et le platine ne sont pas attaqués.

7. L'acide sulfurique a deux atomes d'hydrogène remplaçables. Avec les métaux monovalents, on obtient deux sulfates ;

les métaux divalents ne donnent qu'un sulfate. L'acide sulfurique est dit *bibasique*.

8. On connaît encore l'*acide sulfurique fumant*, ou *acide de Nordhausen* $S^2O^7H^2$, qu'on peut considérer comme une dissolution d'anhydride dans l'acide ordinaire. Cet acide est le dissolvant de l'indigo; il a une grande importance dans l'industrie des matières colorantes.

EXERCICES

I. Écrire les équations qui traduisent les réactions de l'acide sulfurique sur les corps suivants : carbonate de calcium, carbonate de sodium, sulfure de fer, chlorure de sodium, chlorure de baryum, azotate de sodium, fer, zinc, cuivre, mercure, argent.

II. Quel poids de pyrites à 80 0/0 de pureté faut-il pour préparer une tonne d'acide sulfurique?

III. Comment obtient-on l'anhydride sulfurique? — Comment se fabrique l'acide sulfurique du commerce? — Quelles sont les matières premières indispensables à cette fabrication? — Quel est le rôle de l'acide azotique et des composés oxygénés de l'azote? — Comment s'opère la concentration de l'acide sulfurique? — Action de l'acide sulfurique sur l'eau liquide, sur la glace, sur la vapeur d'eau. — Quand on fait un mélange d'eau et d'acide sulfurique, comment doit-on procéder? — Comment s'appellent les sels de l'acide sulfurique? — Quelle est l'action de l'acide sulfurique sur le zinc, le fer, le carbonate de calcium, le chlorure de sodium, le chlorure de baryum, le sulfure de fer? — Donnez la formule des deux sulfates de sodium. — Qu'est-ce que l'acide sulfurique fumant?

25ᵉ LEÇON

PHOSPHATES

MATÉRIEL : Apatite, nodules phosphatés; os verts, os ayant séjourné dans l'acide chlorhydrique au 1/10. (Prendre de préférence des os plats, tels que l'omoplate de mouton; laisser agir l'acide une dizaine de jours. Conserver le liquide.) — Os calcinés à l'air. — Noir animal. — Superphosphate, phosphate précipité. — Eau de chaux. — Citrate d'ammoniaque ou acide citrique.

Phosphates naturels.

180. Apatite. Phosphorites. Nodules. — 1° Dans certaines régions (Norvège, Canada, Russie, Espagne, Allemagne), on trouve une roche cristallisée, appelée *apatite*, qui est un mélange de phosphate et de fluorure de calcium (fluophosphate). Cette roche est traitée pour la production des superphosphates (n° **184**);

2° Dans le Lot et dans la région du Quercy, on trouve des gisements de phosphates de calcium qu'on désigne sous le nom de *phosphorites*. On les emploie comme l'apatite;

3° Un grand nombre de terrains renferment des phosphates de calcium, soit disséminés dans des sables, soit sous la forme de *rognons* ou *nodules*. Ces nodules sont parfois appelés *coprolithes*, parce qu'on leur donne pour origine les excréments des grands reptiles carnivores de l'époque secondaire. On les appelle encore *phosphates fossiles.*

Dans un grand nombre de départements (Somme, Meuse, Ardennes, Pas-de-Calais, Gard), les sables phosphatés et nodules sont assez abondants et assez riches pour être exploités industriellement. On trouve encore des phosphates dans les Pyrénées (phosphates noirs).

D'importants gisements de phosphates fossiles ont été découverts en Algérie, dans la région de Tébessa et en Tunisie. La production des phosphates algériens dépasse par an 350 000 tonnes.

Depuis quelques années, on exploite en Floride et dans diverses régions de l'Amérique du Nord des phosphates en nodules ou en roches compactes. La production américaine, en 1906, s'est élevée à 2 millions de tonnes, dont 1 300 000 pour la Floride.

181. *Phosphates d'os.* — Les os renferment 1/3 de leur poids d'une substance organique, l'*osséine,* et une matière minérale constituée presque exclusivement par du phosphate ou du carbonate de calcium.

EXPÉRIENCES. I. Laisser pendant huit jours des os (os plats de préférence) dans de l'acide chlorhydrique à 10 %. La matière minérale est dissoute, et il reste la matière organique, molle, conservant la forme de l'os.

II. Calciner à l'air des os dans un feu bien ardent. La matière organique est détruite et il reste une substance blanche, poreuse, friable, qui, réduite en poudre, constitue la poudre d'os. Elle renferme 85 % environ de phosphates.

Nous verrons (28° *leçon*) comment on obtient le *noir animal.* Lorsque cette substance est devenue impropre à la décoloration, elle est utilisée comme engrais phosphaté.

182. *Scories de déphosphoration.* — Le phosphore rend les aciers cassants ; autrefois les minerais de fer phosphoreux étaient inutilisables. On sait maintenant éliminer le phosphore des fontes phosphoreuses.

Le phosphore se trouve dans les scories, combiné à de la chaux, de la magnésie, de l'oxyde de fer. Ces scories ont une grande importance agricole. On les appelle « scories de déphosphoration » ou encore *phosphates Thomas.*

183. *Nature des phosphates précédents.* — A part les scories de déphosphoration de constitution complexe, les phosphates précédents sont des phosphates tricalciques dont la formule est $(PO^4)^2 Ca^3$. Ils sont insolubles dans l'eau.

Phosphates industriels.

184. *Superphosphates.* — En faisant agir l'acide sulfurique sur le phosphate tricalcique, on a la réaction suivante :

$$(PO^4)^2Ca^3 \;+\; 2SO^4H^2 \;=\; (PO^4)^2H^4Ca \;+\; 2SO^4Ca.$$

Phosphate tricalcique.	Acide sulfurique.	Phosphate monocalcique.	Sulfate de calcium.

Les deux tiers du calcium ont été enlevés par l'acide sulfurique et remplacés par de l'hydrogène. Le corps $(PO^4)^2H^4Ca$ est dit *phosphate monocalcique*; il est *soluble dans l'eau*. Le mélange de phosphate monocalcique et de sulfate de calcium constitue ce qu'on appelle dans le commerce le *superphosphate*.

Outre ces deux corps, le superphosphate renferme du phosphate tricalcique non attaqué, du phosphate dicalcique, de l'acide phosphorique libre, et diverses impuretés.

Les superphosphates se préparent, soit à partir de l'apatite, des phosphorites, des phosphates fossilés, soit au moyen des os, dont on extrait la gélatine par l'autoclave.

185. *Phosphate précipité.* — Expérience. Verser un lait de chaux dans un liquide acide du n° **181.** Il précipite un corps qui est du phosphate dicalcique $(PO^4)^2H^2Ca^2$. (On voit que pour un même poids de phosphore, il renferme deux fois plus de calcium que le monocalcique.)

Ce phosphate est *insoluble dans l'eau*, mais il se dissout dans l'acide citrique et le citrate d'ammoniaque. Industriellement, c'est un sous-produit de la préparation de la gélatine à l'acide. On fait agir l'acide chlorhydrique sur des os dégraissés, et on ajoute au liquide obtenu un lait de chaux qui précipite le phosphate dicalcique.

Emploi agricole des phosphates.

186. Les cendres des végétaux renferment toujours des phosphates. En particulier, les cendres des graines de graminées sont formées presque exclusivement de phosphates. C'est assez dire l'utilité des phosphates pour les plantes.

Mais, suivant leur nature, les phosphates sont plus ou moins facilement assimilables par les végétaux.

L'apatite et la phosphorite ne sont pas assimilables.

L'assimilation des phosphates fossiles et des phosphates d'os se fait lentement. On utilise ces phosphates finement pulvérisés. Les phosphates dicalciques sont facilement absorbés par les poils radicaux. On sait que les poils absorbants sécrètent un liquide à réaction acide, qui solubilise le phosphate dicalcique.

Le phosphate monocalcique des superphosphates est soluble, donc immédiatement assimilable. Mais dans le sol, au contact du calcaire, le phosphate passe rapidement à l'état insoluble de phosphate dicalcique probablement. On dit qu'il *rétrograde*. Cette rétrogradation s'effectue au sein même du superphosphate. Si on dose, en effet, l'acide phosphorique *soluble dans l'eau* que contient un superphosphate nouvellement préparé, et qu'on recommence ce dosage au bout de quelques mois, on trouve que la quantité d'acide soluble a diminué. Cela tient à la présence de phosphate tricalcique non décomposé, qui s'est combiné peu à peu à l'acide phosphorique libre et au phosphate monocalcique pour reformer du phosphate dicalcique insoluble dans l'eau.

Il semble que l'état de diffusion des phosphates dans le sol soit une condition favorable à leur absorption. La répartition uniforme dans le sol se fait d'autant mieux que le phosphate est plus fin. Les phosphates solubles, entraînés par les eaux, avant de rétrograder, imprègnent uniformément les particules de terre sur une assez grande profondeur : d'où leur plus grande valeur fertilisante.

Ce qu'il importe de connaître dans un phosphate, c'est l'acide phosphorique qu'il renferme, et pour les phosphates précipités et les superphosphates, l'acide phosphorique *soluble au citrate*. Le dosage de l'acide phosphorique est très délicat et ne peut être fait que dans un laboratoire d'analyses. Quand un agriculteur achète des phosphates, et d'une façon générale des engrais chimiques, il doit se faire donner sur facture le dosage garanti de la matière fertilisante. Si l'agriculteur fait partie d'un syndicat agricole, ce syndicat achètera en gros les engrais et, pour une somme modique, les fera analyser par le laboratoire régional le plus proche.

Les expériences culturales ont permis de poser les règles générales suivantes :

1º On emploiera les phosphates tricalciques de préférence dans les terres acides, dans les terres nouvellement défrichées, riches en matières organiques et manquant de calcaire ;

2º Les superphosphates seront employés dans les terres calcaires, avec une bonne fumure, dont ils seront le complément ;

3º Les phosphates précipités et les scories conviennent dans les terrains anciennement cultivés, pauvres en calcaire. Les scories conviennent à toutes les terres ; leur action est comparable à celle des superphosphates et leur prix est bien inférieur. Quant aux phosphates précipités, leur emploi est assez restreint.

Mais le plus pratique est de déterminer directement, au moyen d'un champ d'expériences, quel est l'engrais qui, pour une même dépense, donne l'excédent de récolte le plus élevé.

RÉSUMÉ

1. Les *phosphates naturels* se rencontrent sous forme d'apatite, de phosphorite, de nodules et de sables phosphatés.

On exploite des phosphates en France, dans la Meuse, les Ardennes (nodules), le Pas-de-Calais, la Somme (sables phosphatés), le Lot (phosphorites). L'Algérie, la Tunisie, l'Amérique du Nord renferment aussi d'importants gisements de phosphates.

2. Les phosphates naturels renferment du *phosphate trical-*

cique $(PO^4)^2 Ca^3$. Il en est de même des phosphates qu'on retire des os, ainsi que du noir de raffinerie.

3. Le traitement des fontes phosphoreuses donne des quantités considérables de scories phosphatées de composition complexe : *scories de déphosphoration* ou scories Thomas.

4. L'action de l'acide sulfurique sur les phosphates naturels donne les *superphosphates*, formés de *phosphate monocalcique* $(PO^4)^2 H^4 Ca$, de sulfate de calcium et d'une proportion plus ou moins grande d'impuretés.

5. Quand on traite les os par l'acide chlorhydrique étendu, la matière minérale se dissout. Le liquide obtenu, traité par un lait de chaux, donne un phosphate bicalcique $(PO^4)^2 H^2 Ca^2$, appelé *phosphate précipité*.

6. Le phosphate monocalcique est soluble dans l'eau.

Le phosphate dicalcique est insoluble dans l'eau, mais il se dissout dans l'acide citrique ou dans le citrate d'ammonium.

Le phosphate tricalcique est insoluble dans l'eau et dans le citrate d'ammoniaque.

7. Dans les superphosphates, une partie du phosphate monocalcique soluble se transforme lentement en phosphate insoluble en se combinant aux impuretés ou au phosphate tricalcique non attaqué. On dit qu'il *rétrograde*. La rétrogradation est rapide dans le sol au contact du calcaire.

8. Les phosphates naturels pulvérisés finement conviennent dans les terres acides, riches en matières organiques. Les superphosphates seront employés dans les terres calcaires; les phosphates d'os, dans les terres pauvres en matières organiques.

Les scories de déphosphoration donnent de bons résultats dans tous les sols.

EXERCICES

I. Quel est le prix du kilogramme d'acide phosphorique $(P^2 O^5)$ dans un phosphate fossile de la Meuse, renfermant 42 p. 100 de phosphate tricalcique et vendu 38 francs la tonne? — Quelle est pour 100 la proportion d'acide phosphorique que contient ce phosphate?

II. On admet que l'acide phosphorique soluble au citrate a la même valeur dans les superphosphates et dans les phosphates précipités. Quel est le plus avantageux d'un superphosphate renfermant 15 p. 100 d'acide soluble au citrate et vendu 75 francs la tonne, ou d'un phosphate précipité qui dose 70 p. 100 de *phosphate bicalcique* soluble au citrate et vendu 190 francs la tonne?

III. Quels sont les principaux gisements de phosphates naturels? — D'où proviennent les scories de déphosphoration? — Quelle est la formule du phosphate tricalcique? — Comment obtient-on les superphosphates? — Quels sont les principaux constituants des superphosphates. — Comment obtient-on les phosphates précipités? — En quoi consiste la rétrogradation? — Quelle est l'utilisation des phosphates?

26ᵉ LEÇON

ACIDE PHOSPHORIQUE. — PHOSPHORE

Matériel : Acide phosphorique ordinaire. — Phosphore blanc et phosphore rouge. — Sulfure de carbone. — Eau chaude. — Papier à filtrer. — Allumettes diverses. — Assiette et cloche bien sèches.

N. B. — Pour se procurer du phosphore, les établissements de l'État doivent faire la demande sur une feuille spéciale, portant l'en-tête de l'établissement. Cette feuille est signée par le professeur compétent et visée par le directeur. Le phosphore est livré dans une boîte portant le plomb de la Régie ; l'expédition est accompagnée d'un acquit-à-caution. Le destinataire doit faire enlever ce plomb par le receveur des Contributions indirectes de son ressort en lui présentant l'acquit-à-caution.

Dans les manipulations du phosphore blanc, on ne saurait trop recommander la plus grande prudence.

Acide phosphorique (PO^4H^3).

187. *État naturel et préparation*. — L'acide phosphorique existe dans les phosphates. On l'obtient par l'action de l'acide sulfurique concentré sur le *phosphate dicalcique* (n° **185**) :

$$(PO^4)^2H^2Ca^2 \ + \ 2SO^4H^2 \ = \ 2PO^4H^3 \ + \ 2SO^4Ca.$$

| Phosphate dicalcique | Acide sulfurique. | Acide phosphorique | Sulfate de calcium. |

Le produit de la réaction, séparé par dissolution du sulfate de calcium insoluble, est concentré à une température inférieure à 200° jusqu'à consistance sirupeuse. On a alors l'acide phosphorique ordinaire.

188. *Propriétés et usages*. — L'acide phosphorique ordinaire est un liquide sirupeux, soluble en toutes proportions dans l'eau. Sa formule est PO^4H^3. En se combinant à 1, 2, 3 molécules de soude $NaOH$, cet acide donne trois sels dans lesquels 1, 2, 3 atomes d'hydrogène sont remplacés par 1, 2, 3 atomes de sodium. Ce sont :

Le phosphate monosodique PO^4H^2Na ;

— disodique PO^4HNa^2 (phosphate de soude du commerce) ;

Le phosphate trisodique PO^4Na^3.

On connaît aussi trois phosphates de calcium, dont nous avons donné les formules (24ᵉ leçon).

On dit que l'acide phosphorique est un acide *tribasique*.

Sous l'action de la chaleur, à une température supérieure à 200°, l'acide phosphorique perd de l'eau et donne l'acide *pyrophosphorique* $P^2O^7H^4$:

$$2PO^4H^3 = H^2O + P^2O^7H^4.$$

Au rouge sombre, une plus grande quantité d'eau serait éliminée, et on aurait l'acide *métaphosphorique* PO^3H. Il n'est pas possible de pousser plus loin la déshydratation.

L'acide phosphorique est employé à la préparation des phosphates alcalins, et surtout à la fabrication du phosphore.

Phosphore $(P = 31)$.

189. *Préparation.* — En France, l'usine Coignet, de Lyon, prépare le phosphore en réduisant l'acide phosphorique par le charbon.

Un mélange intime de charbon et d'acide phosphorique est desséché dans des cornues en fonte, puis le mélange est chauffé au rouge blanc dans des cornues en grès. L'acide phosphorique est d'abord transformé en acide métaphosphorique, lequel est réduit par le charbon :

$$PO^4H^3 = H^2O + PO^3H.$$
$$PO^3H + 3C = P + 3CO\rightarrow + H\rightarrow.$$

Le phosphore est distillé dans un récipient plein d'eau à 60°; il se liquéfie, et on le purifie par filtration à travers une peau de chamois. On le coule dans des moules prismatiques plongeant dans l'eau.

Aujourd'hui le phosphore se prépare en réduisant par le charbon le phosphate tricalcique. L'opération se fait au *four électrique.*

On traite un mélange de phosphate tricalcique, de sable (silice) et de charbon. Le charbon réduit le phosphate et forme de l'oxyde de carbone ; le calcium s'unit à la silice pour donner un silicate de calcium fusible ; le phosphore en vapeur se dégage.

190. *Propriétés.* — Solide, blanc jaunâtre, translucide quand il est nouvellement préparé, ou quand on considère sa coupure fraîche. Plus dense que l'eau; 1 décimètre cube pèse 1 kilog. 8 à 0°.

Il est insoluble dans l'eau ; on le conserve dans ce liquide et on le manipule sous l'eau pour éviter les accidents.

EXPÉRIENCES. I. Dans un tube à essais renfermant du sulfure de carbone, jeter un morceau de phosphore. Chauffer au bain-marie loin de toute flamme; le phosphore se dissout. *Le sulfure de carbone est le dissolvant du phosphore.*

II. Chauffer sous l'eau du phosphore dans un tube à essais; constater qu'il commence à fondre à 44°. — Il bout à 290°.

Sous l'action de la chaleur, en vase clos, à une température de 240° prolongée 10 jours, le phosphore ordinaire se transforme en phosphore *rouge.*

191. *Action de l'oxygène.* — EXPÉRIENCES. I. Sur une assiette bien sèche, placer un morceau de phosphore. Allumer et couvrir d'une cloche bien sèche. Il se produit d'abondantes fumées blanches qui se déposent sur les parois de la cloche. Ces fumées sont de l'*anhydride phosphorique* P^2O^5. Ce corps jeté dans l'eau s'y dissout avec un bruit semblable à celui d'un fer rouge, en produisant de l'acide phosphorique. L'anhydride phosphorique est souvent employé pour dessécher les gaz.

II. Jeter sur du papier à filtrer une partie de la solution de phosphore dans le sulfure de carbone et abandonner la feuille à l'air. Le sulfure de carbone se vaporise, et le phosphore très divisé s'enflamme spontanément au contact de l'air.

Le phosphore, en effet, est éminemment combustible ; il s'enflamme à l'air à une température peu élevée (60° environ) ; c'est pour cette raison qu'on manipule ce corps sous l'eau.

A l'obscurité, dans l'air, il répand une lueur jaune verdâtre. C'est à cette lueur que le phosphore doit son nom. Cette lumière a été appelée *phosphorescence*. Il y a ici oxydation lente du phosphore par l'oxygène de l'air.

192. *Le phosphore est un poison.* — Introduit dans le tube digestif, il cause rapidement la mort. L'antidote du phosphore est l'essence de térébenthine. Les vapeurs de phosphore sont toxiques : elles déterminent la carie des dents et des os (nécrose).

Phosphore rouge.

193. C'est une modification curieuse du phosphore ordinaire sous l'action de la chaleur. Cette modification se produit aussi sous l'action prolongée de la lumière, mais alors elle n'est que superficielle. La transformation s'effectue dans l'appareil que représente la figure 85. C'est une chaudière en fonte ne communiquant avec l'extérieur que par une étroite ouverture. Un thermomètre permet d'apprécier la température.

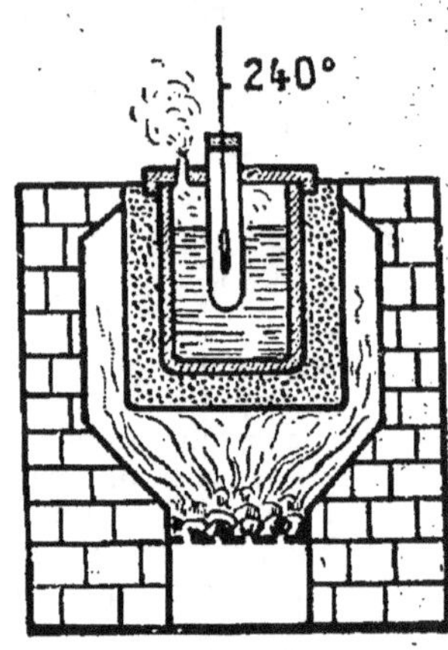

Fig. 85. — Appareil pour la fabrication du phosphore rouge.

Le tableau suivant donne les différences entre le phosphore blanc, ou phosphore ordinaire, et le phosphore rouge.

PHOSPHORE BLANC.	PHOSPHORE ROUGE.
Densité 1,8.	Densité 2,1 à 2,3.
Point de fusion 44°.	Ne fond pas.
Point d'ébullition 280°.	A 260° commence à se transformer en phosphore blanc.
Soluble dans le sulfure de carbone.	Insoluble dans le sulfure de carbone.
S'enflamme dans l'air sec à 60°.	S'enflamme dans l'air sec à 260°.
Phosphorescent.	Non phosphorescent.
Vénéneux.	Non vénéneux.

Les propriétés chimiques du phosphore rouge sont les mêmes que celles du phosphore blanc, mais elles sont moins énergiques. En particulier, le phosphore rouge agissant sur le soufre à une température supérieure à 100° donne un corps, de formule P^4S^3, qu'on appelle *ses-quisulfure*, parce qu'autrefois on lui attribuait la formule P^2S^3.

194. Usages. Le principal usage du phosphore est la fabrication des allumettes chimiques. On emploie encore le phosphore blanc à la préparation de pâtes (mort aux rats) destinées à empoisonner les rongeurs.

Fabrication des allumettes.

195. Autrefois les allumettes étaient au phosphore blanc. — Décrire une allumette ordinaire. — L'extrémité était garnie de phosphore blanc, coloré en rouge ou en bleu. Les dangers d'empoisonnement, les incendies dus à l'inflammabilité des allumettes à phosphore blanc et surtout les accidents dont les ouvriers des fabriques étaient victimes, ont fait abandonner le phosphore blanc dans la fabrication des allumettes. Aujourd'hui, le phosphore blanc est remplacé par le sesquisulfure de phosphore. On y ajoute une substance capable de fournir de l'oxygène, généralement du chlorate de potassium. On colore avec de l'oxyde de fer. De la colle forte sert à produire l'adhérence. Ces allumettes s'enflamment par frottement sur toute substance rugueuse.

On fait aussi des allumettes à phosphore rouge, dites à phosphore *amorphe* (parce qu'on a cru longtemps que le phosphore rouge n'existait pas à l'état cristallisé). La pâte fixée au bout de l'allumette ne renferme pas de phosphore. C'est un mélange de chlorate de potassium et de sulfure d'antimoine, fixé avec de la gomme. Ces allumettes ne s'enflamment qu'au moyen d'un frottoir spécial. Sur ce frottoir est une pâte de phosphore rouge et de sulfure d'antimoine. Le frottement détache quelques parcelles de phosphore rouge. Ce corps s'enflamme au contact du chlorate de potassium qui fournit l'oxygène. La combustion se communique au sulfure d'antimoine, puis au soufre et au bois.

EXPÉRIENCE. On se rend compte de ce qui précède en passant sur le frottoir un gros cristal de chlorate de potassium qu'on tient à la main. Il se produit une déflagration.

196. *Allumettes diverses.* — On fabrique aussi diverses autres sortes d'allumettes, telles que les allumettes-bougies, les tisons. Dans ces allumettes il n'y a pas de soufre.

En France, l'État a le monopole de la fabrication et de la vente des allumettes. Aussi, pour éviter la fabrication clandestine des allumettes, on a soumis la vente du phosphore à des formalités qui rendent difficile l'acquisition de ce corps.

En 1906, la consommation a atteint le chiffre de 42 milliards d'allumettes, dont la vente a produit plus de 37 millions de bénéfices pour l'État. La fabrication des allumettes a utilisé 31 000 kilogrammes de sesquisulfure de phosphore et 42 000 kilogrammes de phosphore rouge.

RÉSUMÉ

1. L'acide phosphorique PO^4H^3 s'obtient en faisant agir l'acide sulfurique concentré sur le phosphate dicalcique. C'est un acide *tribasique* dont on connaît trois séries de sels avec la potasse, la soude ou la chaux.

Son principal usage est la fabrication du phosphore.

2. Le phosphore blanc se prépare en réduisant l'acide phosphorique par le charbon.

C'est un corps solide blanc jaunâtre, translucide, qui fond à 44° et bout à 290°. A 240°, sous l'action de la chaleur, il se transforme en phosphore rouge, appelé encore *phosphore amorphe*.

Le phosphore blanc est insoluble dans l'eau; il se dissout dans le sulfure de carbone.

Le phosphore s'oxyde à l'air en produisant une lueur verdâtre (phosphorescence); il s'enflamme à 60° et brûle en donnant de l'anhydride phosphorique (P^2O^5).

Le phosphore blanc est *toxique*, ainsi que ses vapeurs.

3. Le phosphore rouge ne fond pas, est insoluble dans le sulfure de carbone, n'est pas vénéneux, ne s'enflamme qu'à 260°. Ses propriétés chimiques sont identiques à celles du phosphore blanc. Il se combine au soufre pour donner le sesquisulfure de phosphore P^4S^3.

4. Le principal usage du phosphore consiste dans la fabrication des allumettes.

Les allumettes ordinaires sont de petites bûchettes de bois enduites de soufre à une extrémité. Tout au bout est placée la pâte inflammable. En France, cette pâte est formée de sesquisulfure de phosphore associé à du chlorate de potassium. Ces allumettes s'enflamment sur une surface rugueuse. Dans les allumettes à phosphore *amorphe* ou à phosphore rouge, la pâte inflammable est formée de chlorate de potassium et de sulfure d'antimoine; ces allumettes s'enflamment sur un frottoir spécial enduit d'une pâte formée surtout de phosphore rouge.

EXERCICES

I. Quel poids d'acide phosphorique (PO^4H^3) obtiendra-t-on en traitant 100 kilogrammes de phosphate précipité renfermant 80 pour 100 de phosphate dicalcique?

II. Comment obtient-on l'acide phosphorique? — Combien l'acide phosphorique donne-t-il de sels? — Formule des sels de sodium, de calcium. — Comment obtient-on le phosphore blanc? — Principales propriétés du phosphore blanc. — Comment obtient-on le phosphore rouge? — Qu'y a-t-il à l'extrémité des allumettes ordinaires? — à l'extrémité des allumettes à phosphore amorphe? — De quoi est formé le frottoir des allumettes ordinaires, des allumettes à phosphore amorphe?

27ᵉ LEÇON

CARBONE. — DIAMANT. — GRAPHITE

MATÉRIEL : Graphite. — Échantillons de divers charbons combustibles.

Carbone.

197. Définition. — Le diamant, la plombagine ou mine de plomb dont sont faits les crayons, le noir de fumée, la houille, le charbon de bois, voilà des corps bien différents d'aspect. Cependant ils ont une propriété commune : *Tous brûlent dans l'oxygène ou dans l'air, et le produit de leur combustion est du gaz carbonique.* Tous sont constitués par un même élément : le *carbone*, plus ou moins mélangé d'impuretés.

Ces corps peuvent être classés en plusieurs catégories :

1° Le diamant et le graphite sont du carbone à peu près pur ;

2° L'anthracite, la houille, le lignite, la tourbe, sont des charbons ou combustibles naturels, utilisés pour le chauffage industriel et pour le chauffage domestique ;

3° Le charbon de bois, le coke, le charbon des cornues, le noir animal, le noir de fumée, sont des charbons artificiels, utilisés comme combustibles ou employés à divers usages, que nous indiquerons à propos de chacun de ces corps.

Diamant.

198. État naturel. — Le diamant se rencontre dans l'Inde, au Brésil, dans la colonie du Cap ; il se présente sous forme de petits cristaux (*fig.* 86) disséminés dans les sables provenant de la désagrégation de certaines roches. On trie ces sables avec beaucoup de précaution et on retire les diamants. Les mines de la colonie du Cap sont actuellement les plus riches. La ville de Kimberley a été construite au centre d'un gisement (*fig.* 87) où les diamants sont si abondants qu'une propriété achetée 6 500 francs a rapporté en quelques années 200 millions.

Le diamant brut est souvent cristallisé. Les formes cristallines du diamant dérivent du cube ; les arêtes sont généralement arrondies. Rarement la forme cristalline est régulière.

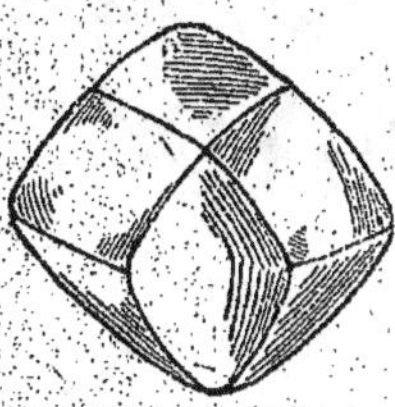

Fig. 86. — Une des formes cristallines sous lesquelles on rencontre parfois le diamant.

199. Propriétés. — *Le diamant est le plus dur de tous les corps;* il les raye tous sans être rayé par aucun. Il ne peut être usé que par sa propre poussière. — Sa densité est voisine de 3,5. — Il est *très réfringent,* c'est-à-dire qu'il dévie plus que tout autre corps la direction d'un rayon lumineux qui le traverse (Voir *Physique : Réfraction*). Lorsqu'il est taillé, la lumière subit sur ses faces des phénomènes de réflexion

Fig. 87. — Une mine de diamants à Kimberley (Afrique du Sud).

totale qui donnent lieu aux *feux* du diamant. A ce titre, c'est la plus
belle de toutes les pierres précieuses.

Chauffé dans l'oxygène, il donne du gaz carbonique et ne laisse
qu'un résidu de cendres insignifiant.

200. Taille. — Les plus beaux échantillons du diamant sont réservés
pour la joaillerie. On leur fait subir la taille qui a pour but de déterminer un grand nombre de facettes et de donner au diamant tout
son éclat.

On dégrossit d'abord les échantillons à tailler en utilisant la propriété que possèdent les cristaux de se briser facilement dans certaines
directions (clivage). On produit les faces définitives en usant le diamant sur une meule tournant rapidement et enduite de poudre de
diamant (égrisée) délayée dans l'huile.

Les diamants peu épais sont taillés en *rose* (fig. 88). La base plate
est fixée dans la monture, la face supérieure porte 12 ou 24 facettes.

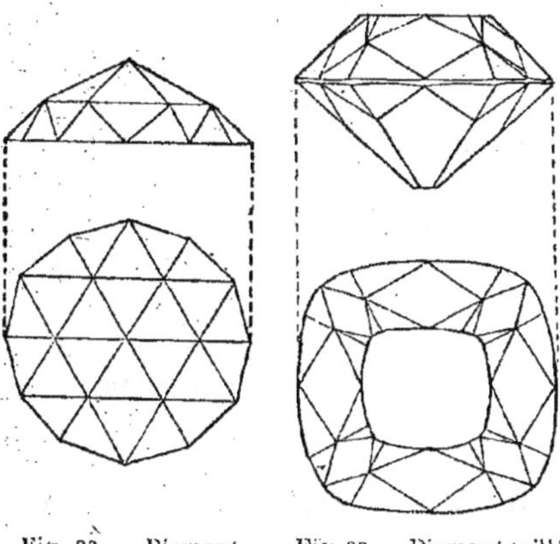

Fig. 88. — Diamant
taillé en rose.

Fig. 89. — Diamant taillé
en brillant.
(Profil et plan).

Les diamants plus estimés
sont taillés en *brillant*. La
base est une pyramide portant un grand nombre de
facettes. La partie supé-
rieure comprend la *table*
plate, entourée d'une cou-
ronne de facettes (*fig*. 89).

Les dimensions des dia-
mants sont très variables.
L'unité de poids adoptée
dans le commerce de ces
pierres précieuses est le *ca-
rat*, qui vaut 0 gr. 200. La
valeur d'un diamant varie
suivant la qualité, la pureté
et la taille.

L'un des plus beaux dia-
mants connus est le *Régent*
(*fig*. 89) acheté par le Ré-
gent de France pendant la minorité de Louis XV. Ce diamant est origi-
naire de l'Inde. Brut, il pesait 410 carats et fut payé 3 375 000 francs.
La taille dura deux années et coûta 125 000 francs. Taillé il pèse
136 carats, et aujourd'hui il est estimé 12 millions.

Le plus gros diamant connu a été trouvé le 20 janvier 1905 à la mine
Premier, près Pretoria (colonie du Cap). C'est le « Cullinan »; il pèse
brut 3 032 carats, soit plus de 600 grammes.

201. Nature du diamant. Diamant artificiel. — La combustion dans l'oxygène
montre que le diamant est constitué par du carbone pur et cristallisé. Moissan
est parvenu à le reproduire en 1893. A la haute température du four électrique
(Voir *Physique*), 3 500° environ, la fonte de fer en fusion dissout une assez

grande quantité de carbone. On jette dans l'eau la masse de fonte. La partie extérieure se solidifie brusquement et forme une croûte résistante. Comme la fonte augmente de volume en se solidifiant, la masse intérieure, lors de sa solidification, se trouvant enfermée dans une enveloppe très résistante, est soumise à une pression énorme. Dans ces conditions, le carbone, dissous par la fonte, se transforme en diamant.

Jusqu'ici les diamants obtenus par Moissan sont trop petits pour avoir une valeur commerciale. Ils n'ont rien de commun avec les « diamants artificiels » du commerce. Ceux-ci sont des substances analogues au cristal, très réfringentes, et qui ont subi une taille semblable à celle du diamant.

202. *Usages.* — Les diamants bien transparents sont employés dans la joaillerie, mais beaucoup d'échantillons sont trop petits pour être taillés. D'autres sont colorés, certains sont noirs (carbonados). On les pulvérise pour le polissage des autres; on en garnit aussi l'extrémité de fleurets qui creusent des trous de mine dans les roches (percement des tunnels).

Graphite ou plombagine.

203. *État naturel. Propriétés.* — Le *graphite*, appelé encore *plombagine* ou *mine de plomb*, se rencontre en masses assez abondantes dans certains terrains primitifs. Les mines les plus importantes sont en Sibérie, aux environs d'Irkoutsk.

Le graphite est un corps grisâtre, laissant une trace sur le papier, bon conducteur de l'électricité. Chauffé, il brûle dans l'oxygène en donnant du gaz carbonique.

204. *Usages.* — Le graphite sert à faire les crayons. Mélangé avec de l'argile, il constitue la mine des crayons Conté. On en fait des creusets infusibles qui résistent aux plus hautes températures.

Dans l'opération appelée *galvanoplastie*, on enduit de graphite les moules non conducteurs dont on veut reproduire les détails; on rend ainsi ces moules conducteurs. — On noircit avec du graphite les objets en tôle, en fonte, tels que poêles, tuyaux de cheminée, etc., pour les préserver de l'oxydation.

Avant d'avoir des crayons en graphite, on se servait de crayons en plomb, car le plomb laisse une tache grise sur le papier. Le nom est resté et le graphite a été appelé improprement *mine de plomb,* bien que ne renfermant pas de plomb.

RÉSUMÉ

1. Le *carbone* est un corps simple qui brûle dans l'air et dans l'oxygène en donnant du gaz carbonique. Le diamant, le graphite sont du carbone à peu près pur. Les charbons naturels ou artificiels sont formés de carbone plus ou moins mélangé d'impuretés.

2. Le *diamant* est la plus belle et la plus estimée des pierres précieuses. C'est du *carbone pur et cristallisé.* On en trouve au

Brésil, dans l'Inde, dans la colonie du Cap. C'est le plus dur de tous les corps connus. On l'utilise pour couper le verre; on en garnit l'extrémité de fleurets qui servent à creuser des trous de mine. Les plus beaux échantillons sont taillés et employés en joaillerie.

3. Le *graphite* se rencontre surtout en Sibérie. C'est du carbone presque pur. On l'emploie à la fabrication des crayons. Comme il est infusible, on en fait des creusets qui résistent aux plus hautes températures. — Il est bon conducteur de l'électricité : aussi en recouvre-t-on les moules employés en galvanoplastie. — Appliqué à la surface des objets en fonte, en tôle de fer, il préserve ces objets de l'oxydation.

EXERCICES

Quelle est la propriété qui permet de reconnaître la présence du carbone dans un composé? — Citez des corps qui renferment du carbone. — Qu'est-ce que le diamant? — Où trouve-t-on ce corps? — Que signifie cette expression : Le diamant est le plus dur de tous les corps? — Quels sont les usages du diamant? — Qu'est-ce que le graphite? — A quels usages est employé le graphite?

28e LEÇON

COMBUSTIBLES NATURELS

Matériel : Houille grasse et houille maigre. Si possible, échantillon de houille avec empreinte de plantes. — Lignite. — Anthracite. — Tourbe. — Carte de France ou d'Europe indiquant les centres houillers.

Houille.

205. Origine. — On donne le nom de *houille* à des charbons naturels qu'on trouve en lits plus ou moins épais dans certains terrains appartenant à la série primaire. L'ensemble de ces terrains constitue l'*étage carbonifère.*

La question de la formation de la houille a été très discutée. L'étude minutieuse des dépôts a amené à considérer ce combustible comme une alluvion végétale.

A l'époque où la houille s'est formée, les terrains émergés (Ardennes, Vosges, Plateau central) étaient couverts d'une riche végétation dont les forêts tropicales peuvent aujourd'hui nous donner une idée. Cette végétation était constituée par des fougères gigantesques de 30 à 40 mètres de hauteur, par des plantes voisines des fougères et comparables à nos prêles actuelles, mais de dimensions colossales. Les précipitations atmosphériques étaient beaucoup plus puissantes qu'aujourd'hui : elles entraînaient périodiquement dans les lacs, les estuaires des cours d'eau, dans les dépressions du sol, des masses considérables de débris arrachés aux forêts. Ces débris flottaient pendant un certain temps, puis se déposaient au fond des eaux. A chaque inondation nouvelle la couche s'épaississait. Des organismes microscopiques, analogues à ceux qui produisent aujourd'hui la putréfaction, semblent avoir joué un grand rôle dans la transformation en houille de ces débris végétaux.

La France est mal partagée en bassins houillers. Le plus important est celui du Nord, qui s'est constitué sur le pourtour du massif émergé des Ardennes. Il se prolonge en Belgique (bassin franco-belge) et en Allemagne (bassin de la Ruhr). Un certain nombre de gisements houillers se rencontrent sur le pourtour du Massif central : bassin de Blanzy (Saône-et-Loire), de Saint-Étienne (Loire), de Decazeville (Aveyron).

L'Angleterre, l'Allemagne sont plus favorisées que la France. Enfin, ce sont les États-Unis de l'Amérique du Nord qui possèdent les mines de houille les plus importantes du monde.

206. Propriétés. — Les houilles se présentent en masses noires, brillantes, à structure feuilletée. Souvent on trouve des empreintes de feuilles qui attestent leur origine végétale; elle renferment de 75 à 90 pour 100 de carbone.

Quand on les chauffe en vase clos, elles laissent dégager des produits gazeux, riches en carbone et en hydrogène, éminemment combustibles, et dont le mélange constitue le gaz d'éclairage; il se forme aussi des produits liquides, noirs, de consistance sirupeuse, appelés *goudrons;* on recueille des eaux chargées de produits ammoniacaux et qui sont aujourd'hui une des sources les plus importantes d'ammoniaque. Enfin, il reste un résidu appelé *coke.* La distillation de la houille s'effectue dans des *cornues* en terre réfractaire. Sur les parois de ces cornues se dépose un charbon dur, bon conducteur de l'électricité : c'est le *charbon des cornues.*

Les produits gazeux combustibles se forment spontanément dans les mines où l'on extrait la houille. Mélangés à l'air, ils constituent un mélange explosif, dont l'inflammation peut causer d'épouvantables catastrophes. Ce gaz qui se dégage des mines de houille s'appelle le *grisou.* C'est au grisou qu'on attribue la catastrophe de Courrières (Pas-de-Calais) qui fit plus d'un millier de victimes (10 mai 1906).

207. Classification. — 1° **Houilles grasses.** Ce sont celles qui sont utilisées par les forgerons. Elles brûlent avec une longue flamme, et s'agglutinent sur le foyer. A la distillation, elles donnent beaucoup de produits gazeux; aussi sont-elles préférées pour la fabrication du gaz d'éclairage ;

2° **Houilles maigres.** Elles donnent une flamme courte en brûlant et ne s'agglutinent pas, les morceaux restent séparés. Celles qui brûlent avec le plus de flamme servent au chauffage des chaudières à vapeur, des fours industriels; les autres, à flamme très courte, servent à la cuisson des briques, des tuiles, des pierres à chaux;

3° Agglomérés. — Les poussières de houille ne peuvent être brûlées telles quelles : elles traverseraient les grilles, ou s'étaleraient en couche interceptant l'arrivée de l'air. On les agglutine avec du goudron, ou même du *brai*, résidu de la distillation des goudrons, puis on leur donne à la presse hydraulique des formes variables, briquettes, boulets, etc.

Anthracite.

208. *État naturel et propriétés*. — L'*anthracite* est un charbon plus pur que la houille ; il ne renferme que 8 à 10 pour 100 d'impuretés. Il est plus ancien que la houille et a d'ailleurs la même origine. On en trouve d'importants gisements aux États-Unis. C'est un bon combustible, qu'on utilise surtout dans les poêles à combustion lente.

Lignites.

209. *Propriétés des lignites*. — Ce sont des charbons moins purs que la houille et d'origine plus récente. Ils sont noirs ou bruns et brûlent avec une épaisse fumée d'odeur désagréable.

Certaines variétés, d'un beau noir brillant, sont assez dures pour pouvoir être travaillées. Elles constituent le *jais* ou *jayet* qui sert à faire des ornements de deuil.

Tourbe.

210. *Origine et propriétés*. — Dans les contrées marécageuses, certaines mousses prennent un grand développement (sphaignes). Ces mousses, en se décomposant, donnent naissance à un combustible de mauvaise qualité, qui est la *tourbe*. La tourbe brûle avec une fumée âcre, d'odeur désagréable. En France, la région la plus riche en tourbières est la vallée de la Somme.

Séchée et pulvérisée, la tourbe a un grand pouvoir absorbant ; aussi est-elle utilisée comme litière. — En associant des fibres de tourbe à la laine ordinaire, on fabrique des tissus hygiéniques (ouate de tourbe) qui remplacent avantageusement la flanelle.

En Allemagne, en Suède, en Norvège, où la tourbe est très abondante, on la comprime à la presse hydraulique lorsqu'elle a subi un commencement de dessiccation. On a des briquettes de tourbe, combustible peu coûteux. On la distille également en vase clos, et on obtient le coke de tourbe, qui ressemble au charbon de bois.

RÉSUMÉ

1. La *houille* ou « charbon de terre » est un combustible qu'on trouve dans certains terrains de l'époque primaire. Elle a pour origine la décomposition de débris végétaux qui ont été transportés par les cours d'eau dans les lacs, les estuaires des fleuves, les dépressions du sol.

La houille renferme de 75 à 90 pour 100 de carbone; celle qui brûle avec une longue flamme et en s'agglutinant est la houille grasse, utilisée pour la forge et la fabrication du gaz d'éclairage. Les houilles qui brûlent avec une flamme courte et sans s'agglutiner sont les houilles maigres.

Distillée en vase clos, la houille donne des produits volatils : gaz d'éclairage; des résidus liquides : goudrons, eaux ammoniacales; des résidus solides : coke, charbon des cornues.

2. L'*anthracite* est un charbon plus ancien que la houille; il est plus riche en carbone. C'est un bon combustible, employé surtout dans les poêles à combustion lente.

3. Le *lignite* est d'origine plus récente que la houille. C'est un charbon impur, qui brûle avec une fumée désagréable. Certaines variétés constituent le *jais*.

4. La *tourbe* se forme encore de nos jours dans les contrées marécageuses, par suite de la décomposition de certaines mousses. C'est un mauvais combustible. On l'utilise comme litière pour remplacer la paille. On en prépare certains tissus hygiéniques. Comprimée, elle constitue des briquettes, combustible peu coûteux.

EXERCICES

Quelle est l'origine de la houille? — Quelles sont les diverses variétés de houilles industrielles? — Quels sont les produits de la distillation des houilles en vases clos? — Qu'est-ce que l'anthracite? — Qu'est-ce que le lignite, la tourbe?

29ᵉ LEÇON

CHARBONS ARTIFICIELS

Matériel : Charbon de bois. — Coke, charbon des cornues. — Noir de fumée, noir animal. — Appareil représenté par la figure 91. — Dans le verre de lampe, on met une colonne de charbon concassé, et à la partie supérieure du charbon pulvérisé. — On fait un appareil à dégagement d'hydrogène sulfuré analogue à celui de la figure 92. — Dans le tube à essais, on met du sulfure de fer et de l'acide sulfurique ou chlorhydrique étendu; le tube à dégagement barbote dans l'eau. — Essence de térébenthine ou benzine, ou pétrole. — Os calcinés dans un creuset en terre muni de son couvercle ou dans une casserole en fer battu *sans soudure*. — Teinture de tournesol ou vin rouge. — Filtre en papier et entonnoir.

Charbon de bois.

211. *Préparation.* — 1° **Procédé des meules.** La distillation du bois laisse un résidu de charbon. Quand on veut traiter le bois dans la forêt même, on emploie le procédé des meules. Le bois, débité en rondins, est empilé par couchés autour d'une cheminée disposée au centre (*fig.* 90). La meule est recouverte de terre battue. On jette des broussailles dans la cheminée et on les enflamme. Quand la fumée qui se dégage est devenue transparente, on ferme la cheminée et on pratique des ouvertures plus bas. Lorsque la fumée qui s'échappe par ces ouvertures est claire, on les ferme à leur tour et on en ouvre d'autres. On procède ainsi jusqu'en bas. Finalement on bouche toutes les ouvertures et on laisse refroidir.

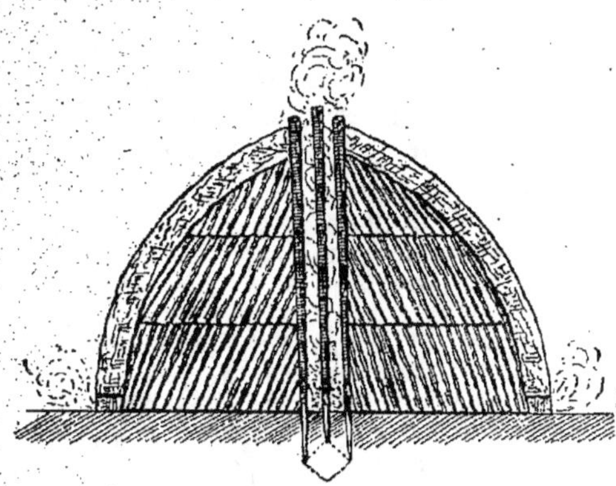

Fig. 90. — Meule de bois pour la préparation du charbon (coupe).

Ce procédé donne du charbon qui n'a pas les mêmes qualités dans toutes les parties de la meule, car la température n'y était pas uniforme. De plus, les produits gazeux provenant de la distillation du bois sont perdus.

2° **Distillation dans les cylindres.** Les rondins sont placés dans des cylindres en tôle chauffés par un foyer. Les produits gazeux passent dans un serpentin refroidi par un courant d'eau. On obtient un charbon plus homogène que dans le procédé des meules. Parmi les produits volatils, les uns ne se condensent pas : ce sont des gaz combustibles qu'on ramène sous le foyer. Les produits qui se condensent renferment l'alcool à brûler, ou esprit de bois, l'acide acétique, qui existe dans le vinaigre, etc.

212. Propriétés. — Le charbon de bois est noir, fragile, sonore. Sa densité varie suivant la température à laquelle il a été porté et aussi suivant le bois qui a servi à le préparer.

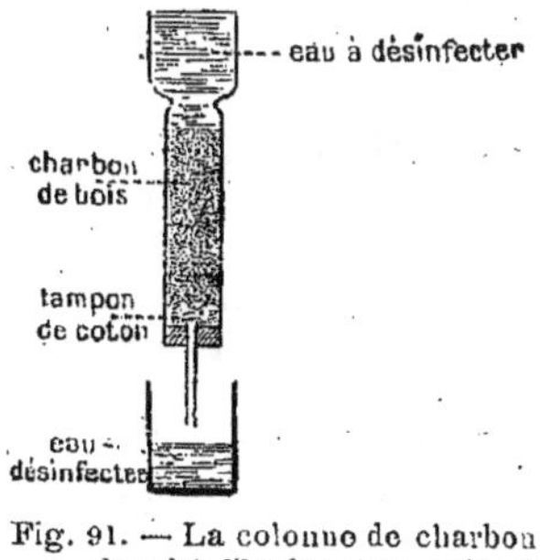

EXPÉRIENCES. I. Dans l'appareil représenté par la figure 91, verser sur une colonne de charbon concassé de l'eau dans laquelle on a fait barboter pendant quelques minutes un courant d'hydrogène sulfuré. Cette eau a une odeur

Fig. 91. — La colonne de charbon a absorbé l'hydrogène sulfuré dissous dans l'eau.

d'œufs pourris. Elle donne, avec une solution d'acétate de plomb, un précipité noir. L'eau qui a traversé la colonne de charbon est inodore, elle ne donne plus de précipité avec l'acétate de plomb.

Ainsi, la colonne de charbon a absorbé le gaz dissous dans l'eau, gaz qui la rendait infecte.

Cette propriété que possède le charbon d'absorber les gaz explique l'emploi de ce corps pour *filtrer* les eaux d'alimentation. On constitue des filtres en plaçant une épaisse couche de charbon entre deux couches de sable.

II. Nous avons vu brûler le charbon dans l'oxygène avec grand dégagement de chaleur. Le charbon est un des corps qui ont le plus d'affinité pour l'oxygène. Aussi *réduit-*il les composés qui renferment de l'oxygène. Ainsi, la vapeur d'eau passant sur du charbon au rouge est décomposée; il se forme des gaz combustibles qu'on utilise dans les *gazogènes.* Du gaz carbonique à la place de vapeur d'eau perdrait moitié de son oxygène qui s'unirait au charbon pour donner de l'*oxyde de carbone.*

Lorsque le charbon brûle et que la quantité d'air est insuffisante, le produit de la combustion, au lieu d'être du gaz carbonique, est de l'oxyde de carbone, qui contient pour le même poids de carbone deux fois moins d'oxygène que le gaz carbonique.

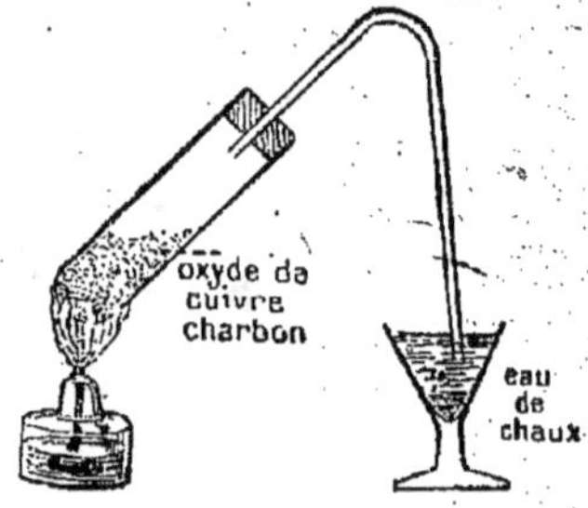

Fig. 92. — Réduction de l'oxyde
de cuivre par le charbon.

Ces propriétés réductrices du carbone sont très importantes. Ainsi, en chauffant de l'oxyde de cuivre mélangé à du charbon pulvérisé dans l'appareil (*fig.* 92), le charbon enlève l'oxygène et donne du gaz carbonique ; il reste du cuivre métallique.

Dans l'industrie, lorsque les minerais des métaux sont des oxydes, on obtient le métal en réduisant ces minerais par le charbon. (Voir *Métallurgie du fer, du zinc, de l'étain.*)

Coke.

213. Préparation et propriétés. — Le *coke* est le résidu solide que l'on trouve dans les cornues où l'on a distillé la houille pour la préparation du gaz d'éclairage. C'est un charbon grisâtre, poreux, sonore. Il brûle presque sans flamme et sans odeur. On l'utilise pour le chauffage domestique.

Il possède les mêmes propriétés réductrices que le charbon de bois. Dans l'industrie, on emploie du coke préparé spécialement et qui est plus compact que le coke de gaz.

Le coke remplace le charbon de bois pour la réduction des minerais oxydés.

En faisant brûler le coke en présence d'une quantité d'air insuffisante, ou bien encore en faisant passer de la vapeur d'eau à travers une colonne de coke incandescent, on obtient un mélange de gaz combustibles. C'est ce mélange que l'industrie produit dans les *gazogènes (fig.* 100).

Charbon des cornues.

214. *Préparation et propriétés.* — Sur les parois des cornues où l'on a fabriqué le gaz d'éclairage, on trouve un dépôt plus ou moins épais de charbon très dur, bon conducteur de l'électricité. C'est le *charbon des cornues*, utilisé en électricité.

Noir de fumée.

215. *Préparation et propriétés.* — Expérience. Brûler de l'essence de térébenthine, ou de la benzine, ou simplement du pétrole dans une large soucoupe. Il se forme une fumée épaisse. Couper cette fumée par une assiette froide : l'assiette se couvre d'un dépôt noir pulvérulent. Ce dépôt est du *noir de fumée.*

Dans l'industrie, on obtient le noir de fumée en brûlant des goudrons, des résines, des huiles. Le noir va se déposer dans de grandes chambres. On le purifie par calcination.

Le noir de fumée sert à faire les encres d'imprimerie, l'encre de Chine; il est utilisé pour la peinture en noir dans les travaux du bâtiment.

Noir animal.

216. *Préparation et propriétés.* — Expériences. I. Calciner des os bien dégraissés dans une casserole en fer battu munie de son couvercle. On obtient une matière noire qui a la forme de l'os et qui est constituée par la matière minérale de l'os, imprégnée de charbon à l'état de très fine division. L'os renferme en effet une matière minérale et une matière organique; la calcination a décomposé la matière organique et a donné naissance à du charbon très divisé qui s'est fixé dans les pores de la matière minérale. On a ainsi du *noir d'os* ou *noir animal.*

II. Mélanger avec du noir animal pulvérisé du vin rouge ou de la teinture de tournesol. Jeter sur un filtre. Le liquide passe incolore.

Ainsi, *le noir animal est un décolorant.* On l'emploie pour décolorer les substances organiques liquides, en particulier les jus sucrés. Le noir ayant servi plusieurs fois a perdu ses propriétés. Il les reprend en partie par un lavage à l'acide chlorhydrique très étendu suivi d'une calcination. On dit qu'on le *revivifie.*

Après un nombre variable de revivifications, le noir animal devient impropre à la décoloration. On l'utilise alors comme *engrais phosphaté.*

RÉSUMÉ

1. Le *charbon de bois* est obtenu par la distillation du bois. Autrefois cette distillation s'effectuait par le procédé des meules; aujourd'hui elle se fait en vase clos. Par ce dernier procédé, on retire en outre de l'alcool à brûler, de l'acide acétique, etc.

2. Le charbon de bois *absorbe les gaz;* cette propriété le fait

employer pour filtrer l'eau des mares. C'est un *réducteur*. Il décompose l'eau en lui enlevant son oxygène et il donne des gaz combustibles employés dans l'industrie. Pour obtenir certains métaux : fer, zinc, étain, on réduit par le charbon les minerais oxydés de ces métaux.

3. Le *coke* est le résidu solide de la fabrication du gaz d'éclairage. Il est utilisé pour le chauffage domestique. Dans l'industrie, on l'emploie comme réducteur et pour la préparation des gaz combustibles dans les gazogènes.

4. Le *charbon des cornues* se dépose sur les parois des cornues à gaz. On l'utilise en électricité.

5. Le *noir de fumée* est obtenu en condensant dans de grandes chambres la fumée des résines, des goudrons. On l'emploie pour la fabrication des encres d'imprimerie, de l'encre de Chine, pour la peinture en noir.

6. Le *noir animal* provient de la calcination des os en vase clos. C'est un *décolorant*. Il sert à la décoloration d'un grand nombre de liquides organiques, et en particulier des sirops de sucre. — Quand il a perdu ses propriétés décolorantes, on l'utilise comme *engrais phosphaté*.

EXERCICES

I. Le forgeron jette de l'eau en pluie sur le feu de sa forge pour l'aviver; les pompiers jettent de l'eau sur le feu d'un incendie pour l'éteindre : donner la raison de cette différence d'action.

II. Comment s'obtient le charbon de bois? — Quel est l'avantage du procédé par distillation sur le procédé des meules? — Montrez que le charbon est un réducteur et justifiez l'action du charbon au rouge sur l'eau, les oxydes de fer, de zinc, d'étain, de plomb. — D'où provient le coke? Quels sont les usages de ce corps? — Qu'est-ce que le charbon des cornues, le noir de fumée, le noir animal? — Utilisation de ces corps?

30ᵉ LEÇON

GAZ CARBONIQUE

MATÉRIEL : Appareil à production du gaz carbonique représenté par la figure 93. — Craie, acide chlorhydrique étendu de 4 fois son volume d'eau. — Eau de chaux. — Remplir de gaz carbonique 3 ou 4 bocaux de 250 grammes, ou des flacons à large goulot. Les boucher; il suffit de les recouvrir d'un large bouchon de liège ou d'une soucoupe. — Bougie.

État naturel et préparation.

217. Circonstances de production. — 1° Quand un corps renfermant du carbone brûle dans l'oxygène ou dans l'air, parmi les produits de sa combustion figure un gaz qui trouble l'eau de chaux : c'est le *gaz carbonique*. 1 kilogramme de charbon en brûlant produit environ 1 800 litres de ce gaz. — Le gaz carbonique se produit aussi par la respiration des êtres vivants; un homme en rejette environ 500 litres en une journée;

2° Dans certaines régions volcaniques, ce gaz se dégage spontanément du sol. On appelle *mofettes* ces dégagements de gaz carbonique. Des émanations de ce gaz se rencontrent à Java (Vallée de la Mort), en Italie (Grotte du Chien, à Pouzzoles), en Auvergne, à Royat, près de Clermont-Ferrand. D'ailleurs, l'abondance des sources minérales gazeuses en Auvergne est un indice de la présence du gaz carbonique dans les fissures du sol.

On a pu capter le gaz carbonique qui s'échappe des fissures du sol. Ce gaz, après purification, est liquéfié. Les usines allemandes produisent annuellement 27 millions de kilogrammes d'anhydride carbonique liquéfié ayant l'origine précédente. En France, une usine est installée dans le Puy-de-Dôme, à Aigueperse, entre Clermont-Ferrand et Riom, pour recueillir et liquéfier le gaz qui s'échappe des fissures du sol;

3° Les matières organiques renferment toutes du carbone. Lorsqu'elles subissent la putréfaction, le carbone est transformé en gaz carbonique. Certains phénomènes appelés *fermentations* produisent aussi des quantités considérables de ce gaz. En particulier, la fermentation alcoolique a pour résultat de dédoubler un sucre appelé *glucose* en poids sensiblement égaux de gaz carbonique et d'alcool. Cette transformation s'effectue sous l'influence d'un organisme appelé « levure de bière »;

4° Le gaz carbonique est un constituant du calcaire ou carbonate de calcium et de tous les composés qu'on désigne en chimie sous le nom de « carbonates ». La calcination du calcaire pour la fabrication de la chaux donne lieu à un abondant dégagement de gaz carbonique (Voir 1ʳᵉ *Leçon*);

5° L'action des acides sur le calcaire ou sur les carbonates donne lieu à un dégagement de gaz carbonique.

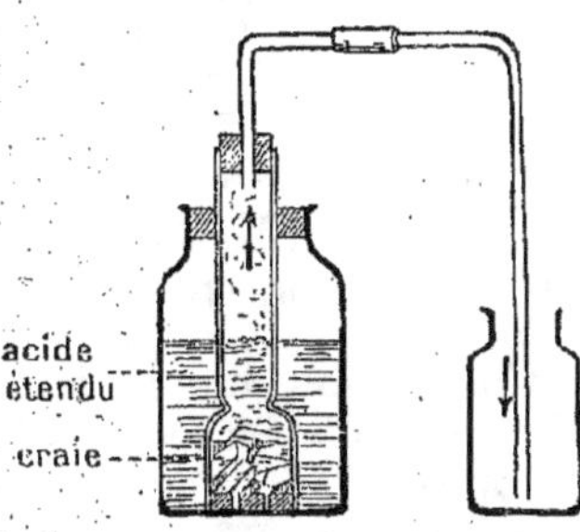

Fig. 93. — Appareil simple pour la préparation du gaz carbonique.

218. Préparation. — 1° **Dans les laboratoires.** On utilise généralement l'action d'un acide sur le calcaire, marbre ou craie. — On peut recueillir le gaz par déplacement d'eau, dans un appareil semblable à celui que nous avons utilisé pour l'hydrogène, ou par déplacement d'air, dans l'appareil plus simple que représente la figure 93.

L'équation suivante rend compte de la réaction :

$$CO^3Ca \ + \ 2ClH \ = \ CaCl^2 \ + \ CO^2 \ + \ H^2O.$$

Carbonate   Acide   Chlorure   Anhydride   Eau.
de calcium.   chlorhydrique.   de calcium.   carbonique.

On aurait pu employer l'acide sulfurique étendu et le calcaire.
(Nous laissons aux élèves le soin d'expliquer la réaction dans
ce cas.)

2° Dans l'industrie. On peut utiliser la préparation précédente ;
mais il est plus pratique de recueillir les gaz provenant des fours à
chaux, des fermentations, des combustions. Comme le gaz carbonique
dans ce cas est mélangé d'impuretés, on le purifie, on le liquéfie, et
c'est à l'état liquide qu'on le livre à la consommation.

Propriétés physiques.

219. *Densité.* — Expérience. Remplir une éprouvette de gaz carbonique, la verser dans une éprouvette inférieure ; constater avec l'eau
de chaux que cette dernière renferme du gaz carbonique. — On peut
donner une forme encore plus suggestive
à cette expérience. On place une bougie
allumée dans une éprouvette ou un verre
(*fig.* 94). On verse dans le vase un flacon
rempli de gaz carbonique. La bougie
s'éteint.

Ainsi, le gaz carbonique se verse comme
de l'eau, d'un vase dans un autre. C'est là
une preuve qu'il a une densité supérieure
à celle de l'air. Sa densité par rapport à
l'air est 1,5 environ.

220. *Solubilité.* — Expérience. Remplir
un tube à essais de gaz carbonique. Verser
de l'eau dans le tube jusqu'au tiers environ. Agiter, en fermant avec le doigt l'orifice du tube. Celui-ci reste adhérent au

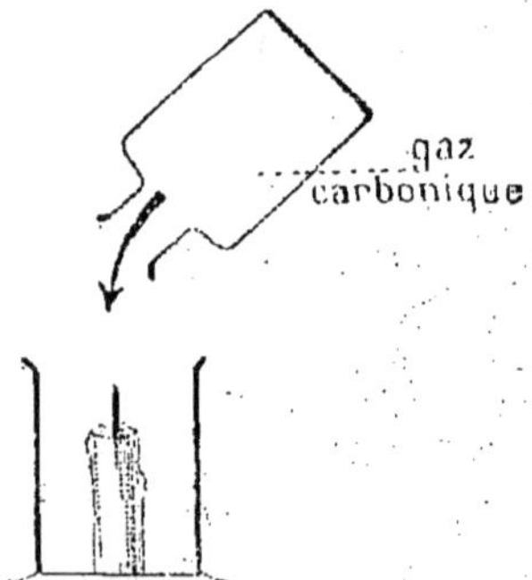

Fig. 94. — Le gaz carbonique,
plus dense que l'air, passe dans
le vase inférieur et éteint la
bougie.

doigt. C'est que le gaz carbonique s'est dissous dans l'eau, et il s'est
produit dans le tube un vide partiel. En plongeant dans l'eau l'orifice du tube et en enlevant le doigt, on voit l'eau monter dans le tube.
Le gaz carbonique est donc soluble dans l'eau. A la température ordinaire, 1 litre d'eau dissout 1 litre de ce gaz.

Quand le gaz au contact de l'eau est pris sous une pression de
3 atmosphères par exemple, 1 litre d'eau dissout toujours 1 litre de
gaz, mais 1 litre de gaz à 3 atmosphères représente 3 litres sous la
pression atmosphérique. Le poids de gaz dissous sera donc 3 fois plus
considérable que si le gaz est à la pression de 1 atmosphère. Si la pression à la surface du liquide vient à diminuer, le gaz carbonique dis-

sous en excès se dégage. C'est ce qui arrive lorsqu'on débouche une bouteille d'eau de Seltz, de limonade, de champagne.

221. Liquéfaction. — Jusqu'à une température de 31°, il est possible d'obtenir le gaz carbonique à l'état liquide en le comprimant suffisamment. Au-dessus de cette température, la liquéfaction est impossible : 31° est la *température critique* ou le *point critique* du gaz carbonique. A la température de 15°, il faut exercer sur le gaz une pression de 42 kilogrammes par centimètre carré pour amener sa liquéfaction.

Le gaz liquéfié se conserve dans des tubes en acier étiré, fermés par un robinet conique joignant exactement (*fig.* 97). Si on laisse écouler

Fig. 95. — Bouteille avec sparklet.

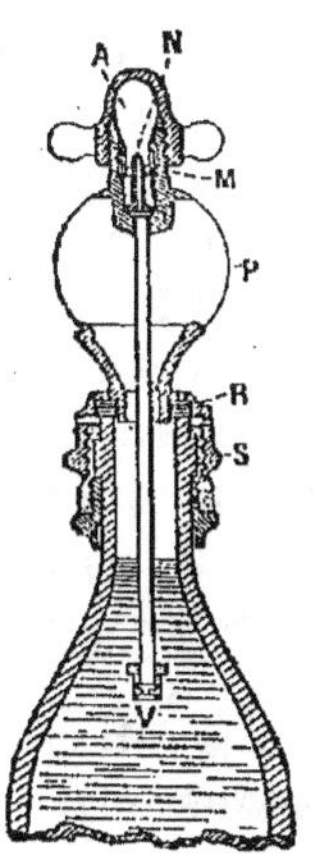

Fig. 96. — Coupe de la bouteille précédente. — A, sparklet ; V, N, tube creux ; M, bouchon à vis ; R, S, pas de vis.

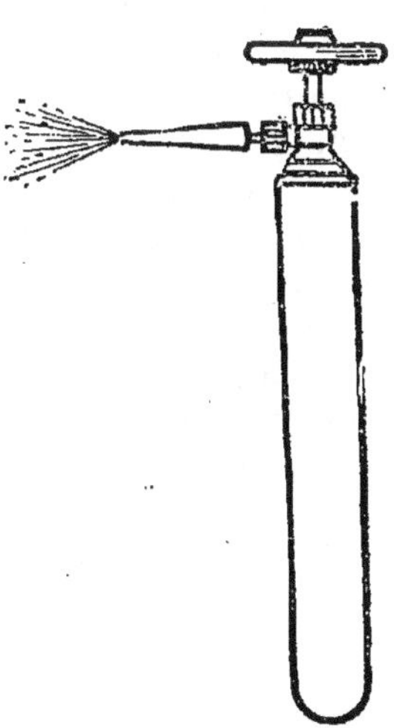

Fig. 97. — Récipient en acier étiré pour transporter le gaz carbonique liquéfié.

le liquide dans un sac en toile, une partie se vaporise en refroidissant la masse. Celle-ci passe bientôt à l'état solide, et forme une sorte de neige (neige carbonique) dont l'évaporation abaisse la température à — 79°.

Le gaz carbonique liquéfié sert à la fabrication de la glace artificielle ; plus de cent appareils frigorifiques fonctionnent en France au moyen de ce gaz. La consommation annuelle dans notre pays dépasse 6 000 tonnes. L'industrie fournit ce liquide au prix de 1 franc le kilo, représentant 500 litres de gaz sous pression ordinaire.

Pour fabriquer soi-même des boissons gazeuses, on a actuellement de petites ampoules en acier renfermant du gaz carbonique liquéfié (sparklets). On les met dans un appareil où se trouve le liquide et on brise l'enveloppe. L'anhydride carbonique se vaporise et donne du gaz sous pression qui se dissout dans l'eau (*fig.* 95 et 96).

RÉSUMÉ

1. Le gaz carbonique se produit par la combustion de tous les corps renfermant du carbone, ainsi que par la respiration de tous les êtres vivants.

Il se dégage spontanément du sol dans les régions volcaniques; il existe dans les gaz qui s'échappent des fours à chaux. La décomposition des matières organiques et la fermentation alcoolique du glucose en produisent des quantités importantes.

2. On le prépare dans les laboratoires en faisant agir un acide sur le calcaire. Dans l'industrie, on utilise les gaz des fours à chaux, les produits des combustions ou des fermentations. Le gaz purifié est livré à la consommation à l'état liquide.

3. Le gaz carbonique est plus lourd que l'air, sa densité est de 1,5; il est soluble dans l'eau. En le dissolvant sous pression, on accumule dans le liquide du gaz qui se dégage quand la pression vient à cesser (eaux gazeuses, champagne).

A la température ordinaire, le gaz carbonique peut être liquéfié par une compression suffisante. Il peut aussi être solidifié (neige carbonique).

Le gaz liquéfié sert à la production de la glace artificielle, ou à la fabrication des boissons gazeuses.

EXERCICES

I. La densité du gaz carbonique par rapport à l'air est de 1,5. Trouver le poids du litre à 0° et sous la pression de 760 milimètres. — Trouver aussi la densité de ce gaz par rapport à l'hydrogène. (On prendra 1 gr. 3 pour le poids du litre d'air.)

II. Pendant la fermentation alcoolique, pour 92 grammes d'alcool, il se forme 88 grammes de gaz carbonique. Quel volume de gaz pourra-t-on recueillir dans une brasserie qui produit annuellement 100 000 hectolitres de bière renfermant 5 pour 100 d'alcool? — Quelle sera la valeur de ce gaz liquéfié? — Densité de l'alcool : 0,9.

III. 100 grammes de calcaire donnent 44 grammes de gaz carbonique et 56 grammes de chaux. Quel poids de gaz carbonique pourra-t-on recueillir par jour d'un four à chaux continu dont la production journalière est de 10 tonnes?

IV. Dans quelles circonstances y a-t-il production de gaz carbonique? — Comment prépare-t-on le gaz carbonique dans les laboratoires, dans l'industrie? — Le gaz carbonique est-il soluble dans l'eau? — Exemples. Est-il liquéfiable? — Utilisation du gaz carbonique liquéfié. — Qu'est-ce que les sparklets? — Comment prépare-t-on les boissons gazeuses?

31ᵉ LEÇON

GAZ CARBONIQUE (*suite*)

MATÉRIEL : Appareil à préparer le gaz carbonique. — Remplir de ce gaz une demi-douzaine de flacons ou bocaux à large goulot de 250 grammes environ. — Tournesol bleu. — Eau de chaux. — Potasse caustique (solution), ou soude caustique, ou ammoniaque. — Si on peut se procurer un petit animal vivant, souris ou oiseau, on remplira une cloche de gaz carbonique et on y plongera l'animal.

Propriétés chimiques.

222. *Le gaz carbonique n'entretient pas la combustion.* — EXPÉRIENCE. Plonger une bougie allumée dans un flacon de gaz carbonique : elle s'éteint. *Le gaz carbonique n'entretient pas la combustion.* Il n'est pas non plus combustible.

223. *La dissolution du gaz carbonique se comporte comme un acide.* — EXPÉRIENCES. I. Dans un flacon renfermant du gaz carbonique, verser de la teinture bleue de tournesol : elle passe au rouge. Mais la couleur ressemble à celle du vin ; elle n'est pas la même que celle qu'on obtient en versant une goutte d'acide chlorhydrique ou sulfurique dans le tournesol bleu.

II. Faire arriver dans de l'eau de chaux un courant de gaz carbonique : il se forme un précipité blanc de carbonate de calcium. Laissons se poursuivre le dégagement. Le précipité redisparaît. C'est qu'une nouvelle quantité de gaz carbonique s'est fixée sur le carbonate, donnant un corps appelé *bicarbonate* de calcium, parce que, pour un même poids de chaux, il fixe deux fois plus de gaz carbonique que le carbonate. Ce bicarbonate est plus soluble que le carbonate, ce qui explique sa disparition.

III. Dans un tube à essais renfermant du gaz carbonique, verser quelques gouttes d'une solution de potasse ou de soude ou d'ammoniaque. Boucher l'orifice avec le doigt et agiter. Le tube reste collé au doigt. Ouvrir le tube, l'orifice étant plongé dans l'eau : l'eau remplit presque tout le tube. Ainsi, le gaz carbonique est absorbé par les bases. — Si nous faisons évaporer une solution de potasse ou de soude dans laquelle nous avons fait barboter un courant de gaz carbonique, nous trouvons un corps identique à la potasse ou à la soude des ménagères. Ce corps est un sel, résultant de l'union de la potasse ou de la soude avec le gaz carbonique. On l'appelle *carbonate de potassium* ou *carbonate de sodium*.

Il existe aussi des bicarbonates. Le sel de Vichy des pharmaciens est du bicarbonate de sodium.

L'action de la solution du gaz carbonique sur le tournesol, sur les bases, a fait admettre dans cette solution la présence d'un acide carbonique qu'on n'a pas encore pu isoler : on donne à cet acide la formule CO^3H^2; le gaz carbonique serait l'*anhydride* de cet acide. C'est pour cela que les chimistes appellent *anhydride carbonique* le gaz que nous étudions.

Rôle dans la nature.

224. *Asphyxie par le gaz carbonique.* — Expérience. Mettre sous une cloche remplie de gaz carbonique une souris ou un oiseau : l'animal tombe foudroyé. On dit qu'il est *asphyxié*. Ainsi le gaz carbonique n'entretient pas la respiration. Nous avons assimilé la respiration à une combustion : les globules rouges du sang transportent l'oxygène dans toutes les parties du corps; cet oxygène provoque des combustions lentes dans les tissus, combustions qui se traduisent par la formation de gaz carbonique. Ce gaz, recueilli par le liquide sanguin, va s'échapper par les poumons. Mais il ne peut se dégager que si l'air contenu dans les poumons n'est pas lui-même trop chargé de gaz carbonique. Dans le cas contraire, le gaz carbonique reste dans le sang; les produits des combustions internes ne peuvent plus être éliminés et la mort survient rapidement.

225. *Assimilation chlorophyllienne.* — Le gaz carbonique, si dangereux à respirer lorsqu'il est en trop grande quantité dans l'air, est absolument indispensable au maintien de la vie sur la terre. On a constaté en effet que les plantes ne puisent dans le sol que des sels minéraux, phosphates, azotates, sels de potassium. Le carbone qui constitue leurs tissus est pris au gaz carbonique de l'air. Les parties vertes des plantes, et surtout les feuilles, renferment une substance, la *chlorophylle*, qui leur donne cette coloration. La chlorophylle, sous l'influence de la lumière solaire, décompose le gaz carbonique, fixe le carbone et rejette l'oxygène. Ce phénomène, très important, sera étudié en histoire naturelle d'une façon plus complète. Les plantes respirent d'ailleurs, comme les animaux, mais la quantité d'anhydride carbonique décomposé par la chlorophylle pendant le jour est bien supérieure à celle que la plante dégage par la respiration. Ainsi, le carbone contenu dans les végétaux provient du gaz carbonique répandu dans l'air. Comme nous-mêmes nous nous nourrissons de végétaux ou d'animaux herbivores, on voit, qu'en définitive, le carbone qui constitue notre corps a pour origine le gaz carbonique de l'air.

226. *Constance de la proportion d'anhydride carbonique dans l'air.* — Les dosages effectués dans l'air ont montré que la quantité de gaz carbonique y est à peu près constante. Le fait semble surprenant en raison de la production considérable de ce gaz. Comme la proportion de ce gaz est dans l'air de 3/10 000, on voit que la combustion d'un kilogramme de charbon suffirait pour répandre dans 6 000 mètres cubes d'air pur de l'anhydride carbonique dans la proportion précédente. Il y a donc des influences régulatrices de la quantité de gaz carbonique dans l'air.

On s'aperçoit immédiatement que l'assimilation chlorophyllienne est une de ces influences. Il semble que la mer ait un rôle plus important encore. L'eau renferme toujours du calcaire dissous. Si la proportion de gaz carbonique augmente dans l'air, ce gaz se fixe sur le calcaire et donne du bicarbonate de calcium. Au contraire, si la proportion d'anhydride carbonique vient à diminuer, le bicarbonate formé perd la moitié de son gaz carbonique qui se dégage dans l'air.

Composition.

227. *Synthèse de l'anhydride carbonique.* — On a fait la synthèse du gaz carbonique en brûlant du charbon pur dans l'oxygène pur. On a trouvé que 44 grammes d'anhydride carbonique sont formés de 12 grammes de carbone unis à 32 grammes d'oxygène.

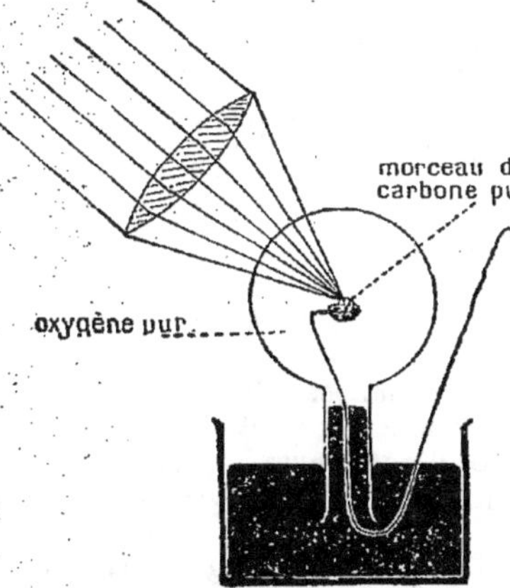

Fig. 98. — Le charbon, en brûlant dans l'oxygène pur, donne du gaz carbonique.

Une expérience mémorable a été effectuée par Dumas en 1841 (*fig.* 98). Il fit brûler du diamant dans l'oxygène. Il constata que le volume de gaz carbonique formé est égal au volume d'oxygène absorbé par le carbone en brûlant.

Usages.

228. *Applications industrielles.* — L'anhydride carbonique a une grande importance industrielle : on l'utilise pour la préparation du carbonate de soude dans le procédé Solvay, dans la fabrication de la céruse, dans l'extraction du sucre de betteraves. — L'anhydride liquide est utilisé pour la fabrication artificielle de la glace; on s'en sert pour préparer des boissons gazeuses, pour le soutirage de la bière.

RÉSUMÉ

1. Le gaz carbonique n'est pas combustible, il n'entretient pas la combustion.

2. Le gaz carbonique fait virer au *rouge vineux* (couleur de vin) la teinture bleue de tournesol : il est absorbé par les bases, potasse, soude, ammoniaque, chaux, et il forme des sels appelés *carbonates* ou *bicarbonates*. Ces propriétés ont fait admettre que la dissolution de gaz carbonique renferme un acide dont le gaz serait l'*anhydride*.

3. Le gaz carbonique n'entretient pas la respiration. Répandu en trop grande quantité dans l'air, il cause la mort par *asphyxie;*

il empêche le gaz contenu dans le sang de se dégager dans les poumons.

4. Les parties vertes des plantes renferment de la chlorophylle qui décompose le gaz carbonique, fixe le carbone et rejette l'oxygène. Cette décomposition ne se fait qu'à la lumière solaire ; elle est une des causes de la constance de la proportion de gaz carbonique dans l'air.

5. En brûlant du carbone dans l'oxygène pur, on a reconnu que 44 grammes d'anhydride carbonique sont formés de 12 grammes de carbone et de 32 grammes d'oxygène. — Le gaz carbonique renferme son volume d'oxygène.

6. Le gaz carbonique est utilisé pour la fabrication de la soude artificielle, de la céruse, pour l'extraction du sucre de betteraves, la fabrication de la glace artificielle, la préparation des boissons gazeuses, le soutirage de la bière.

EXERCICES

I. A la Grotte du Chien, à Pouzzoles, un chien tombe asphyxié, tandis qu'un homme peut rester debout. Expliquer pourquoi.

II. Chaque année, à l'époque des vendanges, des vignerons imprudents descendent dans leurs cuves pour fouler le raisin et y périssent asphyxiés. Expliquer pourquoi. — Quelles précautions devraient-ils prendre avant de descendre dans la cuve ? — En cas de danger, que devraient-ils faire ?

III. Le gaz carbonique brûle-t-il ? — Entretient-il la combustion, la respiration ? — Quelle est l'action des plantes vertes sur le gaz carbonique de l'air ? — Cette action se produit-elle à l'obscurité ? — Comment peut-on reconnaître qu'un gaz est du gaz carbonique ? — Quels sont les sels de l'acide carbonique ? Donnez la formule des deux sels de sodium correspondant au gaz carbonique. — Formule du carbonate, du bicarbonate de calcium. — Quelle est la composition en poids du gaz carbonique ? — Quels sont les principaux usages du gaz carbonique ?

32ᵉ LEÇON

OXYDE DE CARBONE

MATÉRIEL : Appareil (*fig.* 99) pour la production de l'oxyde de carbone. — Recueillir 5 ou 6 flacons de ce gaz, les boucher. — Eau de chaux. — Tournesol bleu, tournesol rougi. — Tube en verre vert avec oxyde de cuivre (*fig.* 101), pour montrer le pouvoir réducteur de l'oxyde de carbone. — Si on peut avoir vivant un petit animal, le plonger dans une cloche renfermant de l'oxyde de carbone.

Production. — Préparation.

229. *Circonstances de production.* — Chaque fois qu'un corps renfermant du carbone brûle en présence d'une quantité insuffisante d'oxygène, de l'oxyde de carbone se dégage. Le gaz d'éclairage en contient 8 pour 100 environ de son volume. L'oxyde de carbone se produit aussi quand on *réduit* par le charbon l'eau, le gaz carbonique, certains oxydes métalliques. Nous verrons bientôt les applications de ces faits.

1° **Dans les laboratoires,** on obtient de l'oxyde de carbone en chauffant dans un ballon (*fig.* 99), ou même dans un tube à essais, de l'acide sulfurique mélangé à de l'acide oxalique. (L'acide oxalique existe dans l'oseille.) L'acide oxalique se décompose en eau, anhydride

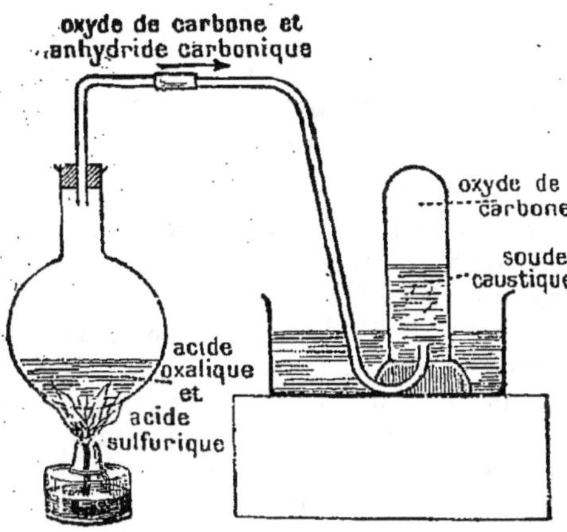

Fig. 99. — Préparation de l'oxyde de carbone dans les laboratoires.

carbonique et oxyde de carbone. On fait arriver le tube à dégagement sous une éprouvette renfermant une solution de soude ou d'ammoniaque, qui absorbe l'anhydride carbonique ;

2° **Dans l'industrie,** on recueille les gaz des hauts fourneaux, qui renferment environ 1/4 en volume d'oxyde de carbone ; mais on prépare spécialement un gaz riche en oxyde de carbone, soit en faisant passer sur une colonne de coke incandescent une quantité d'air insuffisante pour produire la combustion complète avec formation de gaz carbonique, soit en faisant passer sur le coke incandescent, alternativement ou simultanément, de l'air et de la vapeur d'eau. Les appareils dans lesquels on produit les réactions sont appelés *gazogènes*. Le gaz obtenu en faisant passer l'air sur le coke

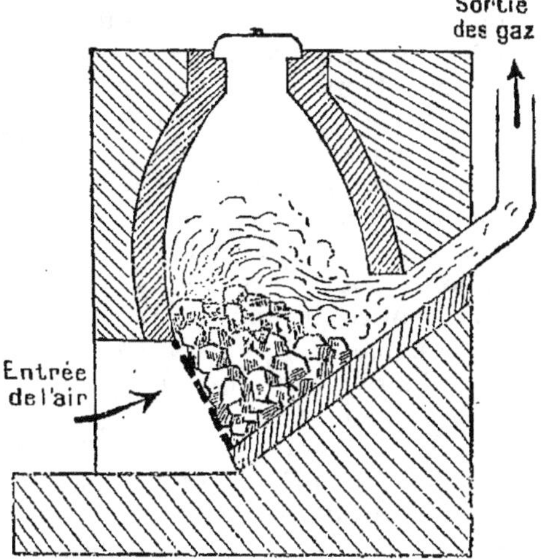

Fig. 100. — Gazogène pour la préparation industrielle du gaz de coke.

est le *gaz à l'air*. Quand on y fait en outre passer de la vapeur d'eau, on a le *gaz à l'eau*, qui en plus de l'oxyde de carbone renferme de l'hydrogène. La figure 100 représente un gazogène pour gaz à l'air.

Propriétés.

230. *Propriétés physiques*. — Gaz incolore, inodore, sans saveur, peu soluble dans l'eau et difficilement liquéfiable (à peu près comme l'azote). Sa densité par rapport à l'air est 0,96.

231. *Propriétés chimiques*. — Expériences. I. Verser du tournesol bleu dans un flacon d'oxyde de carbone : aucune action. Verser dans un deuxième flacon du tournesol rougi : le liquide reste rouge. *L'oxyde de carbone est donc neutre au tournesol.*

II. Enflammer de l'oxyde de carbone : il brûle avec une flamme bleue peu éclairante. Dans le flacon où ce gaz a brûlé, verser de l'eau de chaux : elle se trouble ; il s'est donc formé du gaz carbonique. Ainsi *l'oxyde de carbone brûle en donnant du gaz carbonique*. La combustion d'un gramme d'oxyde de carbone dégage environ quatre fois moins de chaleur que celle d'un gramme de gaz d'éclairage.

Des expériences précises ont montré que 2 volumes d'oxyde de carbone absorbent en brûlant 1 volume d'oxygène et donnent 2 volumes de gaz carbonique. (Comparer avec ce qui se passe dans la combustion de l'hydrogène pour former de la vapeur d'eau.) Nous avons vu (nº 227) que 2 volumes de gaz carbonique renferment 2 volumes d'oxygène ; donc 2 volumes d'oxyde de carbone ne renferment qu'un volume d'oxygène ; ou, en d'autres termes, *pour le même poids de carbone le gaz carbonique renferme deux fois plus d'oxygène que l'oxyde de carbone.* Nous aurons à utiliser ces notions pour faire bien comprendre les lois des combinaisons.

III. Faire passer un courant d'oxyde de carbone sur l'oxyde de cuivre chauffé (*fig.* 101). Du cuivre métallique se dépose

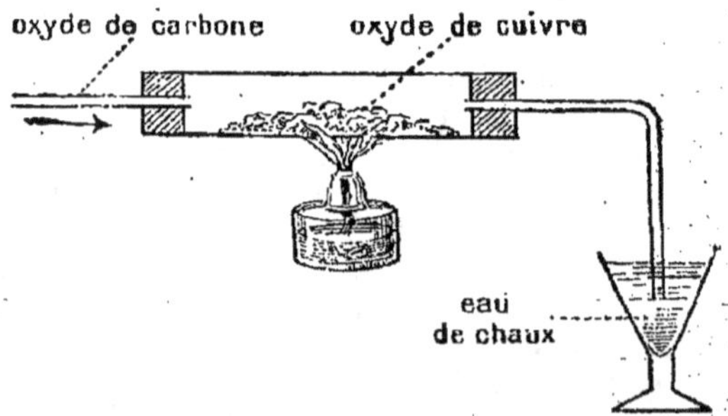

Fig. 101. — L'oxyde de carbone réduit l'oxyde de cuivre chauffé et donne de l'anhydride carbonique qui trouble l'eau de chaux.

sur les parois du tube et il se dégage du gaz carbonique qui trouble l'eau de chaux. Ainsi, *l'oxyde de carbone est un réducteur.* Cette propriété a une grande importance dans la métallurgie.

232. *Action sur l'organisme*. — L'oxyde de carbone est un gaz très dangereux. Même à faible dose dans l'air, il provoque des maux de tête, des vertiges, et finalement la mort par asphyxie. *C'est un poison* *des globules rouges de sang ;* il forme avec eux une combinaison stable, et les globules sur lesquels s'est fixé l'oxyde de carbone deviennent impropres à transporter l'oxygène. *C'est parce qu'ils peuvent dégager de l'oxyde de carbone que les réchauds, les poêles à combustion lente doivent absolument être proscrits des chambres à coucher ou des pièces dont l'aération est insuffisante.* C'est pour la même raison qu'il faut veiller au bon tirage des cheminées. Le gaz d'éclairage peut également asphyxier par l'oxyde de carbone qu'il renferme. Dans les cas de commencement d'asphyxie par l'oxyde de carbone, il faut exposer le malade au grand air, pratiquer la respiration artificielle et faire respirer de l'oxygène pur.

Les expériences de Gréhant montrent bien le danger de l'oxyde de carbone, même à dose très faible.

Gréhant prit de petits animaux qu'il fit vivre dans de l'air renfermant une proportion connue d'oxyde de carbone. Après quelques heures de séjour dans cette atmosphère, il dosa l'oxyde de carbone absorbé par le sang. Voici quelques résultats :

Dans de l'air renfermant $\dfrac{1}{2\,000}$ d'oxyde de carbone, en 2 heures, 100^{cm3} de sang de lapin fixèrent $5^{cm3},2$ d'oxyde de carbone ; dans de l'air renfermant $\dfrac{1}{5\,000}$ de gaz toxique, en 5 heures, $3^{cm3},4$ furent fixés ; à la dose de $\dfrac{1}{10\,000}$, il y eut encore $1^{cm3},13$ de gaz fixés en 5 heures ; à la dose de $\dfrac{1}{1\,450}$, en 1/2 heure, l'oxyde de carbone atteint le quart des globules rouges du sang, et la moitié à la dose de $\dfrac{1}{180}$.

De ces diverses expériences, on peut conclure que, *même à la dose de 5 à 6 pour 100 000, l'oxyde de carbone est un véritable poison ; à 1 pour 100 000, il a encore une action fâcheuse si on séjourne longtemps dans l'atmosphère contaminée.*

Il existe divers procédés permettant de déceler les traces d'oxyde de carbone dans l'atmosphère et même de doser le gaz toxique. Ces opérations très délicates ne peuvent être faites que par des spécialistes.

Usages.

233. *Applications industrielles.* — Les applications industrielles de l'oxyde de carbone prennent chaque jour une importance plus grande. Dans la métallurgie de l'acier, les fours Siemens-Martin utilisent les gaz de gazogène pour produire les énormes coulées nécessaires à l'industrie moderne. Le mélange de gaz combustible et d'air peut se régler très facilement. De plus, combustible et comburant sont déjà avant leur mélange portés à une température élevée dans des appareils appelés « récupérateurs ».

Mais les gaz de gazogène sont encore utilisés dans des moteurs analogues aux moteurs à gaz d'éclairage ou à pétrole. Si ces gaz dégagent 4 fois moins de chaleur que le gaz de la houille, en revanche ils coûtent 10 fois moins cher, de sorte que leur emploi est encore avantageux.

Actuellement on utilise dans ces moteurs les gaz des hauts fourneaux. Les essais tentés ont pleinement réussi. Quand toutes les industries métallurgiques auront utilisé ces gaz, on estime à 150 000 chevaux pour la France la puissance ainsi disponible. L'utilisation des gaz de hauts fourneaux abaissera d'environ 5 francs la tonne de fonte brute. On récupère ainsi 1/3 environ de la chaleur fournie par le combustible.

En Amérique, le gaz à l'eau, riche en oxyde de carbone, est utilisé pour l'éclairage, soit seul, soit mélangé avec le gaz d'éclairage. Ce mode d'éclairage n'a pas été adopté en France en raison des dangers que peut présenter pour la santé publique l'utilisation d'un gaz renfermant une trop forte proportion d'oxyde de carbone.

RÉSUMÉ

1. L'oxyde de carbone se produit dans la combustion incomplète des charbons. Il existe dans le gaz d'éclairage, dans les gaz qui s'échappent des hauts fourneaux.

2. C'est un gaz incolore, inodore, peu soluble dans l'eau, difficilement liquéfiable. Il est neutre au tournesol.

Il brûle avec une flamme bleuâtre et en donnant du gaz carbonique.

C'est un *réducteur;* il enlève l'oxygène aux oxydes métalliques et est utilisé dans la métallurgie.

3. C'est un gaz excessivement dangereux pour l'organisme. Il se fixe sur les globules rouges du sang, et ceux-ci deviennent incapables de transporter l'oxygène. A très faible dose, il provoque des maux de tête, le vertige, l'asphyxie. On combat ses effets en faisant respirer au malade de l'oxygène pur.

4. L'oxyde de carbone a une grande importance industrielle; on le prépare en faisant passer dans les *gazogènes* de l'air ou de la vapeur d'eau sur du coke incandescent. Il est utilisé en métallurgie pour la fabrication de l'acier dans les fours Siemens-Martin. Les gaz des gazogènes sont utilisés pour produire la force motrice; les gaz des hauts fourneaux sont également brûlés dans des moteurs et permettent de récupérer 1/3 de la chaleur fournie par le combustible.

EXERCICES

I. Un haut fourneau donnant par jour 100 tonnes de fonte rejette environ 800 000 mètres cubes de gaz combustible. 1 mètre cube de ce gaz dégage en brûlant autant de chaleur que 100 grammes de bonne houille. Quel bénéfice brut annuel pourrait réaliser sur le combustible une usine métallurgique utilisant les gaz de ce haut fourneau, la houille étant supposé coûter 29 francs la tonne?

II. Dans quelles circonstances se produit l'oxyde de carbone? — Quelle est l'action de l'oxyde de carbone sur le tournesol? — Combustion de l'oxyde de carbone. — Action de l'oxyde de carbone sur les oxydes métalliques. — Quel danger présente l'oxyde de carbone pour l'organisme? — En quoi consistent les gazogènes? — Utilisation des gaz de gazogène pour le chauffage industriel. — Quel est l'avantage que présente l'emploi d'un combustible gazeux? — Utilisation des gaz de gazogène pour la force motrice.

33ᵉ LEÇON

SILICE. — PRINCIPAUX SILICATES

MATÉRIEL : Cristal de roche. — Silex, amadou, briquet. — Meulière, sable, grès, opale, agate, onyx, si possible. — Silicate de sodium. Acide chlorhydrique, kaolin, argile ordinaire, marne. — Granit, mica. — Échantillons de diverses roches dont on parle et qu'on pourra se procurer.

État naturel.

234. *Diverses variétés de silice.* — La silice est le corps le plus répandu dans la nature, soit à l'état pur, soit à l'état de silicates; elle entre dans la constitution de la plupart des roches de l'écorce terrestre :

1° On la trouve cristallisée à l'état de *quartz* ou *cristal de roche*. Les cristaux bien réguliers ont la forme d'un prisme hexagonal (*fig.* 102), dont les deux bases sont surmontées d'une pyramide à six faces. L'*améthyste* est une variété de quartz colorée en violet. L'*opale*, l'*agate*, l'*onyx* sont également des variétés diversement colorées et employées dans l'ornementation;

2° Le *silex* ou *pierre à fusil* est une variété de silice amorphe, c'est-à-dire non cristallisée. Elle est très dure. Quand on la choque avec une pièce d'acier, elle détache des fragments de métal qui sont portés à l'incandescence. On trouve, en effet, en battant le briquet, de petits globules d'acier fondu adhérents à l'amadou. Ces fragments incandescents servaient autrefois à allumer de la poudre dans les fusils à pierre : d'où le nom de pierre à fusil qui a été donné au silex. Les vieux fumeurs battent encore le briquet et allument de l'amadou en frappant le silex avec un morceau d'acier;

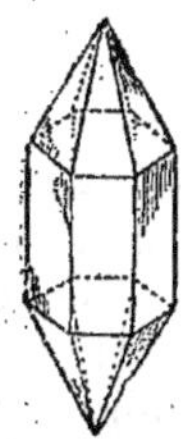

Fig. 102. — Cristal de quartz.

3° Les *pierres meulières* sont de la silice impure, creusée de cavités plus ou moins grandes. On les trouve dans certains terrains de la région parisienne : meulière de Beauce et meulière de Brie. Les plus compactes sont utilisées pour faire des meules de moulin, les autres servent comme pierre à construction ;

4° Les *sables* sont constitués par de la silice plus ou moins pure ; souvent ils sont colorés en jaune par de l'oxyde de fer. Agglutinés, ils forment les roches appelées *grès*. Le sable est employé pour la fabrication du verre ; les grès servent comme pierre à construction ; avec certaines variétés, on fait les meules à aiguiser.

Propriétés.

235. *Préparation de la silice hydratée.* — En chauffant dans un creuset un mélange de sable fin et de carbonate de sodium, la silice déplace le gaz carbonique et s'unit à la soude pour donner un corps soluble dans l'eau. C'est le *silicate de sodium,* ou *liqueur des cailloux.*

Expérience. Dans un verre, versons une solution concentrée de silicate de sodium, et ajoutons un peu d'acide chlorhydrique. Il se forme un précipité de silice, de consistance gélatineuse et si épais qu'une baguette de verre se tient droite au milieu.

Prenons, au contraire, une solution *étendue* de silicate ; ajoutons de l'acide chlorhydrique ; il ne se forme pas de précipité. La silice est restée dissoute dans l'eau acidulée. La présence de l'acide carbonique dans les eaux courantes explique que celles-ci tiennent de la silice en dissolution ; cette silice est absorbée par certaines plantes. En particulier, les graminées doivent à la silice qu'elles renferment la rigidité de leurs tiges. Les cendres des végétaux terrestres contiennent toujours de la silice.

La silice se trouve encore en dissolution dans les eaux rejetées par les *geysers*. Ce sont des sortes de volcans, abondants en Islande, aux États-Unis, et qui projettent par intermittence, à intervalles réguliers, de l'eau portée à l'ébullition. Cette eau, retombant sur le sol autour du cratère, s'évapore en partie et donne un dépôt de silice.

Chauffée, la silice hydratée perd son eau et devient *anhydre.* La silice anhydre est insoluble dans l'eau. Elle fond à la haute température donnée par le chalumeau oxhydrique ; on peut alors l'étirer en fils très fins employés dans certains appareils de physique. Elle est très dure et raye le verre. L'acide *fluorhydrique* est le seul corps qui l'attaque.

Principaux silicates.

236. *Rôle chimique de la silice.* — La silice se combinant à la soude pour donner un silicate nous apparaît donc comme jouant le rôle d'un acide. Elle se combine avec la plupart des oxydes métalliques pour donner de même des silicates. Avec la chaux ou oxyde de calcium, elle donne un silicate de calcium ; avec l'*alumine,* un silicate d'aluminium ; avec l'oxyde de fer, un silicate de fer, etc.

Ces silicates s'unissent de façon fort complexe et constituent les différentes roches de la nature inorganique. Seules, les roches calcaires ne renferment pas de silice.

On a pu reconnaître la constitution de la silice. Ce corps résulte de la combustion dans l'oxygène d'un métalloïde qu'on a isolé : le *silicium*. La silice anhydre est un anhydride analogue à l'anhydride carbonique.

237. Argiles. — Ce sont des silicates d'aluminium hydratés. Elles proviennent de la désagrégation des feldspaths (n° 238). Lorsque le silicate d'aluminium est très pur, il a une couleur blanche et constitue le *kaolin,* dont on fait la porcelaine. Le plus souvent, l'argile est colorée en jaune, en gris ou en rouge par de l'oxyde de fer.

L'argile desséchée absorbe l'eau énergiquement; elle *happe* à la langue, c'est-à-dire qu'elle y adhère assez fortement par suite de l'absorption de la salive. Quand l'argile a absorbé l'eau, elle forme une pâte molle qui peut se travailler facilement : elle est *plastique.* Elle est, de plus, *imperméable.* Elle retient les substances minérales, sauf les nitrates. Ces deux dernières propriétés en font, au point de vue agricole, un constituant précieux des terres arables.

Quand l'argile a subi la cuisson, elle se transforme en une substance dure, qui ne reprend plus l'eau. Elle prend alors une coloration rougeâtre si elle renferme de l'oxyde de fer.

Nous verrons plus tard les différentes espèces d'argiles et leur utilisation pour la fabrication des briques, des tuiles, des poteries, de la porcelaine.

Les argiles mélangées de calcaire portent le nom de *marnes.* On les utilise en agriculture pour modifier la nature d'un sol; ce sont alors des *amendements.* Calcinées, elles produisent les *ciments* ou les *chaux hydrauliques.*

238. Feldspaths. — Ce sont des silicates complexes, constitués par l'union d'un silicate de potassium, de sodium ou de calcium et d'un silicate d'aluminium. Le feldspath est un des éléments du *granit.* Le plus commun renferme du silicate de potassium. Sous l'influence des agents atmosphériques : air, eau, et surtout sous l'action du gaz carbonique de l'air, le granit se décompose, donne du carbonate de potassium, entraîné par l'eau, de la silice et de l'argile.

239. Silicates divers. — Le *mica* est un silicate complexe d'aluminium, de potassium, de magnésium. Il se laisse diviser en lames minces, transparentes, qui sont utilisées pour remplacer le verre. Ce sont des lames de mica que l'on place devant le foyer des poêles mobiles. Le mica est employé en électricité comme isolant.

Le *granit* est formé de quartz, de feldspath et de mica.

Les roches d'origine volcanique basalte, trachyte, lave, etc., sont des silicates plus ou moins complexes.

240. Verres. — Ce sont des silicates artificiels formés par l'union d'un silicate de potassium ou d'un silicate de sodium avec un silicate de calcium.

Le *cristal* est un silicate double de potassium et de plomb.

RÉSUMÉ

1. La silice se présente dans la nature à l'état cristallisé, sous forme de *quartz* ou cristal de roche, ou à l'état amorphe.

L'améthyste, l'agate, l'onyx, l'opale sont des variétés de silice diversement colorées et employées dans l'ornementation.

Le silex ou pierre à fusil, la meulière, les sables, les grès sont de la silice plus ou moins pure.

2. En traitant par l'acide chlorhydrique le *silicate de sodium* ou liqueur des cailloux, on obtient de la *silice hydratée*.

Cette silice est un peu soluble dans l'eau; la présence des acides favorise sa dissolution.

La silice anhydre est insoluble dans l'eau : elle est très dure et raye le verre; elle n'est attaquée que par l'acide fluorhydrique.

3. La silice est un *anhydride;* elle est formée de l'union de l'oxygène et d'un corps simple appelé *silicium*. Elle se comporte comme un acide quand elle est chauffée avec les bases. Ses sels sont des silicates.

4. Les principaux silicates naturels sont :

a) Les argiles, silicates d'aluminium hydratés, plus ou moins mélangés d'impuretés. L'argile très pure est le *kaolin* ou terre à porcelaine; l'argile mélangée de calcaire est la *marne;*

b) Les feldspaths, dont le plus commun est formé de silicate d'aluminium et de silicate de potassium. Le feldspath existe dans le granit; sa désagrégation produit l'argile;

c) Le mica, le basalte, le trachyte, la lave sont des silicates complexes;

d) Les verres sont des silicates artificiels de potassium ou de sodium et de calcium. Dans le cristal, le calcium est remplacé par du plomb.

EXERCICES

Citez diverses variétés de silice. — Comment obtient-on la silice gélatineuse? — Quelle est la fonction chimique de la silice? — Qu'est-ce qué l'argile, le kaolin, la marne? — Utilisation de ces corps? — Quelle est la composition des feldspaths? — Quel est le résultat de la désagrégation des feldspaths? — Citez d'autres silicates naturels. — Quelle est la composition des verres, du cristal?

INDEX ALPHABÉTIQUE

Les chiffres renvoient aux pages.

TABLE DES MATIÈRES